建筑与市政工程施工现场专业人员职业标准培训教材

安全员考核评价大纲及习题集

本社组织编写

中国建筑工业出版社

图书在版编目（CIP）数据

安全员考核评价大纲及习题集/本社组织编写. —北京：
中国建筑工业出版社，2015.4
建筑与市政工程施工现场专业人员职业标准培训教材
ISBN 978-7-112-17912-1

Ⅰ.①安… Ⅱ.①本… Ⅲ.①建筑工程-安全管理-职业培训-教学参考资料 Ⅳ.①TU714

中国版本图书馆 CIP 数据核字（2015）第 050960 号

本教材为安全员考核评价大纲及习题集。全书分为两部分，第一部分为安全员考核评价大纲，由住房和城乡建设部人事司组织编写；第二部分为安全员习题集，分为通用与基础知识、岗位知识与专业技能两篇，共收录了约 1000 道习题和两套模拟试卷，习题和试卷均配有正确答案和解析。可供参加安全员培训考试的同志和相关专业工程技术人员练习使用。

责任编辑：朱首明 李 明 李 阳
责任校对：姜小莲 赵 颖

建筑与市政工程施工现场专业人员职业标准培训教材
安全员考核评价大纲及习题集
本社组织编写

*

中国建筑工业出版社出版、发行（北京西郊百万庄）
各地新华书店、建筑书店经销
北京科地亚盟排版公司制版
北京市密东印刷有限公司印刷

*

开本：787×1092 毫米 1/16 印张：15¼ 字数：382 千字
2015 年 5 月第一版 2016 年 7 月第三次印刷
定价：**39.00** 元
ISBN 978-7-112-17912-1
（27126）

版权所有 翻印必究
如有印装质量问题，可寄本社退换
（邮政编码 100037）

出版说明

建筑与市政工程施工现场专业人员队伍素质是影响工程质量和安全生产的关键因素。我国从20世纪80年代开始，在建设行业开展关键岗位培训考核和持证上岗工作，对于提高建设行业从业人员的素质起到了积极的作用。进入21世纪，在改革行政审批制度和转变政府职能的背景下，建设行业教育主管部门转变行业人才工作思路，积极规划和组织职业标准的研发。在住房和城乡建设部人事司的主持下，由中国建设教育协会、苏州二建建筑集团有限公司等单位主编了建设行业的第一部职业标准——《建筑与市政工程施工现场专业人员职业标准》，已由住房和城乡建设部发布，作为行业标准于2012年1月1日起实施。为推动该标准的贯彻落实，进一步编写了配套的14个考核评价大纲。

该职业标准及考核评价大纲有以下特点：(1) 系统分析各类建筑施工企业现场专业人员岗位设置情况，总结归纳了8个岗位专业人员核心工作职责，这些职业分类和岗位职责具有普遍性、通用性。(2) 突出职业能力本位原则，工作岗位职责与专业技能相互对应，通过技能训练能够提高专业人员的岗位履职能力。(3) 注重专业知识的完整性、系统性，基本覆盖各岗位专业人员的知识要求，通用知识具有各岗位的一致性，基础知识、岗位知识能够体现本岗位的知识结构要求。(4) 适应行业发展和行业管理的现实需要，岗位设置、专业技能和专业知识要求具有一定的前瞻性、引导性，能够满足专业人员提高综合素质和适应岗位变化的需要。

为落实职业标准，规范建设行业现场专业人员岗位培训工作，我们依据与职业标准相配套的考核评价大纲，在《建筑与市政工程施工现场专业人员职业标准培训教材》的基础上组织开发了各岗位的题库、题集。

本题集覆盖《建筑与市政工程施工现场专业人员职业标准》涉及的施工员、质量员、安全员、标准员、材料员、机械员、劳务员、资料员8个岗位。题集分为上下两篇，上篇为通用与基础知识部分习题，所有习题均配有答案和解析，下篇为岗位知识与专业技能部分习题，每年题集约收录了1000道左右习题，上下篇各附有模拟试卷一套。可供参加相关岗位培训考试的专业人员练习使用。

题库建设中，很多主编、专家为我们提供了样题和部分试题，在此表示感谢！作为行业现场专业人员第一个职业标准贯彻实施的配套教材，我们的编写工作难免存在不足，因此，我们恳请使用本套教材的培训机构、教师和广大学员多提宝贵意见，以便进一步地修订，使其不断完善。

中国建筑工业出版社

目 录

安全员考核评价大纲 …………………………………………………………… 1
  通用知识 ………………………………………………………………………… 3
  基础知识 ………………………………………………………………………… 5
  岗位知识 ………………………………………………………………………… 6
  专业技能 ………………………………………………………………………… 7

安全员习题集 …………………………………………………………………… 9

上篇 通用知识与基础知识

  第一章 建设法规 …………………………………………………………… 11
  第二章 建筑材料 …………………………………………………………… 49
  第三章 建筑工程识图 ……………………………………………………… 57
  第四章 建筑施工技术 ……………………………………………………… 65
  第五章 施工项目管理 ……………………………………………………… 79
  第六章 建筑力学 …………………………………………………………… 85
  第七章 建筑构造与建筑结构 ……………………………………………… 96
  第八章 建筑设备 …………………………………………………………… 122
  第九章 环境与职业健康 …………………………………………………… 133
  安全员通用与基础知识试卷 ………………………………………………… 137
  安全员通用与基础知识试卷答案与解析 …………………………………… 146

下篇 岗位知识与专业技能

  第一章 安全管理相关规定和标准 ………………………………………… 155
  第二章 施工现场安全管理知识 …………………………………………… 184
  第三章 施工项目安全生产管理计划 ……………………………………… 186
  第四章 安全专项施工方案 ………………………………………………… 187
  第五章 施工现场安全事故防范知识 ……………………………………… 189
  第六章 安全事故救援处理知识 …………………………………………… 191
  第七章 编制项目安全生产管理计划 ……………………………………… 193

第八章	编制安全事故应急救援预案	196
第九章	施工现场安全检查	200
第十章	组织实施项目作业人员的安全教育培训	207
第十一章	编制安全专项施工方案	210
第十二章	安全技术交底文件的编制与实施	213
第十三章	施工现场危险源的辨识与安全隐患的处置意见	215
第十四章	项目文明工地绿色施工管理	218
第十五章	安全事故的救援及处理	220
第十六章	编制、收集、整理施工安全资料	226

安全员岗位知识与专业技能试卷 228

安全员岗位知识与专业技能试卷答案与解析 235

安全员
考核评价大纲

通 用 知 识

一、熟悉国家工程建设相关法律法规

(一)《建筑法》
1. 从业资格的有关规定
2. 建筑安全生产管理的有关规定
3. 建筑工程质量管理的有关规定

(二)《安全生产法》
1. 生产经营单位安全生产保障的有关规定
2. 从业人员权利和义务的有关规定
3. 安全生产监督管理的有关规定
4. 安全事故应急救援与调查处理的规定

(三)《建设工程安全生产管理条例》、《建设工程质量管理条例》
1. 施工单位安全责任的有关规定
2. 施工单位质量责任和义务的有关规定

(四)《劳动法》、《劳动合同法》
1. 劳动合同和集体合同的有关规定
2. 劳动安全卫生的有关规定

二、熟悉工程材料的基本知识

(一) 无机胶凝材料
1. 无机胶凝材料的分类及特性
2. 通用水泥的特性及应用

(二) 混凝土
1. 混凝土的分类及主要技术性质
2. 常用混凝土外加剂的品种及应用

(三) 砂浆
1. 砌筑砂浆的分类及应用
2. 抹面砂浆的分类及应用

(四) 石材、砖和砌块
1. 砌筑用石材的分类及应用
2. 砖的分类及应用
3. 砌块的分类及应用

(五) 钢材
1. 钢材的分类

2. 钢结构用钢材的品种及特性
3. 钢筋混凝土结构用钢材的品种及特性

三、熟悉施工图识读、绘制的基本知识

（一）施工图的基本知识
1. 房屋建筑施工图的组成及作用
2. 房屋建筑施工图的图示特点

（二）施工图的图示方法及内容
1. 建筑施工图的图示方法及内容
2. 结构施工图的图示方法及内容
3. 设备施工图的图示方法及内容

（三）施工图的识读
房屋建筑施工图识读的步骤与方法

四、了解工程施工工艺和方法

（一）地基与基础工程
1. 岩土的工程分类
2. 基坑（槽）开挖、支护及回填的主要方法
3. 混凝土基础施工工艺

（二）砌体工程
1. 砌体工程的种类
2. 砌体工程施工工艺

（三）钢筋混凝土工程
1. 常见模板的种类
2. 钢筋工程施工工艺
3. 混凝土工程施工工艺

（四）钢结构工程
1. 钢结构的主要连接方法
2. 钢结构安装施工工艺

（五）防水工程
1. 防水工程的主要种类
2. 防水工程施工工艺

五、熟悉工程项目管理的基本知识

（一）施工项目管理的内容及组织
1. 施工项目管理的基本内容
2. 施工项目管理的组织

（二）施工项目目标控制
1. 施工项目目标控制的基本任务
2. 施工项目目标控制的主要措施
（三）施工资源与现场管理
1. 施工资源管理的任务和内容
2. 施工现场管理的任务和内容

基 础 知 识

一、了解力学的基本知识

（一）平面力系
1. 力的基本性质
2. 力矩和力偶的性质
3. 平面力系的平衡方程
（二）静定结构的杆件内力
1. 杆件内力的概念
2. 静定桁架的内力分析
（三）杆件受力稳定
1. 杆件变形的基本形式
2. 压杆稳定性的概念

二、熟悉建筑构造、结构的基本知识

（一）建筑构造的知识
1. 民用建筑的基本构造
2. 民用建筑一般装饰构造
3. 单层厂房的基本构造
（二）建筑结构的知识
1. 无筋扩展基础、扩展基础、桩基础的基本知识
2. 现浇钢筋混凝土楼盖、钢筋混凝土框架的基本知识
3. 钢结构的基本知识
4. 砌体结构的基本知识

三、掌握环境与职业健康管理的基本知识

1. 环境与职业健康的基本原则
2. 施工现场环境保护的有关规定

岗 位 知 识

一、熟悉安全管理相关的管理规定和标准

（一）施工安全生产责任制的管理规定
1. 施工单位、项目经理部、总分包单位安全生产责任制规定
2. 施工现场领导带班制度的规定

（二）施工安全生产组织保障和安全许可的管理规定
1. 施工企业安全生产管理机构、专职安全生产管理人员配备及其职责的规定
2. 施工安全生产许可证管理的规定
3. 施工企业主要负责人、项目负责人、专职安全生产管理人员安全生产考核的规定
4. 建筑施工特种作业人员管理的规定

（三）施工现场安全生产的管理规定
1. 施工作业人员安全生产权利和义务的规定
2. 安全技术措施、专项施工方案和安全技术交底的规定
3. 危险性较大的分部分项工程安全管理的规定
4. 建筑起重机械安全监督管理的规定
5. 高大模板支撑系统施工安全监督管理的规定

（四）施工安全技术标准知识
1. 施工安全技术标准的法定分类和施工安全标准化工作
2. 脚手架安全技术规范的要求
3. 基坑支护、土方作业安全技术规范的要求
4. 高处作业安全技术规范的要求
5. 施工用电安全技术规范的要求
6. 建筑起重机械安全技术规范的要求
7. 建筑机械设备使用安全技术规程的要求
8. 建筑施工模板安全技术规范的要求
9. 施工现场临时建筑、环境卫生、消防安全和劳动防护用品标准规范的要求
10. 施工企业安全生产评价标准的要求

二、掌握施工现场安全管理知识和规定

（一）施工现场安全管理基本知识
1. 施工现场安全管理的基本要求
2. 施工现场安全管理的主要内容
3. 施工现场安全管理的主要方式

（二）施工现场设施和防护措施的管理规定
1. 施工现场临时设施和封闭管理的规定
2. 建筑施工消防安全的规定

3. 建筑工程安全防护、文明施工措施费用的规定
4. 施工人员劳动保护用品的规定

三、熟悉施工项目安全生产管理计划的内容和编制办法

1. 施工项目安全生产管理计划的主要内容
2. 施工项目安全生产管理计划的基本编制办法

四、熟悉安全专项施工方案的内容和编制办法

1. 安全专项施工方案的主要内容
2. 安全专项施工方案的基本编制办法

五、掌握施工现场安全事故的防范知识和规定

（一）施工现场安全防范基本知识
1. 施工现场安全事故的主要类型
2. 施工现场安全生产重大隐患及多发性事故
3. 施工现场安全事故的主要防范措施

（二）施工安全生产隐患排查和事故报告的管理规定
1. 重大隐患排查治理挂牌督办的规定
2. 施工生产安全事故报告和应采取措施的规定

六、掌握安全事故救援处理知识和规定

1. 安全事故的主要救援方法
2. 安全事故的处理程序及要求
3. 施工生产安全事故应急救援预案的规定

专 业 技 能

一、能够参与编制项目安全生产管理计划

1. 提供编制项目安全生产管理计划的依据
2. 编制项目安全检查制度和计划

二、能够参与编制安全事故应急救援预案

1. 编制安全事故应急救援预案有关应急响应程序
2. 制订多发性安全事故应急救援措施

三、能够对施工机械、临时用电、消防设施等进行安全检查，对防护用品与劳保用品进行符合性判断

1. 检查和评价施工现场施工机械安全
2. 检查和评价施工现场临时用电安全

3. 检查和评价施工现场消防设施安全
4. 检查和评价施工现场临边、洞口防护安全
5. 检查和评价分部分项工程施工安全技术措施
6. 进行安全帽、安全带、安全网和劳动防护用品的符合性判断

四、能够组织实施项目作业人员的安全教育培训

1. 制订工程项目安全教育培训计划
2. 组织施工现场安全教育培训
3. 组织班前安全教育活动

五、能够参与编制安全专项施工方案

1. 编制土方开挖与基坑支护工程安全技术措施
2. 编制降水工程安全技术措施
3. 编制模板工程安全技术措施
4. 编制起重吊装及安装拆卸工程安全技术措施
5. 编制脚手架工程安全技术措施
6. 编制季节性施工安全技术措施

六、能够参与编制安全技术交底文件，并实施安全技术交底

1. 编制分项工程安全技术交底文件
2. 监督实施安全技术交底

七、能够识别施工现场危险源，并对安全隐患和违章作业提出处置意见

1. 识别与施工现场管理缺失有关的危险源，并提出处置意见
2. 识别与施工现场人的行为不当有关的危险源，并提出处置意见
3. 识别与施工现场机械设备不安全状态有关的危险源，并提出处置意见
4. 识别与施工现场防护，环境管理不当有关的危险源，并提出处置意见

八、能够进行项目文明工地、绿色施工管理

1. 确定"文明施工"和"绿色施工"的管理范围
2. 进行施工现场文明施工和绿色施工的检查评价

九、能够参与进行安全事故的救援及处理

1. 根据应急救援预案采取相应的应急措施
2. 提供编写事故报告的基础资料

十、能够编制、收集、整理施工安全资料

1. 编制、收集、整理工程项目安全资料
2. 编写安全检查报告和总结

安全员
习 题 集

上篇　通用知识与基础知识

第一章　建设法规

一、判断题

1. 省、自治区、直辖市以及省会城市、自治区首府、地级市均有立法权。

【答案】错误

【解析】县、乡级没有立法权。省、自治区、直辖市以及省会城市、自治区首府有立法权。而地级市中只有国务院批准的规模较大的市有立法权，其他地级市没有立法权。

2. 在我国的建设法规的五个层次中，法律效力的层级是上位法高于下位法，具体表现为：建设法律→建设行政法规→建设部门规章→地方性建设法规→地方建设规章。

【答案】正确

【解析】在建设法规的五个层次中，其法律效力由高到低依次为建设法律、建设行政法规、建设部门规章、地方性建设法规、地方建设规章。法律效力高的称为上位法，法律效力低的称为下位法，下位法不得与上位法相抵触，否则其相应规定将被视为无效。

3. 房屋建筑工程施工总承包二级企业可以承揽单项建安合同额不超过企业注册资本金5倍的28层及以下、单跨跨度36m及以下的房屋建筑工程。

【答案】错误

【解析】房屋建筑工程施工总承包二级企业可以承包的工程如下：1) 高度200m及以下的工业、民用建筑工程；2) 高度120m及以下的构筑物工程；3) 建筑面积4万m^2及以下的单体工业、民用建筑工程；4) 单跨跨度39m及以下的建筑工程。

4. 市政公用工程施工总承包三级企业可承揽单项合同额不超过企业注册资本金5倍的总储存容积500m^3及以下液化气储罐场（站）工程施工。

【答案】错误

【解析】1) 城市道路工程（不含快速路）；单跨25m及以下的城市桥梁工程。2) 8万t/d及以下的给水厂；6万t/d及以下的污水处理工程；10万t/d及以下的给水泵站、10万t/d及以下的污水泵站、雨水泵站，直径1m及以下供水管道；直径1.5m及以下污水及中水管道。3) 2kg/cm^2及以下中压、低压燃气管道、调压站；供热面积50万m^2及以下热力工程，直径0.2m及以下热力管道。4) 单项合同额2500万元及以下的城市生活垃圾处理工程。5) 单项合同额2000万元及以下地下交通工程（不包括轨道交通工程。6) 5000m^2及以下城市广场、地面停车场硬质铺装。7) 单项合同额2500万元及以下的市政综合工程。

5. 地基与基础工程专业二级承包企业可承担深度不超过24m的刚性桩复合地基处理工程。

【答案】正确

【解析】 地基与基础工程专业二级承包企业可承担深度不超过 24m 的刚性桩复合地基处理工程。

6. 劳务分包企业依法只能承接施工总承包企业分包的劳务作业。

【答案】 错误

【解析】 劳务分包企业可以承接施工总承包企业或专业承包企业分包的劳务作业。

7. 甲建筑施工企业的企业资质为二级，近期内将完成一级的资质评定工作，为了能够承揽正在进行招标的建筑面积 20 万 m^2 的住宅小区建设工程，甲向有合作关系的一级建筑施工企业借用资质证书完成了该建设工程的投标，甲企业在工程中标后取得一级建筑施工企业资质，则甲企业对该工程的中标是有效的。

【答案】 错误

【解析】《建筑法》规定：禁止建筑施工企业超越本企业资质等级许可的业务范围或者以任何形式用其他建筑施工企业的名义承揽工程。2005 年 1 月 1 日开始实行的《最高人民法院关于审理建设工程施工合同纠纷案件适用法律问题的解释》第 1 条规定：建设工程施工合同具有下列情形之一的，应当根据《合同法》第 52 条第（5）项的规定，认定无效：1）承包人未取得建筑施工企业资质或者超越资质等级的；2）没有资质的实际施工人借用有资质的建筑施工企业名义的；3）建设工程必须进行招标而未进行招标或者中标无效的。此案例中，甲单位超越资质等级承揽工程，并借用乙单位的资质等级投标并中标，这一过程是违反《建筑法》规定的。所以，该中标无效。

8. 承包建筑工程的单位只要实际资质等级达到法律规定，即可在其资质等级许可的业务范围内承揽工程。

【答案】 错误

【解析】《建筑法》规定：承包建筑工程的单位应当持有依法取得的资质证书，并在其资质等级许可的业务范围内承揽工程。

9. 工程施工分包是指承包人将中标工程项目分解后分别发包给具有相应资质的企业完成。

【答案】 错误

【解析】 转包系指承包单位承包建设工程后，不履行合同约定的责任和义务，将其承包的全部建设工程转给他人或者将其承包的全部建设工程肢解以后以分包的名义分别转给其他单位承包的行为。题目中所指的行为属于转包。

10.《建筑法》第 36 条规定：建筑工程安全生产管理必须坚持安全第一、预防为主的方针。其中"安全第一"是安全生产方针的核心。

【答案】 错误

【解析】《建筑法》第 36 条规定：建筑工程安全生产管理必须坚持安全第一、预防为主的方针。"安全第一"是安全生产方针的基础；"预防为主"是安全生产方针的核心和具体体现，是实现安全生产的根本途径，生产必须安全，安全促进生产。

11. 群防群治制度是建筑生产中最基本的安全管理制度，是所有安全规章制度的核心，是"安全第一、预防为主"方针的具体体现。

【答案】 错误

【解析】 安全生产责任是建筑生产中最基本的安全管理制度，是所有安全规章制度的核心,是"安全第一、预防为主"方针的具体体现。

12. 建筑施工企业,应当依法为从事危险作业的职工办理工伤保险、缴纳工伤保险费。

【答案】错误

【解析】经 2011 年 4 月第十一届全国人大会议通过的《建筑法》,仅对第 48 条作了修改,规定如下:建筑施工企业,应当依法为职工参加工伤保险、缴纳工伤保险费。

13. 建设工程项目的竣工验收,是由施工单位组织的检查、考核工作。

【答案】错误

【解析】建设工程项目的竣工验收,指在建筑工程已按照设计要求完成全部施工任务,准备交付给建设单位使用时,由建设单位或有关主管部门依照国家关于建筑工程竣工验收制度的规定,对该项工程是否符合设计要求和工程质量标准所进行的检查、考核工作。

14. 在建设工程竣工验收后,在规定的保修期限内,因勘察、设计、施工、材料等原因造成的质量缺陷,应当由责任单位负责维修、返工或更换。

【答案】错误

【解析】建设工程质量保修制度,是指在建设工程竣工验收后,在规定的保修期限内,因勘察、设计、施工、材料等原因造成的质量缺陷,应当由施工承包单位负责维修、返工或更换,由责任单位负责赔偿损失的法律制度。

15. 生产经营单位安全生产保障措施有组织保障措施、管理保障措施、经济保障措施、人员保障措施四部分组成。

【答案】错误

【解析】生产经营单位安全生产保障措施有组织保障措施、管理保障措施、经济保障措施、技术保障措施四部分组成。

16. 生产经营单位使用的涉及生命安全、危险性较大的特种设备,应经国务院指定的检测、检验机构检测、检验合格后,方可投入使用。

【答案】错误

【解析】《安全生产法》第 30 条规定:生产经营单位使用的涉及生命安全、危险性较大的特种设备,以及危险物品的容器、运输工具,必须按照国家有关规定,由专业生产单位生产,并经取得专业资质的检测、检验机构检测、检验合格,取得安全使用证或者安全标志,方可投入使用。检测、检验机构对检测、检验结果负责。

17. 危险物品的生产、经营、储存单位以及矿山、建筑施工单位的主要负责人和安全生产管理人员,应当缴费参加由有关部门对其安全生产知识和管理能力考核合格后方可任职。

【答案】错误

【解析】《安全生产法》第 20 条规定:危险物品的生产、经营、储存单位以及矿山、建筑施工单位的主要负责人和安全生产管理人员,应当由有关部门对其安全生产知识和管理能力考核合格后方可任职。考核不得收费。

18. 生产经营单位的特种作业人员必须按照国家有关规定经生产经营单位组织的安全作业培训,方可上岗作业。

【答案】错误

【解析】《安全生产法》第 23 条规定：生产经营单位的特种作业人员必须按照国家有关规定经专门的安全作业培训，取得特种作业操作资格证书，方可上岗作业。

19. 生产经营单位应当按照国家有关规定将本单位重大危险源及有关安全措施、应急措施报有关地方人民政府建设行政主管部门备案。

【答案】错误

【解析】《安全生产法》第 33 条规定：生产经营单位应当按照国家有关规定将本单位重大危险源及有关安全措施、应急措施报有关地方人民政府负责安全生产监督管理的部门和有关部门备案。

20. 从业人员发现直接危及人身安全的紧急情况时，应先把紧急情况完全排除经主管单位允许后撤离作业场所。

【答案】错误

【解析】《安全生产法》第 47 条规定：从业人员发现直接危及人身安全的紧急情况时，有权停止作业或者在采取可能的应急措施后撤离作业场所。

21. 从业人员发现直接危及人身安全的紧急情况时，未经主管单位允许停止作业后，生产经营单位有权降低其工资、福利等待遇。

【答案】错误

【解析】《安全生产法》第 47 条规定：从业人员发现直接危及人身安全的紧急情况时，有权停止作业或者在采取可能的应急措施后撤离作业场所。生产经营单位不得降低其工资、福利等待遇或者解除与其订立的劳动合同。

22. 生产经营单位临时聘用的钢结构焊接工人不属于生产经营单位的从业人员，所以不享有相应的从业人员应享有的权利。

【答案】错误

【解析】生产经营单位的从业人员，是指该单位从事生产经营活动各项工作的所有人员，包括管理人员、技术人员和各岗位的工人，也包括生产经营单位临时聘用的人员。

23. 国务院负责安全生产监督管理的部门对全国建设工程安全生产工作实施综合监督管理。

【答案】错误

【解析】国务院负责安全生产监督管理的部门对全国安全生产工作实施综合监督管理。

24. 国务院建设行政主管部门对全国建设工程安全生产工作实施综合监督管理。

【答案】正确

【解析】国务院建设行政主管部门对全国建设工程安全生产工作实施综合监督管理。

25. 负有安全生产监督管理职责的部门对有根据认为不符合保障安全生产的国家标准或者行业标准的设施、设备、器材可予以查封或者扣押，并应当在 15 日内依法作出处理决定。

【答案】正确

【解析】《安全生产法》第 56 条规定：负有安全生产监督管理职责的部门依法对生产经营单位执行有关安全生产的法律、法规和国家标准或者行业标准的情况进行监督检查，行使以下职权：1) 进入生产经营单位进行检查，调阅有关资料，向有关单位和人员了解情况；2) 对检查中发现的安全生产违法行为，当场予以纠正或者要求限期改正；对依法应当给予行政处罚的行为，依照本法和其他有关法律、行政法规作出行政处罚决定；3）对检查中发现的事故隐患，应当责令立即排除；重大事故隐患排除前或者排除过程中无法保障安全的，应当责令从危险区域内撤出作业人员，责令暂时停产停业或者停止使用；重大事故隐患排除后，经审查同意，方可恢复生产经营和使用；4）对有根据认为不符合保障安全生产的国家标准或者行业标准的设施、设备、器材可予以查封或者扣押，并应当在15日内依法作出处理决定。

26. 某施工工地脚手架倒塌，造成3人死亡8人重伤，根据《生产安全事故报告和调查处理条例》规定，该事故等级属于一般事故。

【答案】错误

【解析】根据《生产安全事故报告和调查处理条例》规定：根据生产安全事故造成的人员伤亡或者直接经济损失，事故一般分为以下等级：1）特别重大事故，是指造成30人及以上死亡，或者100人及以上重伤（包括急性工业中毒，下同），或者1亿元及以上直接经济损失的事故；2）重大事故，是指造成10人及以上30人以下死亡，或者50人及以上100人以下重伤，或者5000万元及以上1亿元以下直接经济损失的事故；3）较大事故，是指造成3人及以上10人以下死亡，或者10人及以上50人以下重伤，或者1000万元及以上5000万元以下直接经济损失的事故；4）一般事故，是指造成3人以下死亡，或者10人以下重伤，或者1000万元以下直接经济损失的事故。

27. 某化工厂施工过程中造成化学品试剂外泄导致现场15人死亡，120人急性工业中毒，根据《生产安全事故报告和调查处理条例》规定，该事故等级属于重大事故。

【答案】错误

【解析】根据《生产安全事故报告和调查处理条例》规定：根据生产安全事故造成的人员伤亡或者直接经济损失，事故一般分为以下等级：1）特别重大事故，是指造成30人及以上死亡，或者100人及以上重伤（包括急性工业中毒，下同），或者1亿元及以上直接经济损失的事故；2）重大事故，是指造成10人及以上30人以下死亡，或者50人及以上100人以下重伤，或者5000万元及以上1亿元以下直接经济损失的事故；3）较大事故，是指造成3人及以上10人以下死亡，或者10人及以上50人以下重伤，或者1000万元及以上5000万元以下直接经济损失的事故；4）一般事故，是指造成3人以下死亡，或者10人以下重伤，或者1000万元以下直接经济损失的事故。

28. 生产经营单位发生生产安全事故后，事故现场相关人员应当立即报告施工项目经理。

【答案】错误

【解析】根据《安全生产法》规定：生产经营单位发生生产安全事故后，事故现场相关人员应当立即报告本单位负责人。

29. 建设工程施工前，施工单位负责该项目管理的施工员应当对有关安全施工的技术要求向施工作业班组、作业人员作出详细说明，并由双方签字确认。

【答案】正确

【解析】《安全生产管理条例》第27条规定：建设工程施工前，施工单位负责该项目管理的技术人员应当对有关安全施工的技术要求向施工作业班组、作业人员作出详细说明，并由双方签字确认。

30. 施工单位应当对危险性大的分部分项工程编制专项方案。

【答案】错误

【解析】《安全生产管理条例》第26条规定：对达到一定规模的危险性较大的分部分项工程编制专项施工方案，并附具安全验算结果，经施工单位技术负责人、总监理工程师签字后实施，由专职安全生产管理人员进行现场监督。

31. 施工技术交底的目的是使现场施工人员对安全生产有所了解，最大限度避免安全事故的发生。

【答案】错误

【解析】施工前的安全施工技术交底的目的就是让所有的安全生产从业人员都对安全生产有所了解，最大限度避免安全事故的发生。《建设工程安全生产管理条例》第27条规定：建设工程施工前，施工单位负责该项目管理的技术人员应当对有关安全施工的技术要求向施工作业班组、作业人员作出详细说明，并由双方签字确认。

32. 施工单位应当在施工现场入口处、施工起重机械、临时用电设施、脚手架等危险部位，设置明显的安全警示标志。

【答案】正确

【解析】《安全生产管理条例》第28条规定：施工单位应当在施工现场入口处、施工起重机械、临时用电设施、脚手架、出入通道口、楼梯口、电梯井口、孔洞口、桥梁口、隧道口、基坑边沿、爆炸物及有害危险气体和液体存放处等危险部位，设置明显的安全警示标志。

33. 《劳动合同法》的立法目的，是为了完善劳动合同制度，建立和维护适应社会主义市场经济的劳动制度，明确劳动合同双方当事人的权利和义务，保护劳动者的合法权益，构建和发展和谐稳定的劳动关系。

【答案】错误

【解析】《劳动合同法》的立法目的，是为了完善劳动合同制度，明确劳动合同双方当事人的权利和义务，保护劳动者的合法权益，构建和发展和谐稳定的劳动关系。

34. 用人单位和劳动者之间订立的劳动合同可以采用书面或口头形式。

【答案】错误

【解析】《劳动合同法》第19条规定：建立劳动关系，应当订立书面劳动合同。

35. 已建立劳动关系，未同时订立书面劳动合同的，应当自用工之日起一个月内订立书面劳动合同。

【答案】正确

【解析】《劳动合同法》第19条规定：建立劳动关系，应当订立书面劳动合同。已建立劳动关系，未同时订立书面劳动合同的，应当自用工之日起一个月内订立书面劳动合同。

二、单选题

1. 建设法规是指国家立法机关或其授权的行政机关制定的旨在调整国家及其有关机构、企事业单位、（　　）之间，在建设活动中或建设行政管理活动中发生的各种社会关系的法律、法规的统称。

A. 社区 B. 市民
C. 社会团体、公民 D. 地方社团

【答案】 C

【解析】 建设法规是指国家立法机关或其授权的行政机关制定的旨在调整国家及其有关机构、企事业单位、社会团体、公民之间，在建设活动中或建设行政管理活动中发生的各种社会关系的法律、法规的统称。

2. 建设法规的调整对象，即发生在各种建设活动中的社会关系，包括建设活动中所发生的行政管理关系、（　　）及其相关的民事关系。

A. 财产关系 B. 经济协作关系
C. 人身关系 D. 政治法律关系

【答案】 B

【解析】 建设法规的调整对象，即发生在各种建设活动中的社会关系，包括建设活动中所发生的行政管理关系、经济协作关系及其相关的民事关系。

3. 建设法规体系是国家法律体系的重要组成部分，是由国家制定或认可，并由（　　）保证实施。

A. 国家公安机关 B. 国家建设行政主管部门
C. 国家最高法院 D. 国家强制力

【答案】 D

【解析】 建设法规体系是国家法律体系的重要组成部分，是由国家制定或认可，并由国家强制力保证实施，调整建设工程在新建、扩建、改建和拆除等有关活动中产生的社会关系的法律法规的系统。

4. 以下关于建设法规体系的说法中错误的是（　　）。

A. 建设法规体系是国家法律体系的重要组成部分
B. 建设法规体系必须与国家整个法律体系相协调，但又具有相对独立性
C. 建设行政法规、部门规章不得与地方性法规、规章相抵触
D. 建设法规体系内部纵向不同层次的法规之间应当相互衔接，不能有抵触

【答案】 C

【解析】 建设法规体系是国家法律体系的重要组成部分，必须与国家整个法律体系相协调，但又因自身特定的法律调整对象而自成体系，具有相对独立性。根据法制统一的原则，一是要求建设法规体系必须服从国家法律体系的总要求，建设方面的法律必须与宪法和相关的法律保持一致，建设行政法规、部门规章和地方性法规、规章不得与宪法、法律以及上一层次的法规相抵触。二是建设法规应能覆盖建设事业的各个行业、各个领域以及建设行政管理的全过程，使建设活动的各个方面都有法可依、有章可循，使建设行政管理的每一个环节都纳入法制轨道。三是在建设法规体系内部，不仅纵向不同层次的法规之间应当相互衔接，不能有抵触；横向同层次的法规之间也应协调配套，不能互相矛盾、重复或者留有"空白"。

5. 关于上位法与下位法的法律地位与效力，下列说法中正确的是（　　）。

A. 建设部门规章高于地方性建设法规
B. 建设行政法规的法律效力最高

C. 建设行政法规、部门规章不得与地方性法规、规章相抵触
D. 地方建设规章与地方性建设法规就同一事项进行不同规定时,遵从地方建设规章

【答案】A

【解析】在建设法规的五个层次中,其法律效力由高到低依次为建设法律、建设行政法规、建设部门规章、地方性建设法规和地方建设规章。法律效力高的成为上位法,法律效力低的成为下位法,下位法不得与上位法相抵触,否则其相应规定将被视为无效。

6. 建设法规体系的核心和基础是（　　）。
   A. 宪法　　　　　　　　　　B. 建设法律
   C. 建设行政法规　　　　　　D. 中华人民共和国建筑法

【答案】B

【解析】建设法律是建设法规体系的核心和基础。

7. 建设法律的制定通过部门是（　　）。
   A. 全国人民代表大会及其常务委员会　　B. 国务院
   C. 国务院常务委员会　　　　　　　　　D. 国务院建设行政主管部门

【答案】A

【解析】建设法律是指由全国人民代表大会及其常务委员会制定通过,由国家主席以主席令的形式发布的属于国务院建设行政主管部门业务范围的各项法律。

8. 以下法规属于建设行政法规的是（　　）。
   A.《工程建设项目施工招标投标办法》
   B.《中华人民共和国城乡规划法》
   C.《建设工程安全生产管理条例》
   D.《实施工程建设强制性标准监督规定》

【答案】C

【解析】建设行政法规的名称常以"条例"、"办法"、"规定"、"规章"等名称出现,如《建设工程质量管理条例》、《建设工程安全生产管理条例》等。建设部门规章是指住房和城乡建设部根据国务院规定的职责范围,依法制定并颁布的各项规章或由住房和城乡建设部与国务院其他有关部门联合制定并发布的规章,如《实施工程建设强制性标准监督规定》、《工程建设项目施工招标投标办法》等。

9. 下列各选项中,不属于《建筑法》规定约束的是（　　）。
   A. 建筑工程发包与承包　　　B. 建筑工程涉及的土地征用
   C. 建筑安全生产管理　　　　D. 建筑工程质量管理

【答案】B

【解析】《建筑法》共8章85条,分别从建筑许可、建筑工程发包与承包、建筑工程管理、建筑安全生产管理、建筑工程质量管理等方面作出了规定。

10. 建筑业企业资质等级,是由（　　）按资质条件把企业划分成为不同等级。
    A. 国务院行政主管部门　　　B. 国务院资质管理部门
    C. 国务院工商注册管理部门　D. 国务院

【答案】A

【解析】建筑业企业资质等级,是指国务院行政主管部门按资质条件把企业划分成的

不同等级。

11. 按照《建筑业企业资质管理规定》，建筑业企业资质分为（　　）三个序列。
   A. 特级、一级、二级承
   B. 一级、二级、三级
   C. 甲级、乙级、丙级
   D. 施工总承包、专业承包和施工劳务

【答案】D

【解析】建筑业企业资质分为施工总承包、专业承包和施工劳务三个序列。

12. 在我国，施工总承包企业资质划分为建筑工程、公路工程等（　　）个资质类别。
   A. 10　　　　B. 12　　　　C. 13　　　　D. 60

【答案】B

【解析】施工总承包资质分为12个类别，专业承包资质分为36个类别，劳务分包资质不分类别。

13. 按照《建筑法》规定，建筑业企业各资质等级标准和各类别等级资质企业承担工程的具体范围，由（　　）会同国务院有关部门制定。
   A. 国务院国有资产管理部门
   B. 国务院建设主管部门
   C. 该类企业工商注册地的建设行政主管部门
   D. 省、自治区及直辖市建设主管部门

【答案】B

【解析】按照《建筑法》规定，建筑业企业各资质等级标准和各类别等级资质企业承担工程的具体范围，由国务院建设主管部门会同国务院有关部门制定。

14. 建筑工程施工总承包企业资质等级分为（　　）。
   A. 特级、一级、二级
   B. 一级、二级、三级
   C. 特级、一级、二级、三级
   D. 甲级、乙级、丙级门

【答案】C

【解析】建筑工程施工总承包企业资质等级分为特级、一级、二级、三级。

15. 以下各工程中，规定建筑工程施工总承包二级企业可以承担的是（　　）。
   A. 高度120m及以下的构筑物工程
   B. 单跨跨度36m及以下的建筑工程
   C. 建筑面积12万m^2及以上的住宅小区或建筑群体
   D. 单项建安合同额不超过企业注册资本金3倍的高度130m及以下的构筑物

【答案】A

【解析】建筑工程施工总承包二级企业可以承包下列工程的施工：1）高度200m及以下的工业、民用建筑工程；2）高度120m及以下的构筑物工程；3）建筑面积4万m^2及以下的单体工业、民用建筑工程；4）单跨跨度39m及以下的建筑工程。

16. 以下各项中，除（　　）之外，均是房屋建筑工程施工总承包三级企业可以承担的。
   A. 高度70m及以下的构筑物工程
   B. 建筑面积1.2万m^2的单体工业建筑工程

C. 单跨跨度 24m 及以下的建筑工程
D. 高度 60m 以内的建筑工程

【答案】D

【解析】房屋建筑工程施工总承包三级企业可以承包下列建筑工程的施工：1）高度 50m 以内的建筑工程；2）高度 70m 及以下的构筑物工程；3）建筑面积 1.2 万 m^2 及以下的单体工业、民用建筑工程；4）单跨跨度 27m 及以下的建筑工程。

17. 以下关于市政公用工程规定的施工总承包一级企业可以承包工程范围的说法中，正确的是（　）。
   A. 单项合同额不超过企业注册资本金 6 倍的城市道路工程
   B. 单项合同额不超过企业注册资本金 7 倍的供气规模 15 万 m^3/d 燃气工程
   C. 各类市政公用工程的施工
   D. 单项合同额不超过企业注册资本金 8 倍的各类城市生活垃圾处理工程

【答案】C

【解析】市政公用工程施工总承包一级企业可以承包各类市政公用工程的施工。

18. 以下关于市政公用工程规定的施工总承包二级企业可以承包工程范围的说法中，错误的是（　）。
   A. 各类城市道路工程　　　　　　B. 15 万 t/d 的供水工程
   C. 各类城市生活垃圾处理工程　　D. 3 万 t/d 的给水泵站

【答案】D

【解析】市政公用工程施工总承包二级企业可以承包：1）各类城市道路；单跨 45m 及以下的城市桥梁。2）15 万 t/d 及以下的供水工程；10 万 t/d 及以下的污水处理工程；2 万 t/d 及以下的给水泵站、15 万 t/d 及以下的污水泵站、雨水泵站；各类给排水及中水管道工程。3）中压以下燃气管道、调压站；供热面积 150 万 m^2 及以下热力工程和各类热力管道工程。4）各类城市生活垃圾处理工程。5）断面 25m^2 及以下隧道工程和地下交通工程。6）各类城市广场、地面停车场硬质铺装。7）单项合同额 4000 万元及以下的市政综合工程。

19. 以下关于建筑装修装饰工程规定的二级专业承包企业可以承包工程范围说法正确的是（　）。
   A. 单位工程造价 1200 万元及以上建筑室内、室外装修装饰工程的施工
   B. 单位工程造价 1200 万元及以下建筑室内、室外装修装饰工程的施工
   C. 除建筑幕墙工程外的单位工程造价 1300 万元及以上建筑室内、室外装修装饰工程的施工
   D. 单项合同额 2000 万元及以下的建筑装修装饰工程，以及与装修工程配套的其他工程的施工。

【答案】D

【解析】建筑装修装饰工程二级专业承包企业可以承包单项合同额 2000 万元及以下的建筑装修装饰工程，以及与装修工程配套的其他工程的施工。

20. 以下关于建筑业企业资质等级的相关说法，正确的是（　）。
   A. 情有可原时，建筑施工企业可以用其他建筑施工企业的名义承揽工程

B. 建筑施工企业可以口头允许其他单位短时借用本企业的资质证书
C. 禁止建筑施工企业超越本企业资质等级许可的业务范围承揽工程
D. 承包建筑工程的单位实际达到的资质等级满足法律要求，即可承揽相应工程

【答案】C

【解析】《建筑法》规定：承包建筑工程的单位应当持有依法取得的资质证书，并在其资质等级许可的业务范围内承揽工程。禁止建筑施工企业超越本企业资质等级许可的业务范围或者以任何形式用其他建筑施工企业的名义承揽工程。禁止建筑施工企业以任何形式允许其他单位或个人使用本企业的资质证书、营业执照，以本企业的名义承揽工程。

21. 两个以上不同资质等级的单位联合承包工程，其承揽工程的业务范围取决于联合体中（　　）的业务许可范围。
    A. 资质等级高的单位　　　　　B. 资质等级低的单位
    C. 实际达到的资质等级　　　　D. 核定的资质等级

【答案】B

【解析】依据《建筑法》第27条，联合体作为投标人投标时，应当按照资质等级较低的单位的业务许可范围承揽工程。

22. 甲、乙、丙三家公司组成联合体投标中标了一栋写字楼工程，施工过程中因甲的施工的工程质量问题而出现赔偿责任，则建设单位（　　）。
    A. 可向甲、乙、丙任何一方要求赔偿　　B. 只能要求甲负责赔偿
    C. 需与甲、乙、丙协商由谁赔偿　　　　D. 如向乙要求赔偿，乙有权拒绝

【答案】A

【解析】联合体的成员单位对承包合同的履行承担连带责任。《民法通则》第87条规定：负有连带义务的每个债务人，都有清偿全部债务的义务。因此，联合体的成员单位都附有清偿全部债务的义务。

23. 下列关于工程承包活动相关连带责任的表述中，正确的是（　　）。
    A. 联合体承包工程其成员之间的连带责任属约定连带责任
    B. 如果成员单位是经业主认可的，其他成员单位对其过失不负连带责任
    C. 工程联合承包单位之间的连带责任是法定连带责任
    D. 负有连带义务的每个债务人，都负有清偿部分债务的义务

【答案】C

【解析】联合体的成员单位对承包合同的履行承担连带责任。《民法通则》第87条规定：负有连带义务的每个债务人，都有清偿全部债务的义务。因此，联合体的成员单位都负有清偿全部债务的义务。

24. 下列关于工程分包的表述中，正确的是（　　）。
    A. 工程施工分包是指承包人将中标工程项目分解后分别发包给具有相应资质的企业完成
    B. 专业工程分包是指专业工程承包人将所承包的部分专业工程施工任务发包给具有相应资质的企业完成
    C. 劳务作业分包是指施工总承包人或专业分包人将其承包工程中的劳务作业分包给劳务分包企业

D. 劳务分包企业可以将承包的部分劳务作业任务分包给同类企业

【答案】C

【解析】总承包单位将其所承包的工程中的专业工程或者劳务作业发包给其他承包单位完成的活动称为分包。专业工程分包，是指总承包单位将其所承包工程中的专业工程发包给具有相应资质的其他承包单位完成的活动。劳务作业分包，是指施工总承包人或专业分包人将其承包工程中的劳务作业分包给劳务分包企业完成的活动。

25. 施工总承包单位承包建设工程后的下列行为中，除（　　）以外均是法律禁止的。

A. 将承包的工程全部转让给他人完成的

B. 施工总承包单位将有关专业工程发包给了有资质的专业承包企业完成的

C. 分包单位将其承包的建设工程肢解后以分包的名义全部转让给他人完成的

D. 劳务分包企业将承包的部分劳务作业任务再分包的

【答案】B

【解析】《建筑法》第29条规定：禁止总承包单位将工程分包给不具备相应资质条件的单位，禁止分包单位将其承包的工程再分包。依据《建筑法》的规定，《建设工程质量管理条例》进一步将违法分包界定为如下几种情形：1）总承包单位将建设工程分包给不具备相应资质条件的单位的；2）建设工程总承包合同中未有约定，又未经建设单位认可，承包单位将其承包的部分建设工程交由其他单位完成的；3）施工总承包单位将建设工程主体结构的施工分包给其他单位的；4）分包单位将其承包的建设工程再分包的。

26. 下列关于工程承包活动相关连带责任的表述中，错误的是（　　）。

A. 总承包单位与分包单位之间的连带责任属于法定连带责任

B. 总承包单位与分包单位中，一方向建设单位承担的责任超过其应承担份额的，有权向另一方追偿

C. 建设单位和分包单位之间没有合同关系，当分包工程发生质量、安全、进度等方面问题给建设单位造成损失时，不能直接要求分包单位承担损害赔偿责任

D. 总承包单位和分包单位之间责任的划分，应当根据双方的合同约定或者各自过错的大小确定

【答案】C

【解析】连带责任既可以依合同约定产生，也可以依法律规定产生。总承包单位和分包单位之间的责任划分，应当根据双方的合同约定或者各自过错的大小确定；一方向建设单位承担的责任超过其应承担份额的，有权向另一方追偿。需要说明的是，虽然建设单位和分包单位之间没有合同关系，但是当分包工程发生质量、安全、进度等方面问题给建设单位造成损失时，建设单位即可以根据总承包合同向总承包单位追究违约责任，也可以依据法律规定直接要求分包单位承担损害赔偿责任，分包单位不得拒绝。

27. 甲公司投标承包了一栋高档写字楼工程的施工总承包业务，经业主方认可将其中的专业工程分包给了具有相应资质等级的乙公司，工程施工中因乙公司分包的工程发生了质量事故给业主造成了10万元的损失而产生了赔偿责任。对此，正确的处理方式应当是（　　）。

A. 业主方只能要求乙赔偿

B. 甲不能拒绝业主方的 10 万元赔偿要求，但赔偿后可按分包合同的约定向乙追赔
C. 如果业主方要求甲赔偿，甲能以乙是业主认可的分包商为由而拒绝
D. 乙可以拒绝甲的追赔要求

【答案】B

【解析】连带责任既可以依合同约定产生，也可以依法律规定产生。总承包单位和分包单位之间的责任划分，应当根据双方的合同约定或者各自过错的大小确定；一方向建设单位承担的责任超过其应承担份额的，有权向另一方追偿。需要说明的是，虽然建设单位和分包单位之间没有合同关系，但是当分包工程发生质量、安全、进度等方面问题给建设单位造成损失时，建设单位即可以根据总承包合同向总承包单位追究违约责任，也可以依据法律规定直接要求分包单位承担损害赔偿责任，分包单位不得拒绝。

28. 根据《建筑法》规定，（　　）是安全生产方针的核心和具体体现，是实现安全生产的根本途径。
    A. 安全生产　　　B. 控制防范　　　C. 预防为主　　　D. 群防群治

【答案】C

【解析】《建筑法》第 36 条规定：建筑工程安全生产管理必须坚持安全第一、预防为主的方针。"安全第一"是安全生产方针的基础；"预防为主"是安全生产方针的核心和具体体现，是实现安全生产的根本途径，生产必须安全，安全促进生产。

29. 建筑工程安全生产管理必须坚持安全第一、预防为主的方针。预防为主体现在建筑工程安全生产管理的全过程中，具体是指（　　）、事后总结。
    A. 事先策划、事中控制　　　　　B. 事前控制、事中防范
    C. 事前防范、监督策划　　　　　D. 事先策划、全过程自控

【答案】A

【解析】"预防为主"则体现在事先策划、事中控制、事后总结，通过信息收集，归类分析，制定预案，控制防范。

30. 以下关于建设工程安全生产基本制度的说法中，正确的是（　　）。
    A. 群防群治制度是建筑生产中最基本的安全管理制度
    B. 建筑施工企业应当对直接施工人员进行安全教育培训
    C. 安全检查制度是安全生产的保障
    D. 施工中发生事故时，建筑施工企业应当及时清理事故现场并向建设单位报告

【答案】C

【解析】安全生产责任制度是建筑生产中最基本的安全管理制度，是所有安全规章制度的核心，是安全第一、预防为主方针的具体体现。群防群治制度也是"安全第一、预防为主"的具体体现，同时也是群众路线在安全工作中的具体体现，是企业进行民主管理的重要内容。《建筑法》第 51 条规定：施工中发生事故时，建筑施工企业应当采取紧急措施减少人员伤亡和事故损失，并按照国家有关规定及时向有关部门报告。安全检查制度是安全生产的保障。

31. 针对事故发生的原因，提出防止相同或类似事故发生的切实可行的预防措施，并督促事故发生单位加以实施，以达到事故调查和处理的最终目的。此款符合"四不放过"事故处理原则的（　　）原则。

A. 事故原因不清楚不放过
B. 事故责任者和群众没有受到教育不放过
C. 事故责任者没有处理不放过
D. 事故隐患不整改不放过

【答案】D

【解析】事故处理必须遵循一定的程序，坚持"四不放过"原则，即事故原因分析不清不放过；事故责任者和群众没有受到教育不放过；事故隐患不整改不放过；事故的责任者没有受到处理不放过。

32. 建筑施工单位的安全生产责任制主要包括各级领导人员的安全职责、（　　）以及施工现场管理人员及作业人员的安全职责三个方面。
    A. 项目经理部的安全管理职责
    B. 企业监督管理部的安全监督职责
    C. 企业各有关职能部门的安全生产职责
    D. 企业各级施工管理及作业部门的安全职责

【答案】C

【解析】建筑施工单位的安全生产责任制主要包括各级领导人员的安全职责、企业各有关职能部门的安全生产职责以及施工现场管理人员及作业人员的安全职责三个方面。

33. 按照《建筑法》规定，鼓励企业为（　　）办理意外伤害保险，支付保险费。
    A. 从事危险作业的职工　　B. 现场施工人员
    C. 全体职工　　　　　　　D. 特种作业操作人员

【答案】A

【解析】按照《建筑法》规定，鼓励企业为从事危险作业的职工办理意外伤害保险，支付保险费。

34. 《中华人民共和国安全生产法》主要对生产经营单位的安全生产保障、（　　）、安全生产的监督管理、生产安全事故的应急救援与调查处理四个主要方面作出了规定。
    A. 生产经营单位的法律责任　　B. 安全生产的执行
    C. 从业人员的权利和义务　　　D. 施工现场的安全

【答案】C

【解析】《中华人民共和国安全生产法》对生产经营单位的安全生产保障、从业人员的权利和义务、安全生产的监督管理、安全生产事故的应急救援与调查处理四个主要方面作出了规定。

35. 以下关于生产经营单位的主要负责人的职责的说法中，错误的是（　　）。
    A. 建立、健全本单位安全生产责任制
    B. 保证本单位安全生产投入的有效实施
    C. 根据本单位的生产经营特点，对安全生产状况进行经常性检查
    D. 组织制定并实施本单位的生产安全事故应急救援预案

【答案】C

【解析】《安全生产法》第17条规定，生产经营单位的主要负责人对本单位安全生产工作负有下列职责：1）建立、健全本单位安全生产责任制；2）组织制定本单位安全生产

规章制度和操作规程;3)保证本单位安全生产投入的有效实施;4)督促、检查本单位的安全生产工作,及时消除生产安全事故隐患;5)组织制定并实施本单位的生产安全事故应急救援预案;6)及时、如实报告生产安全事故。

36. 下列关于矿山建设项目和用于生产、储存危险物品的建设项目的说法中,正确的是( )。
   A. 安全设计应当按照国家有关规定报经有关部门审查
   B. 竣工投入生产或使用前,由监理单位进行验收并对验收结果负责
   C. 涉及生命安全、危险性较大的特种设备的目录应由国务院建设行政主管部门制定
   D. 安全设施设计的审查结果由建设单位负责

【答案】A

【解析】《安全生产法》第26条规定:矿山建设项目和用于生产、储存危险物品的建设项目的安全设计应当按照国家有关规定报经有关部门审查,审查部门及其负责审查的人员对审查结果负责。《安全生产法》第27条规定:矿山建设项目和用于生产、储存危险物品的建设项目竣工投入生产或使用前,必须依照有关法律、行政法规的规定对安全设施进行验收;验收合格后,方可投入生产和使用。验收部门及其验收人员对验收结果负责。《安全生产法》第30条规定:涉及生命安全、危险性较大的特种设备的目录应由国务院负责特种设备安全监督管理的部门制定,报国务院批准后执行。

37. 生产经营单位安全生产保障措施中管理保障措施包括( )、物质资源管理。
   A. 资金资源管理   B. 现场资源管理
   C. 人力资源管理   D. 技术资源管理

【答案】C

【解析】生产经营单位安全生产保障措施中管理保障措施包括人力资源管理和物质资源管理。

38. 下列措施中,不属于物质资源管理措施的是( )。
   A. 生产经营项目、场所的协调管理   B. 设备的日常管理
   C. 对废弃危险物品的管理   D. 设备的淘汰制度

【答案】C

【解析】物质资源管理由设备的日常管理,设备的淘汰制度,生产经营项目、场所、设备的转让管理,生产经营项目、场所的协调管理等四方面构成。

39. 下列关于生产经营单位安全生产保障的说法中,正确的是( )。
   A. 生产经营单位可以将生产经营项目、场所、设备发包给建设单位指定认可的不具有相应资质等级的单位或个人
   B. 生产经营单位的特种作业人员经过单位组织的安全作业培训方可上岗作业
   C. 生产经营单位必须依法参加工伤社会保险,为从业人员缴纳保险费
   D. 生产经营单位仅需要为工业人员提供劳动防护用品

【答案】C

【解析】《安全生产法》第41条规定:生产经营单位不得将生产经营项目、场所、设备发包或出租给不具备安全生产条件或者相应资质条件的单位或个人。《安全生产法》第23条规定:生产经营单位的特种作业人员必须按照国家有关规定经专门的安全作业培训,

取得特种作业操作资格证书,方可上岗作业。《安全生产法》第 37 条规定:生产经营单位必须为工业人员提供符合国家标准或者行业标准的劳动防护用品,并监督、教育从业人员按照使用规则佩戴、使用。《安全生产法》第 43 条规定:生产经营单位必须依法参加工伤社会保险,为从业人员缴纳保险费。

40. 下列措施中,不属于生产经营单位安全生产保障措施中经济保障措施的是( )。
   A. 保证劳动防护用品、安全生产培训所需要的资金
   B. 保证工伤社会保险所需要的资金
   C. 保证安全设施所需要的资金
   D. 保证员工食宿设备所需要的资金

【答案】D

【解析】生产经营单位安全生产经济保障措施指的是保证安全生产所必需的资金,保证安全设施所需要的资金,保证劳动防护用品、安全生产培训所需要的资金,保证工商社会保险所需要的资金。

41. 当从业人员发现直接危及人身安全的紧急情况时,有权停止作业或在采取可能的应急措施后撤离作业场所,这里的权是指( )。
   A. 拒绝权   B. 批评权和检举、控告权
   C. 紧急避险权   D. 自我保护权

【答案】C

【解析】生产经营单位的从业人员依法享有知情权,批评权和检举、控告权,拒绝权,紧急避险权,请求赔偿权,获得劳动防护用品的权利和获得安全生产教育和培训的权利。

42. 根据《安全生产法》规定,生产经营单位与从业人员订立协议,免除或减轻其对从业人员因生产安全事故伤亡依法应承担的责任,该协议( )。
   A. 无效   B. 有效
   C. 经备案后生效   D. 是否生效待定

【答案】A

【解析】《安全生产法》第 44 条规定:生产经营单位不得以任何形式与从业人员订立协议,免除或者减轻其对从业人员因生产安全事故伤亡依法应承担的责任。

43. 根据《安全生产法》规定,安全生产中从业人员的义务不包括( )。
   A. 遵章守法   B. 接受安全生产教育和培训
   C. 安全隐患及时报告   D. 紧急处理安全事故

【答案】D

【解析】生产经营单位的从业人员依法享有知情权,批评权和检举、控告权,拒绝权,紧急避险权,请求赔偿权,获得劳动防护用品的权利和获得安全生产教育和培训的权利。

44. 以下不属于生产经营单位的从业人员的范畴的是( )。
   A. 技术人员   B. 临时聘用的钢筋工
   C. 管理人员   D. 监督部门视察的监管人员

【答案】D

【解析】生产经营单位的从业人员,是指该单位从事生产经营活动各项工作的所有人

员，包括管理人员、技术人员和各岗位的工人，也包括生产经营单位临时聘用的人员。

45. 下列关于负有安全生产监督管理职责的部门行使职权的说法，错误的是（ ）。
    A. 进入生产经营单位进行检查，调阅有关资料，向有关单位和人员了解情况
    B. 重大事故隐患排除后，即可恢复生产经营和使用
    C. 对检查中发现的安全生产违法行为，当场予以纠正或者要求限期改正
    D. 对检查中发现的事故隐患，应当责令立即排除

【答案】B

【解析】《安全生产法》第56条规定：负有安全生产监督管理职责的部门依法对生产经营单位执行有关安全生产的法律、法规和国家标准或者行业标准的情况进行监督检查，行使以下职权：1）进入生产经营单位进行检查，调阅有关资料，向有关单位和人员了解情况；2）对检查中发现的安全生产违法行为，当场予以纠正或者要求限期改正；对依法应当给予行政处罚的行为，依照本法和其他有关法律、行政法规作出行政处罚决定；3）对检查中发现的事故隐患，应当责令立即排除；重大事故隐患排除前或者排除过程中无法保障安全的，应当责令从危险区域内撤出作业人员，责令暂时停产停业或者停止使用；重大事故隐患排除后，经审查同意，方可恢复生产经营和使用；4）对有根据认为不符合保障安全生产的国家标准或者行业标准的设施、设备、器材可予以查封或者扣押，并应当在15日内依法作出处理决定。

46. 根据《生产安全事故报告和调查处理条例》规定：造成10人及以上30人以下死亡，或者50人及以上100人以下重伤，或者5000万元及以上1亿元以下直接经济损失的事故属于（ ）。
    A. 重伤事故   B. 较大事故   C. 重大事故   D. 死亡事故

【答案】C

【解析】国务院《生产安全事故报告和调查处理条例》规定：根据生产安全事故造成的人员伤亡或者直接经济损失，事故一般分为以下等级：1）特别重大事故，是指造成30人及以上死亡，或者100人及以上重伤（包括急性工业中毒，下同），或者1亿元及以上直接经济损失的事故；2）重大事故，是指造成10人及以上30人以下死亡，或者50人及以上100人以下重伤，或者5000万元及以上1亿元以下直接经济损失的事故；3）较大事故，是指造成3人及以上10人以下死亡，或者10人及以上50人以下重伤，或者1000万元及以上5000万元以下直接经济损失的事故；4）一般事故，是指造成3人以下死亡，或者10人以下重伤，或者1000万元以下直接经济损失的事故。

47. 某施工工地起重机倒塌，造成10人死亡3人重伤，根据《生产安全事故报告和调查处理条例》规定，该事故等级属于（ ）。
    A. 特别重大事故   B. 重大事故   C. 较大事故   D. 一般事故

【答案】B

【解析】国务院《生产安全事故报告和调查处理条例》规定：根据生产安全事故造成的人员伤亡或者直接经济损失，事故一般分为以下等级：1）特别重大事故，是指造成30人及以上死亡，或者100人及以上重伤（包括急性工业中毒，下同），或者1亿元及以上直接经济损失的事故；2）重大事故，是指造成10人及以上30人以下死亡，或者50人及以上100人以下重伤，或者5000万元及以上1亿元以下直接经济损失的事故；3）较大事

故，是指造成3人及以上10人以下死亡，或者10人及以上50人以下重伤，或者1000万元及以上5000万元以下直接经济损失的事故；4）一般事故，是指造成3人以下死亡，或者10人以下重伤，或者1000万元以下直接经济损失的事故。

48. 某施工工地基坑塌陷，造成2人死亡10人重伤，根据《生产安全事故报告和调查处理条例》规定，该事故等级属于（　　）。

A. 特别重大事故　　B. 重大事故　　C. 较大事故　　D. 一般事故

【答案】C

【解析】国务院《生产安全事故报告和调查处理条例》规定：根据生产安全事故造成的人员伤亡或者直接经济损失，事故一般分为以下等级：1）特别重大事故，是指造成30人及以上死亡，或者100人及以上重伤（包括急性工业中毒，下同），或者1亿元及以上直接经济损失的事故；2）重大事故，是指造成10人及以上30人以下死亡，或者50人及以上100人以下重伤，或者5000万元及以上1亿元以下直接经济损失的事故；3）较大事故，是指造成3人及以上10人以下死亡，或者10人及以上50人以下重伤，或者1000万元及以上5000万元以下直接经济损失的事故；4）一般事故，是指造成3人以下死亡，或者10人以下重伤，或者1000万元以下直接经济损失的事故。

49. 某市地铁工程施工作业面内，因大量水和流沙涌入，引起部分结构损坏及周边地区地面沉降，造成3栋建筑物严重倾斜，直接经济损失约合1.5亿元。根据《生产安全事故报告和调查处理条例》规定，该事故等级属于（　　）。

A. 特别重大事故　　B. 重大事故　　C. 较大事故　　D. 一般事故

【答案】A

【解析】国务院《生产安全事故报告和调查处理条例》规定：根据生产安全事故造成的人员伤亡或者直接经济损失，事故一般分为以下等级：1）特别重大事故，是指造成30人及以上死亡，或者100人及以上重伤（包括急性工业中毒，下同），或者1亿元及以上直接经济损失的事故；2）重大事故，是指造成10人及以上30人以下死亡，或者50人及以上100人以下重伤，或者5000万元及以上1亿元以下直接经济损失的事故；3）较大事故，是指造成3人及以上10人以下死亡，或者10人及以上50人以下重伤，或者1000万元及以上5000万元以下直接经济损失的事故；4）一般事故，是指造成3人以下死亡，或者10人以下重伤，或者1000万元以下直接经济损失的事故。

50. 以下说法中，不属于施工单位主要负责人的安全生产方面的主要职责的是（　　）。

A. 对所承建的建设工程进行定期和专项安全检查，并作好安全检查记录
B. 制定安全生产规章制度和操作规程
C. 落实安全生产责任制度和操作规程
D. 建立健全安全生产责任制度和安全生产教育培训制度

【答案】C

【解析】《安全生产管理条例》第21条规定：施工单位主要负责人依法对本单位的安全生产工作负全责。具体包括：1）建立健全安全生产责任制度和安全生产教育培训制度；2）制定安全生产规章制度和操作规程；3）保证本单位安全生产条件所需资金的投入；4）对所承建的建设工程进行定期和专项安全检查，并作好安全检查记录。

51. 以下关于专职安全生产管理人员的说法中，错误的是（   ）。
   A. 施工单位安全生产管理机构的负责人及其工作人员属于专职安全生产管理人员
   B. 施工现场专职安全生产管理人员属于专职安全生产管理人员
   C. 专职安全生产管理人员是指经过建设单位安全生产考核合格取得安全生产考核证书的专职人员
   D. 专职安全生产管理人员应当对安全生产进行现场监督检查

【答案】C

【解析】《安全生产管理条例》第23条规定：施工单位应当设立安全生产管理机构，配备专职安全生产管理人员。专职安全生产管理人员是指经建设主管部门或者其他有关部门安全生产考核合格，并取得安全生产考核合格证书在企业从事安全生产管理工作的专职人员，包括施工单位安全生产管理机构的负责人及其工作人员和施工现场专职安全生产管理人员。

专职安全生产管理人员的安全责任主要包括：对安全生产进行现场监督检查。发现安全事故隐患，应当及时向项目负责人和安全生产管理机构报告；对于违章指挥、违章操作的，应当立即制止。

52. 依据《安全生产管理条例》，下列选项中，哪类安全生产教育培训不是必需的？（   ）
   A. 施工单位的主要负责人的考核
   B. 特种作业人员的专门培训
   C. 作业人员进入新岗位前的安全生产教育培训
   D. 监理人员的考核培训

【答案】D

【解析】《安全生产管理条例》第36条规定：施工单位的主要负责人、项目负责人、专职安全生产管理人员应当经建设行政主管部门或其他有关部门考核合格后方可任职。施工单位应当对管理人员和作业人员每年至少进行一次安全生产教育培训，其教育培训情况记入个人工作档案。安全生产教育培训考核不合格的人员，不得上岗。《安全生产管理条例》第37条对新岗位培训作了两方面规定：一是作业人员进入新的岗位或者新的施工现场前，应当接受安全生产教育培训。未经教育培训或者教育培训考核不合格的人员，不得上岗作业。二是施工单位在采用新技术、新工艺、新设备、新材料时，应当对作业人员进行相应的安全生产教育培训。《安全生产管理条例》第25条规定：垂直运输机械作业人员、安装拆卸工、爆破作业人员、起重信号工、登高架设作业人员等特种作业人员，必须按照国家有关规定经过专门的安全作业培训，并取得特种作业操作资格证书后，方可上岗作业。

53. （   ），对安全技术措施、专项施工方案和安全技术交底作出了明确的规定。
   A. 《建筑法》
   B. 《安全生产法》
   C. 《建设工程安全生产管理条例》
   D. 《安全生产事故报告和调查处理条例》

【答案】C

【解析】施工单位应采取的安全措施有编制安全技术措施、施工现场临时用电方案和专项施工方案，安全施工技术交底，施工现场安全警示标志的设置，施工现场的安全防护，施工现场的布置应当符合安全和文明施工要求，对周边环境采取防护措施，施工现场的消防安全措施，安全防护设备管理，起重机械设备管理和办理意外伤害保险等十个方面，对安全技术措施、专项施工方案和安全技术交底包含在内。

54. 建设工程施工前，施工单位负责该项目管理的（　　）应当对有关安全施工的技术要求向施工作业班组、作业人员作出详细说明，并由双方签字确认。
   A. 项目经理　　　B. 技术人员　　　C. 质量员　　　D. 安全员

【答案】B

【解析】施工前的安全施工技术交底的目的就是让所有的安全生产从业人员都对安全生产有所了解，最大限度避免安全事故的发生。《建设工程安全生产管理条例》第27条规定：建设工程施工前，施工单位负责该项目管理的技术人员应当对有关安全施工的技术要求向施工作业班组、作业人员作出详细说明，并由双方签字确认。

55. 对达到一定规模的危险性较大的分部分项工程编制专项施工方案，并附具安全验算结果，经（　　）签字后实施，由专职安全生产管理人员进行现场监督。
   A. 施工单位技术负责人、总监理工程师
   B. 建设单位负责人、总监理工程师
   C. 施工单位技术负责人、监理工程师
   D. 建设单位负责人、监理工程师

【答案】A

【解析】《建设工程安全生产管理条例》第26条规定：对达到一定规模的危险性较大的分部分项工程编制专项施工方案，并附具安全验算结果，经施工单位技术负责人、总监理工程师签字后实施，由专职安全生产管理人员进行现场监督。

56. 施工技术人员必须在施工（　　）编制施工技术交底文件。
   A. 前　　　　　B. 后　　　　　C. 同时　　　　D. 均可

【答案】A

【解析】施工前的安全施工技术交底的目的就是让所有的安全生产从业人员都对安全生产有所了解，最大限度避免安全事故的发生。《建设工程安全生产管理条例》第27条规定：建设工程施工前，施工单位负责该项目管理的技术人员应当对有关安全施工的技术要求向施工作业班组、作业人员作出详细说明，并由双方签字确认。

57. （　　）负责现场警示标牌的保护工作。
   A. 建设单位　　B. 施工单位　　C. 监理单位　　D. 项目经理

【答案】B

【解析】《安全生产管理条例》第28条规定：施工单位应当在施工现场入口处、施工起重机械、临时用电设施、脚手架、出入通道口、楼梯口、电梯井口、孔洞口、桥梁口、隧道口、基坑边沿、爆炸物及有害危险气体和液体存放处等危险部位，设置明显的安全警示标志。

58. 施工单位为施工现场从事危险作业的人员办理的意外伤害保险期限自建设工程开工之日起至（　　）为止。

A. 工程完工　　　　　　　　　B. 交付使用
C. 竣工验收合格　　　　　　　D. 该人员工作完成

【答案】C

【解析】《安全生产管理条例》第38条规定：施工单位应当为施工现场从事危险作业的人员办理意外伤害保险。意外伤害保险费由施工单位支付。实行施工总承包的，由总承包单位支付意外伤害保险费。意外伤害保险期限自建设工程开工之日起至竣工验收合格止。

59. 质量检测试样的取样应当严格执行有关工程建设标准和国家有关规定，在（　）监督下现场取样。提供质量检测试样的单位和个人，应当对试样的真实性负责。

A. 建设单位或工程监理单位　　　B. 建设单位或质量监督机构
C. 施工单位或工程监理单位　　　D. 质量监督机构或工程监理单位

【答案】A

【解析】《质量管理条例》第31条规定：施工人员对涉及结构安全的试块、试件以及有关材料，应当在建设单位或者工程监理单位监督下现场取样，并送具有相应资质等级的质量检测单位进行检测。

60. 某项目分期开工建设，开发商二期工程3、4号楼仍然复制使用一期工程施工图纸。施工时施工单位发现该图纸使用的02标准图集现已废止，按照《质量管理条例》的规定，施工单位正确的做法是（　　）。

A. 继续按图施工，因为按图施工是施工单位的本分
B. 按现行图集套改后继续施工
C. 及时向有关单位提出修改意见
D. 由施工单位技术人员修改图纸

【答案】C

【解析】《质量管理条例》第28条规定：施工单位必须按照工程设计图纸和施工技术标准施工，不得擅自修改工程设计，不得偷工减料。施工单位在施工过程中发现设计文件和图纸有差错的，应当及时提出意见和建议。

61. 根据《质量管理条例》规定，施工单位应当对建筑材料、建筑构配件、设备和商品混凝土进行检验，下列做法不符合规定的是（　　）。

A. 未经检验的，不得用于工程上
B. 检验不合格的，应当重新检验，直至合格
C. 检验要按规定的格式形成书面记录
D. 检验要有相关的专业人员签字

【答案】B

【解析】《质量管理条例》第29条规定：施工单位必须按照工程设计要求、施工技术标准和合同约定，对建筑材料、建筑构配件、设备和商品混凝土进行检验，检验应当有书面记录和专人签字；未经检验或者检验不合格的，不得使用。

62. 根据有关法律法规有关工程返修的规定，下列说法正确的是（　　）。

A. 对施工过程中出现质量问题的建设工程，若非施工单位原因造成的，施工单位不负责返修

B. 对施工过程中出现质量问题的建设工程，无论是否施工单位原因造成的，施工单位都应负责返修

C. 对竣工验收不合格的建设工程，若非施工单位原因造成的，施工单位不负责返修

D. 对竣工验收不合格的建设工程，若是施工单位原因造成的，施工单位负责有偿返修

【答案】B

【解析】《质量管理条例》第32条规定：施工单位对施工中出现质量问题的建设工程或者竣工验收不合格的建设工程，应当负责返修。在建设工程竣工验收合格前，施工单位应对质量问题履行返修义务；建设工程竣工验收合格后，施工单位应对保修期内出现的质量问题履行保修义务。《合同法》第281条对施工单位的返修义务也有相应规定：因施工人原因致使建设工程质量不符合约定的，发包人有权要求施工人在合理期限内无偿修理或者返工、改建。经过修理或者返工、改建后，造成逾期交付的，施工人应当承担违约责任。

63. 下列社会关系中，属于我国劳动法调整的劳动关系的是（　　）。
    A. 施工单位与某个体经营者之间的加工承揽关系
    B. 劳动者与施工单位之间在劳动过程中发生的关系
    C. 家庭雇佣劳动关系
    D. 社会保险机构与劳动者之间的关系

【答案】B

【解析】劳动合同是劳动者与用工单位之间确立劳动关系，明确双方权利和义务的协议。这里的劳动关系，是指劳动者与用人单位（包括各类企业、个体工商户、事业单位等）在实现劳动过程中建立的社会经济关系。

64. 采用欺诈、威胁等手段订立的劳动合同为（　　）劳动合同。
    A. 有效　　　　B. 无效　　　　C. 可变更　　　　D. 可撤销

【答案】B

【解析】《劳动合同法》第19条规定：下列劳动合同无效或者部分无效：1) 以欺诈、胁迫的手段或者乘人之危，使对方在违背真实意思的情况下订立或者变更劳动合同的；2) 用人单位免除自己的法定责任、排除劳动者权利的；3) 违反法律、行政法规强制性规定的。对劳动合同的无效或者部分无效有争议的，由劳动争议仲裁机构或者人民法院确认。

65. 张某在甲施工单位公司连续工作满8年，李某与乙监理公司已经连续订立两次固定期限劳动合同，但因公负伤不能从事原先工作；王某来丙公司工作2年，并被董事会任命为总经理；赵某在丁公司累计工作了12年，但期间曾离开过丁公司。则应签订无固定期限劳动合同的是（　　）。
    A. 张某　　　　B. 李某　　　　C. 王某　　　　D. 赵某

【答案】B

【解析】有下列情形之一，劳动者提出或者同意续订、订立劳动合同的，除劳动者提出订立固定期限劳动合同外，应当订立无固定期限劳动合同：1) 劳动者在该用人单位连续工作满10年的；2) 用人单位初次实行劳动合同制度或者国有企业改制重新订立劳动合同时，劳动者在该用人单位连续工作满10年且距法定退休年龄不足10年的；3) 连续订

立二次固定期限劳动合同,且劳动者没有本法第 39 条(即用人单位可以解除劳动合同的条件)和第 40 条第 1 项、第 2 项规定(及劳动者患病或非因公负伤,在规定的医疗期满后不能从事原工作,也不能从事由用人单位另行安排的工作的;劳动者不能胜任工作,经过培训或者调整工作岗位,仍不能胜任工作)的情形,续订劳动合同的。

66. 2005 年 2 月 1 日小李经过面试合格后并与某建筑公司签订了为期 5 年的用工合同,并约定了试用期,则试用期最迟至( )。

　　A. 2005 年 2 月 28 日　　　　　　B. 2005 年 5 月 31 日
　　C. 2005 年 8 月 1 日　　　　　　　D. 2006 年 2 月 1 日

【答案】C

【解析】《劳动合同法》第 19 条规定:劳动合同期限 3 个月以上不满 1 年的,试用期不得超过 1 个月;劳动合同期限 1 年以上不满 3 年的,试用期不得超过 2 个月;3 年以上固定期限和无固定期限的劳动合同,试用期不得超过 6 个月。

67. 甲建筑材料公司聘请王某担任推销员,双方签订劳动合同,约定劳动试用期 6 个月,6 个月后再根据王某工作情况,确定劳动合同期限,下列选项中表述正确的是( )。

　　A. 甲建筑材料公司与王某订立的劳动合同属于无固定期限合同
　　B. 王某的工作不满一年,试用期不得超过一个月
　　C. 劳动合同的试用期不得超过 6 个月,所以王某的试用期是成立的
　　D. 试用期是不成立的,6 个月应为劳动合同期限

【答案】D

【解析】《劳动合同法》第 19 条规定:劳动合同期限 3 个月以上不满 1 年的,试用期不得超过 1 个月;劳动合同期限 1 年以上不满 3 年的,试用期不得超过 2 个月;3 年以上固定期限和无固定期限的劳动合同,试用期不得超过 6 个月。试用期包含在劳动合同期限内。劳动合同仅约定试用期的,试用期不成立,该期限为劳动合同期限。

68. 甲建筑材料公司聘请王某担任推销员,双方签订劳动合同,合同中约定如果王某完成承包标准,每月基本工资 1000 元,超额部分按 40% 提成,若不完成任务,可由公司扣减工资。下列选项中表述正确的是( )。

　　A. 甲建筑材料公司不得扣减王某工资
　　B. 由于在试用期内,所以甲建筑材料公司的做法是符合《劳动合同法》的
　　C. 甲公司可以扣发王某的工资,但是不得低于用人单位所在地的最低工资标准
　　D. 试用期内的工资不得低于本单位相同岗位的最低档工资

【答案】C

【解析】《劳动合同法》第 20 条规定:劳动者在试用期的工资不得低于本单位相同岗位最低档工资或者劳动合同约定工资的 80%,并不得低于用人单位所在地的最低工资标准。

69. 根据《劳动合同法》规定,无固定期限劳动合同可以约定试用期,但试用期最长不得超过( )个月。

　　A. 1　　　　　B. 2　　　　　C. 3　　　　　D. 6

【答案】D

【解析】《劳动合同法》第19条规定：劳动合同期限3个月以上不满1年的，试用期不得超过1个月；劳动合同期限1年以上不满3年的，试用期不得超过2个月；3年以上固定期限和无固定期限的劳动合同，试用期不得超过6个月。试用期包含在劳动合同期限内。劳动合同仅约定试用期的，试用期不成立，该期限为劳动合同期限。

70. 贾某与乙建筑公司签订了一份劳动合同，在合同尚未期满时，贾某拟解除劳动合同。根据规定，贾某应当提前（　　）日以书面形式通知用人单位。

    A. 3　　　　　　B. 15　　　　　　C. 15　　　　　　D. 30

【答案】D

【解析】劳动者提前30日以书面形式通知用人单位，可以解除劳动合同。劳动者在试用期内提前3日通知用人单位，可以解除劳动合同。

71. 根据《劳动合同法》，劳动者非因工负伤，医疗期满后，不能从事原工作也不能从事用人单位另行安排的工作的，用人单位可以解除劳动合同，但是应当提前（　　）日以书面形式通知劳动者本人。

    A. 10　　　　　　B. 15　　　　　　C. 30　　　　　　D. 50

【答案】C

【解析】《劳动合同法》第40条规定有下列情形之一的，用人单位提前30日以书面形式通知劳动者本人或者额外支付劳动者1个月工资后，可以解除劳动合同：1）劳动者患病或者非因工负伤，在规定的医疗期满后不能从事原工作，也不能从事由用人单位另行安排的工作的；2）劳动者不能胜任工作，经过培训或者调整工作岗位，仍不能胜任工作的；3）劳动合同订立时所依据的客观情况发生重大变化，致使劳动合同无法履行，经用人单位与劳动者协商，未能就变更劳动合同内容达成协议的。

72. 根据《劳动合同法》，下列选项中，用人单位可以解除劳动合同的情形是（　　）。

    A. 职工患病，在规定的医疗期内　　　　B. 职工非因工负伤，伤愈出院
    C. 女职工在孕期间　　　　　　　　　　D. 女职工在哺乳期内

【答案】B

【解析】《劳动合同法》第39条规定劳动者有下列情形之一的，用人单位可以解除劳动合同：1）在试用期间被证明不符合录用条件的；2）严重违反用人单位的规章制度的；3）严重失职，营私舞弊，给用人单位造成重大损害的；4）劳动者同时与其他用人单位建立劳动关系，对完成本单位的工作任务造成严重影响，或者经用人单位提出，拒不改正的；5）因本法第26条第1款第1项规定的情形致使劳动合同无效的；6）被依法追究刑事责任的。《劳动合同法》第40条规定有下列情形之一的，用人单位提前30日以书面形式通知劳动者本人或者额外支付劳动者1个月工资后，可以解除劳动合同：1）劳动者患病或者非因工负伤，在规定的医疗期满后不能从事原工作，也不能从事由用人单位另行安排的工作的；2）劳动者不能胜任工作，经过培训或者调整工作岗位，仍不能胜任工作的；3）劳动合同订立时所依据的客观情况发生重大变化，致使劳动合同无法履行，经用人单位与劳动者协商，未能就变更劳动合同内容达成协议的。

73. 在试用期内被证明不符合录用条件的，用人单位（　　）。

    A. 可以随时解除劳动合同

    B. 必须解除劳动合同

C. 可以解除合同，但应当提前30日通知劳动者
D. 不得解除劳动合同

【答案】 A

【解析】《劳动合同法》第39条规定劳动者有下列情形之一的，用人单位可以解除劳动合同：1) 在试用期间被证明不符合录用条件的；2) 严重违反用人单位的规章制度的；3) 严重失职，营私舞弊，给用人单位造成重大损害的；4) 劳动者同时与其他用人单位建立劳动关系，对完成本单位的工作任务造成严重影响，或者经用人单位提出，拒不改正的；5) 因本法第26条第1款第1项规定的情形致使劳动合同无效的；6) 被依法追究刑事责任的。

74. 工人小韩与施工企业订立了1年期的劳动合同，在合同履行过程中小韩不能胜任本职工作，企业给其调整工作岗位后，仍不能胜任工作，其所在企业决定解除劳动合同，需提前（　　）日以书面形式通知小韩本人。

A. 10　　　B. 15　　　C. 30　　　D. 60

【答案】 C

【解析】《劳动合同法》第40条规定有下列情形之一的，用人单位提前30日以书面形式通知劳动者本人或者额外支付劳动者1个月工资后，可以解除劳动合同：1) 劳动者患病或者非因工负伤，在规定的医疗期满后不能从事原工作，也不能从事由用人单位另行安排的工作的；2) 劳动者不能胜任工作，经过培训或者调整工作岗位，仍不能胜任工作的；3) 劳动合同订立时所依据的客观情况发生重大变化，致使劳动合同无法履行，经用人单位与劳动者协商，未能就变更劳动合同内容达成协议的。

75. 在下列情形中，用人单位可以解除劳动合同，但应当提前30天以书面形式通知劳动者本人的是（　　）。

A. 小王在试用期内迟到早退，不符合录用条件
B. 小李因盗窃被判刑
C. 小张在外出执行任务时负伤，失去左腿
D. 小吴下班时间酗酒摔伤住院，出院后不能从事原工作也拒不从事单位另行安排的工作

【答案】 D

【解析】《劳动合同法》第40条规定有下列情形之一的，用人单位提前30日以书面形式通知劳动者本人或者额外支付劳动者1个月工资后，可以解除劳动合同：1) 劳动者患病或者非因工负伤，在规定的医疗期满后不能从事原工作，也不能从事由用人单位另行安排的工作的；2) 劳动者不能胜任工作，经过培训或者调整工作岗位，仍不能胜任工作的；3) 劳动合同订立时所依据的客观情况发生重大变化，致使劳动合同无法履行，经用人单位与劳动者协商，未能就变更劳动合同内容达成协议的。

76. 按照《劳动合同法》的规定，在下列选项中，用人单位提前30天以书面形式通知劳动者本人或额外支付1个月工资后可以解除劳动合同的情形是（　　）。

A. 劳动者患病或非公负伤在规定的医疗期满后不能胜任原工作的
B. 劳动者试用期间被证明不符合录用条件的
C. 劳动者被依法追究刑事责任的

D. 劳动者不能胜任工作，经培训或调整岗位仍不能胜任工作的

【答案】D

【解析】《劳动合同法》第40条规定有下列情形之一的，用人单位提前30日以书面形式通知劳动者本人或者额外支付劳动者1个月工资后，可以解除劳动合同：1）劳动者患病或者非因工负伤，在规定的医疗期满后不能从事原工作，也不能从事由用人单位另行安排的工作的；2）劳动者不能胜任工作，经过培训或者调整工作岗位，仍不能胜任工作的；3）劳动合同订立时所依据的客观情况发生重大变化，致使劳动合同无法履行，经用人单位与劳动者协商，未能就变更劳动合同内容达成协议的。

77. 劳动者在试用期内单方解除劳动合同，应提前（　　）日通知用人单位。
A. 10　　　　　　　B. 3　　　　　　　C. 15　　　　　　　D. 7

【答案】B

【解析】劳动者提前30日以书面形式通知用人单位，可以解除劳动合同。劳动者在试用期内提前3日通知用人单位，可以解除劳动合同。

78. 不属于随时解除劳动合同的情形的是（　　）。
A. 某单位司机李某因交通肇事罪被判处有期徒刑3年
B. 某单位发现王某在试用期间不符合录用条件
C. 石某在工作期间严重失职，给单位造成重大损失
D. 职工姚某无法胜任本岗位工作，经过培训仍然无法胜任工作的

【答案】D

【解析】《劳动合同法》第39条规定劳动者有下列情形之一的，用人单位可以解除劳动合同：1）在试用期间被证明不符合录用条件的；2）严重违反用人单位的规章制度的；3）严重失职，营私舞弊，给用人单位造成重大损害的；4）劳动者同时与其他用人单位建立劳动关系，对完成本单位的工作任务造成严重影响，或者经用人单位提出，拒不改正的；5）因本法第26条第1款第1项规定的情形致使劳动合同无效的；6）被依法追究刑事责任的。

79. 王某应聘到某施工单位，双方于4月15日签订为期3年的劳动合同，其中约定试用期3个月，次日合同开始履行。7月18日，王某拟解除劳动合同，则（　　）。
A. 必须取得用人单位同意
B. 口头通知用人单位即可
C. 应提前30日以书面形式通知用人单位
D. 应报请劳动行政主管部门同意后以书面形式通知用人单位

【答案】C

【解析】劳动者提前30日以书面形式通知用人单位，可以解除劳动合同。劳动者在试用期内提前3日通知用人单位，可以解除劳动合同。

三、多选题

1. 建设法规的调整对象，即发生在各种建设活动中的社会关系，包括（　　）。
A. 建设活动中的行政管理关系　　　　B. 建设活动中的经济协作关系
C. 建设活动中的财产人身关系　　　　D. 建设活动中的民事关系

E. 建设活动中的人身关系

【答案】 ABD

【解析】 建设法规的调整对象，即发生在各种建设活动中的社会关系，包括建设活动中所发生的行政管理关系、经济协作关系及其相关的民事关系。

2. 建设活动中的行政管理关系，是国家及其建设行政主管部门同（　　）及建设监理等中介服务单位之间的管理与被管理关系。

A. 建设单位　　　　　　　　　　B. 劳务分包单位
C. 施工单位　　　　　　　　　　D. 建筑材料和设备的生产供应单位
E. 设计单位

【答案】 ACDE

【解析】 建设活动中的行政管理关系，是国家及其建设行政主管部门同建设单位、设计单位、施工单位、建筑材料和设备的生产供应单位及建设监理等中介服务单位之间的管理与被管理关系。

3. 我国建设法规体系由以下（　　）层次组成。

A. 建设行政法规　　　　　　　　B. 地方性建设法规
C. 建设部门规章　　　　　　　　D. 建设法律
E. 地方建设规章

【答案】 ABCDE

【解析】 我国建设法规体系由建设法律、建设行政法规、建设部门规章、地方性建设法规和地方建设规章五个层次组成。

4. 以下法规属于建设法律的是（　　）。

A.《中华人民共和国建筑法》　　　　B.《中华人民共和国招标投标法》
C.《中华人民共和国城乡规划法》　　D.《建设工程质量管理条例》
E.《建设工程安全生产管理条例》

【答案】 ABC

【解析】 建设法律是指由全国人民代表大会及其常务委员会制定通过，由国家主席以主席令的形式发布的属于国务院建设行政主管部门业务范围的各项法律，如《中华人民共和国建筑法》、《中华人民共和国招标投标法》、《中华人民共和国城乡规划法》等。建设行政法规的名称常以"条例"、"办法"、"规定"、"规章"等名称出现，如《建设工程质量管理条例》、《建设工程安全生产管理条例》等。

5. 以下关于地方的立法权相关问题，说法正确的是（　　）。

A. 我国的地方人民政府分为省、地、市、县、乡五级
B. 直辖市、自治区属于地方人民政府地级这一层次
C. 省、自治区、直辖市以及省会城市、自治区首府有立法权
D. 县、乡级没有立法权
E. 地级市中国务院批准的规模较大的市有立法权

【答案】 CDE

【解析】 关于地方的立法权问题，地方是与中央相对应的一个概念，我国的地方人民政府分为省、地、县、乡四级。其中省级中包括直辖市，县级中包括县级市即不设区的

市。县、乡级没有立法权。省、自治区、直辖市以及省会城市、自治区首府有立法权。而地级市中只有国务院批准的规模较大的市有立法权,其他地级市没有立法权。

6. 以下专业承包企业资质等级分为一、二、三级的是(　　)。

A. 地基基础工程　　　　　　B. 预拌商品混凝土

C. 建筑装修装饰工程　　　　D. 古建筑工程

E. 城市及道路照明工程

【答案】ADE

【解析】地基基础工程、古建筑工程、城市及道路照明工程等级分类为一、二、三级,预拌混凝土不分等级,建筑装修装饰工程分为一、二级。

7. 以下关于建筑工程施工总承包企业承包工程范围的说法,正确的是(　　)。

A. 特级企业可承担各类建筑工程的施工

B. 一级企业可承担单项合同额3000万元高度200m的工业建筑工程

C. 三级企业可承担高度100m的构筑物的施工

D. 三级企业可承担高度50m以内的建筑工程

E. 三级企业可承担单跨跨度28m的建筑工程

【答案】ABD

【解析】房屋建筑工程施工总承包企业可以承包工程范围见表1-1。

房屋建筑工程施工总承包企业承包工程范围　　　　表1-1

序号	企业资质	承包工程范围
1	特级	可承担各类建筑工程的施工
2	一级	可承担单项合同额3000万元及以上的下列建筑工程的施工: (1) 高度200m及以下的工业、民用建筑工程; (2) 高度240m及以下的构筑物工程
3	二级	可承担下列建筑工程的施工: (1) 高度200m及以下的工业、民用建筑工程; (2) 高度120m及以下的构筑物工程; (3) 建筑面积4万m² 及以下的单体工业、民用建筑工程; (4) 单跨跨度39m及以下的建筑工程
4	三级	可承担下列建筑工程的施工: (1) 高度50m以内的建筑工程; (2) 高度70m及以下的构筑物工程; (3) 建筑面积1.2万m² 及以下的单体工业、民用建筑工程; (4) 单跨跨度27m及以下的建筑工程

8. 以下各类房屋建筑工程的施工中,三级企业可以承担的有(　　)。

A. 高度70m及以上的构筑物工程

B. 高度70m及以下的构筑物工程

C. 单跨跨度39m及以下的房屋建筑工程

D. 建筑面积1.2万m² 及以下的单体民用建筑工程

E. 建筑面积4万m² 及以上的单体民用建筑工程

【答案】BD

【解析】解析见表 1-1。

9. 以下关于市政公用工程施工总承包企业承包工程范围的说法,错误的是( )。
   A. 特级企业可承担各类市政公用工程的施工
   B. 三级企业可承担 5 万 t/d 的污水处理工程
   C. 二级企业可承担各类城市生活垃圾处理工程
   D. 三级企业可承担单跨 30m 的城市桥梁工程
   E. 二级企业可承担单跨 50m 的城市桥梁工程

【答案】ADE

【解析】市政公用工程施工总承包企业可以承包工程范围见表 1-2。

市政公用工程施工总承包企业承包工程范围 表 1-2

序号	企业资质	承包工程范围
1	一级	可承担各种类市政公用工程的施工
2	二级	可承担下列市政公用工程的施工: (1) 各类城市道路;单跨 45m 及以下的城市桥梁; (2) 15 万 t/d 及以下的供水工程;10 万 t/d 及以下的污水处理工程;2 万 t/d 及以下的给水泵站、15 万 t/d 及以下的污水泵站、雨水泵站;各类给排水及中水管道工程; (3) 中压以下燃气管道、调压站;供热面积 150 万 m^2 及以下热力工程和各类热力管道工程; (4) 各类城市生活垃圾处理工程; (5) 断面 25m^2 及以下隧道工程和地下交通工程; (6) 各类城市广场、地面停车场硬质铺装; (7) 单项合同额 4000 万元及以下的市政综合工程
3	三级	可承担下列市政公用工程的施工: (1) 城市道路工程(不含快速路);单跨 25m 及以下的城市桥梁工程; (2) 8 万 t/d 及以下的给水厂;6 万 t/d 及以下的污水处理工程;10 万 t/d 及以下的给水泵站、10 万 t/d 及以下的污水泵站、雨水泵站,直径 1m 及以下供水管道;直径 1.5m 及以下污水及中水管道; (3) 2kg/cm^2 及以下中压、低压燃气管道、调压站;供热面积 50 万 m^2 及以下热力工程,直径 0.2m 及以下热力管道; (4) 单项合同额 2500 万元及以下的城市生活垃圾处理工程; (5) 单项合同额 2000 万元及以下地下交通工程(不包括轨道交通工程); (6) 5000m^2 及以下城市广场、地面停车场硬质铺装; (7) 单项合同额 2500 万元及以下的市政综合工程

10. 以下各类市政公用工程的施工中,二级企业可以承揽的有( )。
    A. 单跨跨度 40m 的城市桥梁工程
    B. 城市快速路工程
    C. 各类给排水管道工程
    D. 20 万 t/d 的供水工程
    E. 供热面积 200 万 m^2 热力工程

【答案】ABC

【解析】解析见表 1-2。

11. 下列关于专业承包企业可以承揽的业务范围的说法中,错误的是( )。
    A. 建筑幕墙工程二级企业可承担 8000m^2 建筑幕墙工程的施工

B. 建筑装修装饰工程一级企业可承担各类建筑装修装饰工程的施工
C. 地基与基础工程二级企业可承担开挖深度14m的基坑围护工程的施工
D. 建筑智能化工程三级企业可承担工程造价800万元的建筑智能化工程的施工
E. 钢结构工程一级企业不可承担高度60m的钢结构工程

【答案】DE

【解析】建筑幕墙工程二级企业可承担8000m² 及以下建筑幕墙工程的施工。建筑装修装饰工程一级企业可承担各类建筑装修装饰工程的施工。地基与基础工程二级企业可承担开挖深度不超过15m的基坑围护工程的施工。建筑智能化工程无三级企业。钢结构工程一级企业可承担高度60m的钢结构工程。

12. 建设工程施工合同具有下列（　　）情形之一的，认定无效。
A. 施工总承包单位将劳务作业分包给具有相应资质等级的劳务分包企业的
B. 建设工程必须进行招标而未进行招标或者中标无效的
C. 承包人未取得建筑施工企业资质或者超越资质等级的
D. 没有资质的实际施工人借用有资质的建筑施工企业名义的
E. 特级房屋建筑工程施工总承包单位承担单项建安合同额超过企业注册资本金5倍的建筑面积20万m² 以上的住宅小区建设的

【答案】BCD

【解析】2005年1月1日开始实行的《最高人民法院关于审理建设工程施工合同纠纷案件适用法律问题的解释》第1条规定：建设工程施工合同具有下列情形之一的，应当根据合同法第52条第（5）项的规定，认定无效：1）承包人未取得建筑施工企业资质或者超越资质等级的；2）没有资质的实际施工人借用有资质的建筑施工企业名义的；3）建设工程必须进行招标而未进行招标或者中标无效的。

13. 下列关于联合体承包工程的表述中，正确的是（　　）。
A. 联合体只能按成员中资质等级低的单位的业务许可范围承包工程
B. 联合体各方对承包合同的履行负连带责任
C. 如果出现赔偿责任，建设单位只能向联合体索偿
D. 联合体承包工程不利于规避承包风险
E. 联合体的成员单位都附有清偿全部债务的义务

【答案】ABE

【解析】两个以上的承包单位组成联合体共同承包建设工程的行为称为联合承包。依据《建筑法》第27条，联合体作为投标人投标时，应当按照资质等级较低的单位的业务许可范围承揽工程。联合体的成员单位对承包合同的履行承担连带责任。《民法通则》第87条规定，负有连带义务的每个债务人，都有清偿全部债务的义务。因此，联合体的成员单位都附有清偿全部债务的义务。

14. 《建筑法》规定：禁止总承包单位将工程分包给不具备相应资质条件的单位，禁止分包单位将其承包的工程再分包。以下情形属于违法分包的是（　　）。
A. 分包单位将其承包的建设工程再分包的
B. 施工总承包人或专业分包人将其承包工程中的劳务作业分包给劳务分包企业
C. 总承包单位将建设工程分包给不具备相应资质条件的单位的

D. 建设工程总承包合同中未有约定，又未经建设单位认可，承包单位将其承包的部分建设工程交由其他单位完成的

E. 施工总承包单位将建设工程主体结构的施工分包给其他单位的

【答案】ACDE

【解析】依据《建筑法》的规定：《建设工程质量管理条例》进一步将违法分包界定为如下几种情形：1) 总承包单位将建设工程分包给不具备相应资质条件的单位的；2) 建设工程总承包合同中未有约定，又未经建设单位认可，承包单位将其承包的部分建设工程交由其他单位完成的；3) 施工总承包单位将建设工程主体结构的施工分包给其他单位的；4) 分包单位将其承包的建设工程再分包的。

15. 建设工程安全生产基本制度包括：（　　）、（　　）、安全生产教育培训制度、（　　）、安全生产检查制度、（　　）等六个方面。

A. 安全生产责任制　　　　　　B. 群防群治制度
C. 伤亡事故处理报告制度　　　D. 防范监控制度
E. 安全责任追究制度

【答案】ABCE

【解析】建设工程安全生产基本制度包括：安全生产责任制、群防群治制度、安全生产教育培训制度、伤亡事故处理报告制度、安全生产检查制度、安全责任追究制度等六个方面。

16. 生产经营单位安全生产保障措施由（　　）组成。

A. 经济保障措施　　　　　　　B. 技术保障措施
C. 组织保障措施　　　　　　　D. 法律保障措施
E. 管理保障措施

【答案】ABCE

【解析】生产经营单位安全生产保障措施由组织保障措施、管理保障措施、经济保障措施、技术保障措施四部分组成。

17. 下列属于生产经营单位的安全生产管理人员职责的是（　　）。

A. 对检查中发现的安全问题，应当立即处理；不能处理的，应当及时报告本单位有关负责人

B. 及时、如实报告生产安全事故

C. 检查及处理情况应当记录在案

D. 督促、检查本单位的安全生产工作，及时消除生产安全事故隐患

E. 根据本单位的生产经营特点，对安全生产状况进行经常性检查

【答案】ACE

【解析】《安全生产法》第38条规定：生产经营单位的安全生产管理人员应当根据本单位的生产经营特点，对安全生产状况进行经常性检查；对检查中发现的安全问题，应当立即处理；不能处理的，应当及时报告本单位有关负责人。检查及处理情况应当记录在案。

18. 下列岗位中，属于对安全设施、设备的质量负责的岗位是（　　）。

A. 对安全设施的设计质量负责的岗位

B. 对安全设施的竣工验收负责的岗位
C. 对安全生产设备质量负责的岗位
D. 对安全设施的进厂检验负责的岗位
E. 对安全生产设备施工负责的岗位

【答案】ABCE

【解析】对安全设施、设备的质量负责的岗位：1）对安全设施的设计质量负责的岗位；2）对安全设施的施工负责的岗位；3）对安全设施的竣工验收负责的岗位；4）对安全生产设备质量负责的岗位。

19. 下列措施中，属于生产经营单位安全生产保障措施中管理保障措施的有（   ）。
    A. 对新工艺、新技术、新材料或者使用新设备的管理
    B. 对主要负责人和安全生产管理人员的管理
    C. 生产经营项目、场所的协调管理
    D. 对特种作业人员的管理
    E. 生产经营项目、场所、设备的转让管理

【答案】BCDE

【解析】生产经营单位安全生产管理保障措施包括人力资源管理和物质资源管理两个方面。其中，人力资源管理由对主要负责人和安全生产管理人员的管理、对一般从业人员的管理和对特种作业人员的管理三方面构成；物质资源管理由设备的日常管理，设备的淘汰制度，生产经营项目、场所、设备的转让管理，生产经营项目、场所的协调管理等四方面构成。

20. 下列措施中，属于生产经营单位安全生产保障措施中经济保障措施的是（   ）。
    A. 保证劳动防护用品、安全生产培训所需要的资金
    B. 保证安全设施所需要的资金
    C. 保证安全生产所必需的资金
    D. 保证员工食宿所需要的资金
    E. 保证工伤社会保险所需要的资金

【答案】ABCE

【解析】生产经营单位安全生产经济保障措施指的是保证安全生产所必需的资金，保证安全设施所需要的资金，保证劳动防护用品、安全生产培训所需要的资金，保证工商社会保险所需要的资金。

21. 下列措施中，属于生产经营单位安全生产保障措施中技术保障措施的是（   ）。
    A. 设备的日常管理
    B. 对废弃危险物品的管理
    C. 新工艺、新技术、新材料或者使用新设备的管理
    D. 生产经营项目、场所、设备的转让管理
    E. 对员工宿舍的管理

【答案】BCE

【解析】生产经营单位安全生产技术保障措施包含对新工艺、新技术、新材料或者使用新设备的管理，对安全条件论证和安全评价的管理，对废弃危险物品的管理，对重大危

险源的管理,对员工宿舍的管理,对危险作业的管理,对安全生产操作规程的管理以及对施工现场的管理等八个方面。

22. 根据《安全生产法》规定,安全生产中从业人员的权利有(   )。
A. 批评权和检举、控告权 B. 知情权
C. 紧急避险权 D. 获得赔偿权
E. 危险报告权

【答案】ABCD

【解析】生产经营单位的从业人员依法享有知情权,批评权和检举、控告权,拒绝权,紧急避险权,请求赔偿权,获得劳动防护用品的权利和获得安全生产教育和培训的权利。

23. 根据《安全生产法》规定,安全生产中从业人员的义务不包括(   )。
A. 依法履行自律遵规
B. 检举单位安全生产工作的违章作业
C. 自觉学习安全生产知识
D. 危险报告的义务
E. 按规定佩戴、使用劳动防护用品

【答案】BE

【解析】生产经营单位的从业人员的义务有:自律遵规的义务、自觉学习安全生产知识的义务、危险报告义务。

24. 国务院《生产安全事故报告和调查处理条例》规定:根据生产安全事故造成的人员伤亡或者直接经济损失,以下事故等级分类正确的有(   )。
A. 造成 120 人急性工业中毒的事故为特别重大事故
B. 造成 8000 万元直接经济损失的事故为重大事故
C. 造成 3 人死亡 800 万元直接经济损失的事故为一般事故
D. 造成 10 人死亡 35 人重伤的事故为较大事故
E. 造成 10 人死亡 35 人重伤的事故为重大事故

【答案】ABE

【解析】国务院《生产安全事故报告和调查处理条例》规定:根据生产安全事故造成的人员伤亡或者直接经济损失,事故一般分为以下等级:1)特别重大事故,是指造成 30 人及以上死亡,或者 100 人及以上重伤(包括急性工业中毒,下同),或者 1 亿元及以上直接经济损失的事故;2)重大事故,是指造成 10 人及以上 30 人以下死亡,或者 50 人及以上 100 人以下重伤,或者 5000 万元及以上 1 亿元以下直接经济损失的事故;3)较大事故,是指造成 3 人及以上 10 人以下死亡,或者 10 人及以上 50 人以下重伤,或者 1000 万元及以上 5000 万元以下直接经济损失的事故;4)一般事故,是指造成 3 人以下死亡,或者 10 人以下重伤,或者 1000 万元以下直接经济损失的事故。

25. 国务院《生产安全事故报告和调查处理条例》规定,事故一般分为以下等级(   )。
A. 特别重大事故 B. 重大事故
C. 大事故 D. 一般事故
E. 较大事故

【答案】ABDE

【解析】国务院《生产安全事故报告和调查处理条例》规定：根据生产安全事故造成的人员伤亡或者直接经济损失，事故一般分为以下等级：1) 特别重大事故，是指造成30人及以上死亡，或者100人及以上重伤（包括急性工业中毒，下同），或者1亿元及以上直接经济损失的事故；2) 重大事故，是指造成10人以上30人以下死亡，或者50人及以上100人以下重伤，或者5000万元及以上1亿元以下直接经济损失的事故；3) 较大事故，是指造成3人及以上10人以下死亡，或者10人以上50人以下重伤，或者1000万元及以上5000万元以下直接经济损失的事故；4) 一般事故，是指造成3人以下死亡，或者10人以下重伤，或者1000万元以下直接经济损失的事故。

26. 下列选项中，施工单位的项目人应当履行的安全责任主要包括（　　）。
 A. 制定安全生产规章制度和操作规程
 B. 确保安全生产费用的有效使用
 C. 组织制定安全施工措施
 D. 消除安全事故隐患
 E. 及时、如实报告生产安全事故

【答案】BCDE

【解析】根据《安全生产管理条例》第21条，项目负责人的安全责任主要包括：1) 落实安全生产责任制度，安全生产规章制度和操作规程；2) 确保安全生产费用的有效使用；3) 根据工程的特点组织制定安全施工措施，消除安全事故隐患；4) 及时、如实报告生产安全事故。

27. 以下关于总承包单位和分包单位的安全责任的说法中，正确的是（　　）。
 A. 总承包单位应当自行完成建设工程主体结构的施工
 B. 总承包单位对施工现场的安全生产负总责
 C. 经业主认可，分包单位可以不服从总承包单位的安全生产管理
 D. 分包单位不服从管理导致生产安全事故的，由总包单位承担主要责任
 E. 总承包单位和分包单位对分包工程的安全生产承担连带责任

【答案】ABE

【解析】《安全生产管理条例》第24条规定：建设工程实行施工总承包的，由总承包单位对施工现场的安全生产负总责。为了防止违法分包和转包等违法行为的发生，真正落实施工总承包单位的安全责任，该条进一步规定，总承包单位应当自行完成建设工程主体结构的施工。该条同时规定，总承包单位依法将建设工程分包给其他单位的，分包合同中应当明确各自的安全生产方面的权利、义务。总承包单位和分包单位对分包工程的安全生产承担连带责任。分包单位应当服从总承包单位的安全生产管理，分包单位不服从管理导致生产安全事故的，由分包单位承担主要责任。

28. 施工单位安全生产教育培训工作符合法律规定的有（　　）。
 A. 施工单位应当对管理人员和作业人员每年至少进行一次安全生产教育培训
 B. 安全生产教育培训考核不合格的人员，不得上岗
 C. 采用新技术、新工艺时，应当对管理人员进行相应的安全生产教育培训
 D. 登高架设作业人员，必须按照企业有关规定经过安全作业培训方可上岗
 E. 作业人员进入新的施工现场前，应当接受安全生产教育培训

【答案】ABE

【解析】《安全生产管理条例》第 36 条规定：施工单位应当对管理人员和作业人员每年至少进行一次安全生产教育培训，其教育培训情况记入个人工作档案。安全生产教育培训考核不合格的人员，不得上岗。《安全生产管理条例》第 37 条对新岗位培训作了两方面规定：一是作业人员进入新的岗位或者新的施工现场前，应当接受安全生产教育培训。未经教育培训或者教育培训考核不合格的人员，不得上岗作业。二是施工单位在采用新技术、新工艺、新设备、新材料时，应当对作业人员进行相应的安全生产教育培训。《安全生产管理条例》第 25 条规定：垂直运输机械作业人员、安装拆卸工、爆破作业人员、起重信号工、登高架设作业人员等特种作业人员，必须按照国家有关规定经过专门的安全作业培训，并取得特种作业操作资格证书后，方可上岗作业。

29. 根据《建设工程安全生产管理条例》，应编制专项施工方案，并附具安全验算结果的分部分项工程包括（　　）。
    A. 深基坑工程 B. 起重吊装工程
    C. 模板工程　　D. 楼地面工程
    E. 脚手架工程

【答案】ABCE

【解析】《建设工程安全生产管理条例》第 26 条规定，对达到一定规模的危险性较大的分部分项工程编制专项施工方案，并附具安全验算结果，经施工单位技术负责人、总监理工程师签字后实施，由专职安全生产管理人员进行现场监督：1) 基坑支护与降水工程；2) 土方开挖工程；3) 模板工程；4) 起重吊装工程；5) 脚手架工程；6) 拆除、爆破工程；7) 国务院建设行政主管部门或其他有关部门规定的其他危险性较大的工程。

30. 施工单位应当根据论证报告修改完善专项方案，并经（　　）签字后，方可组织实施。
    A. 施工单位技术负责人　　B. 总监理工程师
    C. 项目监理工程师　　　　D. 建设单位项目负责人
    E. 建设单位法人

【答案】AB

【解析】《建设工程安全生产管理条例》第 26 条规定：对达到一定规模的危险性较大的分部分项工程编制专项施工方案，并附具安全验算结果，经施工单位技术负责人、总监理工程师签字后实施，由专职安全生产管理人员进行现场监督。

31. 下列属于危险性较大的分部分项工程的有（　　）。
    A. 基坑支护与降水工程　　B. 土方开挖工程
    C. 模板工程　　　　　　　D. 楼地面工程
    E. 脚手架工程

【答案】ABCE

【解析】《建设工程安全生产管理条例》第 26 条规定：对达到一定规模的危险性较大的分部分项工程编制专项施工方案，并附具安全验算结果，经施工单位技术负责人、总监理工程师签字后实施，由专职安全生产管理人员进行现场监督：1) 基坑支护与降水工程；2) 土方开挖工程；3) 模板工程；4) 起重吊装工程；5) 脚手架工程；6) 拆除、爆破工程；7) 国务院建设行政主管部门或其他有关部门规定的其他危险性较大的工程。

32. 施工单位使用承租的机械设备和施工机具及配件的，由（   ）共同进行验收。
   A. 施工总承包单位   B. 出租单位
   C. 分包单位   D. 安装单位
   E. 建设监理单位

【答案】ABCD

【解析】《安全生产管理条例》第 35 条对起重机械设备管理作了如下规定：施工单位在使用施工起重机械和整体提升脚手架、模板等自升式架设设施前，应当组织有关单位进行验收，也可以委托具有相应资质的检验检测机构进行验收；使用承租的机械设备和施工机具及配件的，由施工总承包单位、分包单位、出租单位和安装单位共同进行验收。验收合格的方可使用。

33. 以下各项中，属于施工单位的质量责任和义务的有（   ）。
   A. 建立质量保证体系
   B. 按图施工
   C. 对建筑材料、构配件和设备进行检验的责任
   D. 组织竣工验收
   E. 见证取样

【答案】ABCE

【解析】《质量管理条例》关于施工单位的质量责任和义务的条文是第 25～33 条。即：依法承揽工程、建立质量保证体系、按图施工、对建筑材料、构配件和设备进行检验的责任、对施工质量进行检验的责任、见证取样、保修。

34. 无效的劳动合同，从订立的时候起，就没有法律约束力。下列属于无效的劳动合同的有（   ）。
   A. 报酬较低的劳动合同
   B. 违反法律、行政法规强制性规定的劳动合同
   C. 采用欺诈、威胁等手段订立的严重损害国家利益的劳动合同
   D. 未规定明确合同期限的劳动合同
   E. 劳动内容约定不明确的劳动合同

【答案】BC

【解析】《劳动合同法》第 26 条规定：下列劳动合同无效或者部分无效：1) 以欺诈、胁迫的手段或者乘人之危，使对方在违背真实意思的情况下订立或者变更劳动合同的；2) 用人单位免除自己的法定责任、排除劳动者权利的；3) 违反法律、行政法规强制性规定的。

35. 关于劳动合同变更，下列表述中正确的有（   ）。
   A. 用人单位与劳动者协商一致，可变更劳动合同的内容
   B. 变更劳动合同只能在合同订立之后、尚未履行之前进行
   C. 变更后的劳动合同文本由用人单位和劳动者各执一份
   D. 变更劳动合同，应采用书面形式
   E. 建筑公司可以单方变更劳动合同，变更后劳动合同有效

【答案】ACD

【解析】用人单位变更名称、法定代表人、主要负责人或者投资人等事项，不影响劳动合同的履行。用人单位发生合并或者分立等情况，原劳动合同继续有效，劳动合同由承继其权利和义务的用人单位继续履行。用人单位与劳动者协商一致，可以变更劳动合同约定的内容。变更劳动合同，应当采用书面形式。变更后的劳动合同文本由用人单位和劳动者各执一份。

36. 有下列情形之一的，劳动者可以立即与用人单位解除劳动合同的是（　　）。
    A. 用人单位违章指挥危及人身安全
    B. 在试用期内的
    C. 用人单位濒临破产
    D. 用人单位强令冒险作业
    E. 用人单位以暴力、威胁手段强迫劳动者劳动的

【答案】ADE

【解析】《劳动合同法》第38条规定：用人单位有下列情形之一的，劳动者可以解除劳动合同：1）未按照劳动合同约定提供劳动保护或者劳动条件的；2）未及时足额支付劳动报酬的；3）未依法为劳动者缴纳社会保险费的；4）用人单位的规章制度违反法律、法规的规定，损害劳动者权益的；5）因本法第26条第1款规定的情形致使劳动合同无效的；6）法律、行政法规规定劳动者可以解除劳动合同的其他情形。用人单位以暴力、威胁或者非法限制人身自由的手段强迫劳动者劳动的，或者用人单位违章指挥、强令冒险作业危及劳动者人身安全的，劳动者可以立即解除劳动合同，不需事先告知用人单位。

37. 根据《劳动合同法》，劳动者有下列（　　）情形之一的，用人单位可随时解除劳动合同。
    A. 在试用期间被证明不符合录用条件的
    B. 严重失职，营私舞弊，给用人单位造成重大损害的
    C. 劳动者不能胜任工作，经过培训或者调整工作岗位，仍不能胜任工作的
    D. 劳动者患病，在规定的医疗期满后不能从事原工作，也不能从事由用人单位另行安排的工作的
    E. 被依法追究刑事责任

【答案】ABE

【解析】《劳动合同法》第39条规定劳动者有下列情形之一的，用人单位可以解除劳动合同：1）在试用期间被证明不符合录用条件的；2）严重违反用人单位的规章制度的；3）严重失职，营私舞弊，给用人单位造成重大损害的；4）劳动者同时与其他用人单位建立劳动关系，对完成本单位的工作任务造成严重影响，或者经用人单位提出，拒不改正的；5）因本法第26条第1款第1项规定的情形致使劳动合同无效的；6）被依法追究刑事责任的。

38. 某建筑公司发生以下事件：职工李某因工负伤而丧失劳动能力；职工王某因盗窃自行车一辆而被公安机关给予行政处罚；职工徐某因与他人同居而怀孕；职工陈某被派往境外逾期未归；职工张某因工程重大安全事故罪被判刑。对此，建筑公司可以随时解除劳动合同的有（　　）。
    A. 李某　　　　　　　　　　　　B. 王某

C. 徐某   D. 陈某
E. 张某

【答案】 DE

【解析】《劳动合同法》第39条规定劳动者有下列情形之一的，用人单位可以解除劳动合同：1）在试用期间被证明不符合录用条件的；2）严重违反用人单位的规章制度的；3）严重失职，营私舞弊，给用人单位造成重大损害的；4）劳动者同时与其他用人单位建立劳动关系，对完成本单位的工作任务造成严重影响，或者经用人单位提出，拒不改正的；5）因本法第26条第1款第1项规定的情形致使劳动合同无效的；6）被依法追究刑事责任的。

39. 在下列情形中，用人单位不得解除劳动合同的有（　　）。
  A. 劳动者被依法追究刑事责任
  B. 女职工在孕期、产期、哺乳期
  C. 患病或者非因工负伤，在规定的医疗期内的
  D. 因工负伤被确认丧失或者部分丧失劳动能力
  E. 劳动者不能胜任工作，经过培训，仍不能胜任工作

【答案】 BCD

【解析】《劳动合同法》第42条规定劳动者有下列情形之一的，用人单位不得依照本法第40条、第41条的规定解除劳动合同：1）从事接触职业病危害作业的劳动者未进行离岗前职业健康检查，或者疑似职业病病人在诊断或者医学观察期间的；2）在本单位患职业病或者因工负伤并被确认丧失或者部分丧失劳动能力的；3）患病或者非因工负伤，在规定的医疗期内的；4）女职工在孕期、产期、哺乳期的；5）在本单位连续工作满十五年，且距法定退休年龄不足五年的；6）法律、行政法规规定的其他情形。

40. 下列情况中，劳动合同终止的有（　　）。
  A. 劳动者开始依法享受基本养老待遇   B. 劳动者死亡
  C. 用人单位名称发生变更   D. 用人单位投资人变更
  E. 用人单位被依法宣告破产

【答案】 ABE

【解析】《劳动合同法》规定：有下列情形之一的，劳动合同终止。用人单位与劳动者不得在《劳动合同法》规定的劳动合同终止情形之外约定其他的劳动合同终止条件：1）劳动者达到法定退休年龄的，劳动合同终止；2）劳动合同期满的，除用人单位维持或者提高劳动合同约定条件续订劳动合同，劳动者不同意续订的情形外，依照本项规定终止固定期限劳动合同的，用人单位应当向劳动者支付经济补偿；3）劳动者开始依法享受基本养老保险待遇的；4）劳动者死亡，或者被人民法院宣告死亡或者宣告失踪的；5）用人单位被依法宣告破产的，依照本项规定终止劳动合同的，用人单位应当向劳动者支付经济补偿；6）用人单位被吊销营业执照、责令关闭、撤销或者用人单位决定提前解散的，依照本项规定终止劳动合同的，用人单位应当向劳动者支付经济补偿；7）法律、行政法规规定的其他情形。

第二章 建筑材料

一、判断题

1. 气硬性胶凝材料只能在空气中凝结、硬化、保持和发展强度，一般只适用于干燥环境，不宜用于潮湿环境与水中；那么水硬性胶凝材料则只能适用于潮湿环境与水中。

【答案】错误

【解析】气硬性胶凝材料只能在空气中凝结、硬化、保持和发展强度，一般只适用于干燥环境，不宜用于潮湿环境与水中。水硬性胶凝材料既能在空气中硬化，也能在水中凝结、硬化、保持和发展强度，既适用于干燥环境，又适用于潮湿环境与水中工程。

2. 通常将水泥、矿物掺合料、粗细骨料、水和外加剂按一定的比例配制而成的、干表观密度为 2000～3000kg/m³ 的混凝土称为普通混凝土。

【答案】错误

【解析】通常将水泥、矿物掺合料、粗细骨料、水和外加剂按一定的比例配制而成的、干表观密度为 2000～2800kg/m³ 的混凝土称为普通混凝土。

3. 混凝土立方体抗压强度标准值系指按照标准方法制成边长为 150mm 的标准立方体试件，在标准条件（温度 20℃±2℃，相对湿度为 95％以上）下养护 28d，然后采用标准试验方法测得的极限抗压强度值。

【答案】正确

【解析】按照标准方法制成边长为 150mm 的标准立方体试件，在标准条件（温度 20℃±2℃，相对湿度为 95％以上）下养护 28d，然后采用标准试验方法测得的极限抗压强度值，称为混凝土的立方体抗压强度。

4. 混凝土的轴心抗压强度是采用 150mm×150mm×500mm 棱柱体作为标准试件，在标准条件（温度 20℃±2℃，相对湿度为 95％以上）下养护 28d，采用标准试验方法测得的抗压强度值。

【答案】错误

【解析】混凝土的轴心抗压强度是采用 150mm×150mm×300mm 棱柱体作为标准试件，在标准条件（温度 20℃±2℃，相对湿度为 95％以上）下养护 28d，采用标准试验方法测得的抗压强度值。

5. 我国目前采用劈裂试验方法测定混凝土的抗拉强度。劈裂试验方法是采用边长为 150mm 的立方体标准试件，按规定的劈裂拉伸试验方法测定的混凝土的劈裂抗拉强度。

【答案】正确

【解析】我国目前采用劈裂试验方法测定混凝土的抗拉强度。劈裂试验方法是采用边长为 150mm 的立方体标准试件，按规定的劈裂拉伸试验方法测定的混凝土的劈裂抗拉强度。

6. 混凝土外加剂按照其主要功能分为高性能减水剂、高效减水剂、普通减水剂、引气减水剂、泵送剂、早强剂、缓凝剂和引气剂共八类。

【答案】正确

【解析】混凝土外加剂按照其主要功能分为八类：高性能减水剂、高效减水剂、普通减水剂、引气减水剂、泵送剂、早强剂、缓凝剂和引气剂。

7. 水泥石灰砂浆强度较高，耐久性较好，但流动性和保水性较差，可用于砌筑较干燥环境下的砌体。

【答案】错误

【解析】水泥石灰砂浆强度较高，且耐久性、流动性和保水性均较好，便于施工，易保证施工质量，是砌体结构房屋中常用的砂浆。

8. 为了便于涂抹，普通抹面砂浆要求比砌筑砂浆具有更好的和易性，因此胶凝材料（包括掺合料）的用量比砌筑砂浆的多一些。

【答案】正确

【解析】为了便于涂抹，普通抹面砂浆要求比砌筑砂浆具有更好的和易性，因此胶凝材料（包括掺合料）的用量比砌筑砂浆的多一些。

9. 装饰砂浆常用的工艺做法包括水刷石、水磨石、斩假石、拉毛等。

【答案】正确

【解析】装饰砂浆常用的工艺做法包括水刷石、水磨石、斩假石、拉毛等。

二、单选题

1. 属于水硬性胶凝材料的是（　　）。
   A. 石灰　　　　B. 石膏　　　　C. 水泥　　　　D. 水玻璃

【答案】C

【解析】按照硬化条件的不同，无机胶凝材料分为气硬性胶凝材料和水硬性胶凝材料。前者如石灰、石膏、水玻璃等，后者如水泥。

2. 气硬性胶凝材料一般只适用于（　　）环境中。
   A. 干燥　　　　B. 干湿交替　　　C. 潮湿　　　　D. 水中

【答案】A

【解析】气硬性胶凝材料只能在空气中凝结、硬化、保持和发展强度，一般只适用于干燥环境，不宜用于潮湿环境与水中。

3. 按用途和性能对水泥的分类中，下列哪项是不对的（　　）。
   A. 通用水泥　　B. 专用水泥　　　C. 特性水泥　　D. 多用水泥

【答案】D

【解析】按其用途和性能可分为通用水泥、专用水泥和特性水泥三大类。

4. 下列关于普通混凝土的分类方法中错误的是（　　）。
   A. 按用途分为结构混凝土、抗渗混凝土、抗冻混凝土、大体积混凝土、水工混凝土、耐热混凝土、耐酸混凝土、装饰混凝土等
   B. 按强度等级分为普通强度混凝土、高强混凝土、超高强混凝土
   C. 按强度等级分为低强度混凝土、普通强度混凝土、高强混凝土、超高强混凝土
   D. 按施工工艺分为喷射混凝土、泵送混凝土、碾压混凝土、压力灌浆混凝土、离心混凝土、真空脱水混凝土

【答案】C

【解析】普通混凝土可以从不同的角度进行分类。按用途分为结构混凝土、抗渗混凝土、抗冻混凝土、大体积混凝土、水工混凝土、耐热混凝土、耐酸混凝土、装饰混凝土等。按强度等级分为普通强度混凝土、高强混凝土、超高强混凝土。按施工工艺分为喷射混凝土、泵送混凝土、碾压混凝土、压力灌浆混凝土、离心混凝土、真空脱水混凝土。

5. 下列关于普通混凝土的主要技术性质的表述中，无误的是（　　）。

A. 混凝土拌合物的主要技术性质为和易性，硬化混凝土的主要技术性质包括强度、变形和耐久性等

B. 和易性是满足施工工艺要求的综合性质，包括流动性和保水性

C. 混凝土拌合物的和易性目前主要以测定流动性的大小来确定

D. 根据坍落度值的大小将混凝土进行分级时，坍落度160mm的混凝土为流动性混凝土

【答案】A

【解析】混凝土拌合物的主要技术性质为和易性，硬化混凝土的主要技术性质包括强度、变形和耐久性等。和易性是满足施工工艺要求的综合性质，包括流动性、黏聚性和保水性。混凝土拌合物的和易性目前还很难用单一的指标来评定，通常是以测定流动性为主，兼顾黏聚性和保水性。坍落度数值越大，表明混凝土拌合物流动性大，根据坍落度值的大小，可将混凝土分为四级：大流动性混凝土（坍落度大于160mm）、流动性混凝土（坍落度大于100～150mm）、塑性混凝土（坍落度大于10～90mm）和干硬性混凝土（坍落度小于10mm）。

6. 下列关于混凝土的耐久性的相关表述中，无误的是（　　）。

A. 抗渗等级是以28d龄期的标准试件，用标准试验方法进行试验，以每组8个试件，6个试件未出现渗水时，所能承受的最大静水压来确定

B. 主要包括抗渗性、抗冻性、耐久性、抗碳化、抗碱-骨料反应等方面

C. 抗冻等级是28d龄期的混凝土标准试件，在浸水饱和状态下，进行冻融循环试验，以抗压强度损失不超过20%，同时质量损失不超过10%时，所能承受的最大冻融循环次数来确定

D. 当工程所处环境存在侵蚀介质时，对混凝土必须提出耐久性要求

【答案】B

【解析】混凝土的耐久性主要包括抗渗性、抗冻性、耐久性、抗碳化、抗碱-骨料反应等方面。抗渗等级是以28d龄期的标准试件，用标准试验方法进行试验，以每组6个试件，4个试件未出现渗水时，所能承受的最大静水压来确定。抗冻等级是28d龄期的混凝土标准试件，在浸水饱和状态下，进行冻融循环试验，以抗压强度损失不超过25%，同时质量损失不超过5%时，所能承受的最大冻融循环次数来确定。当工程所处环境存在侵蚀介质时，对混凝土必须提出耐蚀性要求。

7. 下列各项，不属于常用早强剂的是（　　）。

A. 氯盐类早强剂　　　　　　　　B. 硝酸盐类早强剂
C. 硫酸盐类早强剂　　　　　　　D. 有机胺类早强剂

【答案】B

【解析】目前，常用的早强剂有氯盐类、硫酸盐类和有机胺类。

8. 改善混凝土拌和物合易性外加剂的是（   ）。
A. 缓凝剂　　　　B. 早强剂　　　　C. 引气剂　　　　D. 速凝剂

【答案】C

【解析】加入引气剂，可以改善混凝土拌合物和易性，显著提高混凝土的抗冻性和抗渗性，但会降低弹性模量及强度。

9. 下列关于膨胀剂、防冻剂、泵送剂、速凝剂的相关说法中，有误的是（   ）。
A. 膨胀剂是能使混凝土产生一定体积膨胀的外加剂
B. 常用防冻剂有氯盐类、氯盐阻锈类、氯盐与阻锈剂为主复合的外加剂、硫酸盐类
C. 泵送剂是改善混凝土泵送性能的外加剂
D. 速凝剂主要用于喷射混凝土、堵漏等

【答案】B

【解析】膨胀剂是能使混凝土产生一定体积膨胀的外加剂。常用防冻剂有氯盐类、氯盐阻锈类、氯盐与阻锈剂为主复合的外加剂、无氯盐类。泵送剂是改善混凝土泵送性能的外加剂。速凝剂主要用于喷射混凝土、堵漏等。

10. 下列对于砂浆与水泥的说法中，错误的是（   ）。
A. 根据胶凝材料的不同，建筑砂浆可分为石灰砂浆、水泥砂浆和混合砂浆
B. 水泥属于水硬性胶凝材料，因而只能在潮湿环境与水中凝结、硬化、保持和发展强度
C. 水泥砂浆强度高、耐久性和耐火性好，常用于地下结构或经常受水侵蚀的砌体部位
D. 水泥按其用途和性能可分为通用水泥、专用水泥以及特性水泥

【答案】B

【解析】根据所用胶凝材料的不同，建筑砂浆可分为石灰砂浆、水泥砂浆和混合砂浆；水硬性胶凝材料既能在空气中硬化，也能在水中凝结、硬化、保持和发展强度，既适用于干燥环境，又适用于潮湿环境与水中工程；水泥砂浆强度高、耐久性和耐火性好，但其流动性和保水性差，施工相对难，常用于地下结构或经常受水侵蚀的砌体部位。水泥按其用途和性能可分为通用水泥、专用水泥以及特性水泥。

11. 下列关于抹面砂浆分类及应用的说法中，错误的是（   ）。
A. 常用的普通抹面砂浆有水泥砂浆、水泥石灰砂浆、水泥粉煤灰砂浆、掺塑化剂水泥砂浆、聚合物水泥砂浆、石膏砂浆
B. 为了保证抹灰表面的平整，避免开裂和脱落，抹面砂浆通常分为底层、中层和面层
C. 装饰砂浆与普通抹面砂浆的主要区别在中层和面层
D. 装饰砂浆常用的胶凝材料有白水泥和彩色水泥，以及石灰、石膏等

【答案】C

【解析】常用的普通抹面砂浆有水泥砂浆、水泥石灰砂浆、水泥粉煤灰砂浆、掺塑化剂水泥砂浆、聚合物水泥砂浆、石膏砂浆。为了保证抹灰表面的平整，避免开裂和脱落，抹面砂浆通常分为底层、中层和面层。装饰砂浆与普通抹面砂浆的主要区别在面层。装饰砂浆常用的胶凝材料有白水泥和彩色水泥，以及石灰、石膏等。

12. 下列关于烧结砖的分类、主要技术要求及应用的相关说法中，正确的是（　　）。
   A. 强度、抗风化性能和放射性物质合格的烧结普通砖，根据尺寸偏差、外观质量、泛霜和石灰爆裂等指标，分为优等品、一等品、合格品三个等级
   B. 强度和抗风化性能合格的烧结空心砖，根据尺寸偏差、外观质量、孔型及孔洞排列、泛霜、石灰爆裂分为优等品、一等品、合格品三个等级
   C. 烧结多孔砖主要用作非承重墙，如多层建筑内隔墙或框架结构的填充墙
   D. 烧结空心砖在对安全性要求低的建筑中，可以用于承重墙体

【答案】A

【解析】强度、抗风化性能和放射性物质合格的烧结普通砖，根据尺寸偏差、外观质量、泛霜和石灰爆裂等指标，分为优等品、一等品、合格品三个等级。强度和抗风化性能合格的烧结多孔砖，根据尺寸偏差、外观质量、孔型及孔洞排列、泛霜、石灰爆裂分为优等品、一等品、合格品三个等级。烧结多孔砖可以用于承重墙体。优等品可用于墙体装饰和清水墙砌筑，一等品和合格品可用于混水墙，中泛霜的砖不得用于潮湿部位。烧结空心砖主要用作非承重墙，如多层建筑内隔墙或框架结构的填充墙。

13. 下列关于砌块的分类、主要技术要求及应用的相关说法中，错误的是（　　）。
   A. 目前国内推广应用较为普遍的砌块有蒸压加气混凝土砌块、普通混凝土小型空心砌块、石膏砌块等
   B. 按尺寸偏差与外观质量、干密度、抗压强度和抗冻性，蒸压加气混凝土砌块的质量等级分为优等品、一等品、合格品三个等级
   C. 混凝土小型空心砌块适用于多层建筑和高层建筑的隔离墙、填充墙及工业建筑物的围护墙体和绝热墙体
   D. 混凝土小型空心砌块主规格尺寸为390mm×190mm×190mm、390mm×240mm×190mm，最小外壁厚不应小于30mm，最小肋厚不应小于25mm

【答案】B

【解析】目前国内推广应用较为普遍的砌块有蒸压加气混凝土砌块、普通混凝土小型空心砌块、石膏砌块等。按尺寸偏差与外观质量、干密度、抗压强度和抗冻性，蒸压加气混凝土砌块的质量等级分为优等品、合格品。蒸压加气混凝土砌块适用于低层建筑的承重墙，多层建筑和高层建筑的隔离墙、填充墙及工业建筑物的围护墙和绝热墙体。混凝土小型空心砌块主规格尺寸为390mm×190mm×190mm、390mm×240mm×190mm，最小外壁厚不应小于30mm，最小肋厚不应小于25mm。混凝土小型空心砌块建筑体系比较灵活，砌筑方便，主要用于建筑的内外墙体。

14. 下列关于钢材的分类的相关说法中，错误的是（　　）。
   A. 按化学成分合金钢分为低合金钢、中合金钢和高合金钢
   B. 按质量分为普通钢、优质钢和高级优质钢
   C. 含碳量为0.2%~0.5%的碳素钢为中碳钢
   D. 按脱氧程度分为沸腾钢、镇静钢和特殊镇静钢

【答案】C

【解析】按化学成分合金钢分为低合金钢、中合金钢和高合金钢。按脱氧程度分为沸腾钢、镇静钢和特殊镇静钢。按质量分为普通钢、优质钢和高级优质钢。碳素钢中中碳钢

的含碳量为 0.25%～0.6%。

15. 下列关于钢结构用钢材的相关说法中，正确的是（　　）。

A. 工字钢主要用于承受轴向力的杆件、承受横向弯曲的梁以及联系杆件

B. Q235A 代表屈服强度为 235N/mm², A 级，沸腾钢

C. 低合金高强度结构钢均为镇静钢或特殊镇静钢

D. 槽钢广泛应用于各种建筑结构和桥梁，主要用于承受横向弯曲的杆件，但不宜单独用作轴心受压构件或双向弯曲的构件

【答案】C

【解析】Q235A 代表屈服强度为 235N/mm², A 级，镇静钢。低合金高强度结构钢均为镇静钢或特殊镇静钢。工字钢广泛应用于各种建筑结构和桥梁，主要用于承受横向弯曲（腹板平面内受弯）的杆件，但不宜单独用作轴心受压构件或双向弯曲的构件。槽钢主要用于承受轴向力的杆件、承受横向弯曲的梁以及联系杆件。

16. 下列关于型钢的相关说法中，错误的是（　　）。

A. 与工字钢相比，H 型钢优化了截面的分布，具有翼缘宽，侧向刚度大，抗弯能力强，翼缘两表面相互平行、连接构造方便，重量轻、节省钢材等优点

B. 钢结构所用钢材主要是型钢和钢板

C. 不等边角钢的规格以"长边宽度×短边宽度×厚度"（mm）或"长边宽度/短边宽度"（cm）表示

D. 在房屋建筑中，冷弯型钢可用做钢架、桁架、梁、柱等主要承重构件，但不可用作屋面檩条、墙架梁柱、龙骨、门窗、屋面板、墙面板、楼板等次要构件和围护结构

【答案】D

【解析】钢结构所用钢材主要是型钢和钢板。不等边角钢的规格以"长边宽度×短边宽度×厚度"（mm）或"长边宽度/短边宽度"（cm）表示。与工字钢相比，H 型钢优化了截面的分布，具有翼缘宽，侧向刚度大，抗弯能力强，翼缘两表面相互平行、连接构造方便，重量轻、节省钢材等优点。在房屋建筑中，冷弯型钢可用做钢架、桁架、梁、柱等主要承重构件，也被用作屋面檩条、墙架梁柱、龙骨、门窗、屋面板、墙面板、楼板等次要构件和围护结构。

三、多选题

1. 下列关于通用水泥的特性及应用的基本规定中，正确的是（　　）。

A. 复合硅酸盐水泥适用于早期强度要求高的工程及冬期施工的工程

B. 矿渣硅酸盐水泥适用于大体积混凝土工程

C. 粉煤灰硅酸盐水泥适用于有抗渗要求的工程

D. 火山灰质硅酸盐水泥适用于抗裂性要求较高的构件

E. 硅酸盐水泥适用于严寒地区遭受反复冻融循环作用的混凝土工程

【答案】BE

【解析】硅酸盐水泥适用于早期强度要求高的工程及冬期施工的工程；严寒地区遭受反复冻融循环作用的混凝土工程。矿渣硅酸盐水泥适用于大体积混凝土工程。火山灰质硅酸盐水泥适用于有抗渗要求的工程。粉煤灰硅酸盐水泥适用于抗裂性要求较高的构件。

2. 下列各项，属于减水剂的是（　　）。
   A. 高效减水剂
   B. 早强减水剂
   C. 复合减水剂
   D. 缓凝减水剂
   E. 泵送减水剂

【答案】ABD

【解析】减水剂是使用最广泛、品种最多的一种外加剂。按其用途不同，又可分为普通减水剂、高效减水剂、早强减水剂、缓凝减水剂、缓凝高效减水剂、引气减水剂等。

3. 混凝土缓凝剂主要用于（　　）的施工。
   A. 高温季节混凝土
   B. 蒸养混凝土
   C. 大体积混凝土
   D. 滑模工艺混凝土
   E. 商品混凝土

【答案】ACDE

【解析】缓凝剂适用于长时间运输的混凝土、高温季节施工的混凝土、泵送混凝土、滑模施工混凝土、大体积混凝土、分层浇筑的混凝土等。不适用于5℃以下施工的混凝土，也不适用于有早强要求的混凝土及蒸养混凝土。

4. 混凝土引气剂适用于（　　）的施工。
   A. 蒸养混凝土
   B. 大体积混凝土
   C. 抗冻混凝土
   D. 防水混凝土
   E. 泌水严重的混凝土

【答案】CDE

【解析】引气剂适用于配制抗冻混凝土、泵送混凝土、港口混凝土、防水混凝土以及骨料质量差、泌水严重的混凝土，不适宜配制蒸汽养护的混凝土。

5. 下列关于砌筑用石材的分类及应用的相关说法中，正确的是（　　）。
   A. 装饰用石材主要为板材
   B. 细料石通过细加工、外形规则，叠砌面凹入深度不应大于10mm，截面的宽度、高度不应小于200mm，且不应小于长度的1/4
   C. 毛料石外形大致方正，一般不加工或稍加修整，高度不应小于200mm，叠砌面凹入深度不应大于20mm
   D. 毛石指形状不规则，中部厚度不小于300mm的石材
   E. 装饰用石材主要用于公共建筑或装饰等级要求较高的室内外装饰工程

【答案】ABE

【解析】装饰用石材主要为板材。细料石通过细加工、外形规则，叠砌面凹入深度不应大于10mm，截面的宽度、高度不应小于200mm，且不应小于长度的1/4。毛料石外形大致方正，一般不加工或稍加修整，高度不应小于200mm，叠砌面凹入深度不应大于25mm。毛石指形状不规则，中部厚度不小于300mm的石材。装饰用石材主要用于公共建筑或装饰等级要求较高的室内外装饰工程。

6. 下列关于非烧结砖的分类、主要技术要求及应用的相关说法中，错误的是（　　）。
   A. 蒸压灰砂砖根据产品尺寸偏差和外观分为优等品、一等品、合格品三个等级
   B. 蒸压灰砂砖可用于工业与民用建筑的基础和墙体，但在易受冻融和干湿交替的部

位必须使用优等品或一等品砖

  C. 炉渣砖的外形尺寸同普通黏土砖为 240mm×115mm×53mm

  D. 混凝土普通砖的规格与黏土空心砖相同，用于工业与民用建筑基础和承重墙体

  E. 混凝土普通砖可用于一般工业与民用建筑的墙体和基础。但用于基础或易受冻融和干湿交替作用的建筑部位必须使用 MU15 及以上强度等级的砖

【答案】BE

  【解析】蒸压灰砂砖根据产品尺寸偏差和外观分为优等品、一等品、合格品三个等级。蒸压灰砂砖主要用于工业与民用建筑的墙体和基础。蒸压粉煤灰砖可用于工业与民用建筑的基础和墙体，但在易受冻融和干湿交替的部位必须使用优等品或一等品砖。炉渣砖的外形尺寸同普通黏土砖为 240mm×115mm×53mm。炉渣砖可用于一般工业与民用建筑的墙体和基础。但用于基础或易受冻融和干湿交替作用的建筑部位必须使用 MU15 及以上强度等级的砖。混凝土普通砖的规格与黏土空心砖相同，用于工业与民用建筑基础和承重墙体。

7. 下列关于钢筋混凝土结构用钢材的相关说法中，错误的是（ ）。

  A. 根据表面特征不同，热轧钢筋分为光圆钢筋和带肋钢筋两大类

  B. 热轧光圆钢筋的塑性及焊接性能很好，但强度较低，故 HPB300 广泛用于钢筋混凝土结构的构造筋

  C. 钢丝按外形分为光圆钢丝、螺旋肋钢丝、刻痕钢丝三种

  D. 预应力钢绞线主要用于桥梁、吊车梁、大跨度屋架和管桩等预应力钢筋混凝土构件中

  E. 预应力钢丝主要用于大跨度、大负荷的桥梁、电杆、轨枕、屋架、大跨度吊车梁等结构

【答案】DE

  【解析】根据表面特征不同，热轧钢筋分为光圆钢筋和带肋钢筋两大类。热轧光圆钢筋的塑性及焊接性能很好，但强度较低，故广泛用于钢筋混凝土结构的构造筋。钢丝按外形分为光圆钢丝、螺旋肋钢丝、刻痕钢丝三种。预应力钢丝主要用于桥梁、吊车梁、大跨度屋架和管桩等预应力钢筋混凝土构件中。预应力钢丝和钢绞线具有强度高、柔度好，质量稳定，与混凝土粘结力强，易于锚固，成盘供应不需接头等诸多优点。主要用于大跨度、大负荷的桥梁、电杆、轨枕、屋架、大跨度吊车梁等结构的预应力筋。

第三章 建筑工程识图

一、判断题

1. 房屋建筑施工图是工程设计阶段的最终成果，同时又是工程施工、监理和计算工程造价的主要依据。

【答案】正确

【解析】房屋建筑施工图是工程设计阶段的最终成果，同时又是工程施工、监理和计算工程造价的主要依据。

2. 建筑施工图一般包括建筑设计说明、建筑总平面图、平面图、立面图、剖面图及建筑详图等。

【答案】正确

【解析】建筑施工图一般包括建筑设计说明、建筑总平面图、平面图、立面图、剖面图及建筑详图等。

3. 常用建筑材料图例中饰面砖的图例可以用来表示铺地砖、陶瓷锦砖、人造大理石等。

【答案】正确

【解析】常用建筑材料图例中饰面砖的图例可以用来表示铺地砖、陶瓷锦砖、人造大理石等。

4. 图样上的尺寸，应包括尺寸界线、尺寸线、尺寸起止符号和尺寸数字四个要素。

【答案】正确

【解析】图样上的尺寸，应包括尺寸界线、尺寸线、尺寸起止符号和尺寸数字四个要素。

5. 建筑总平面图是将拟建工程四周一定范围内的新建、拟建、原有和将拆除的建筑物、构筑物连同其周围的地形地物状况，用正投影方法画出的图样。

【答案】错误

【解析】建筑总平面图是将拟建工程四周一定范围内的新建、拟建、原有和将拆除的建筑物、构筑物连同其周围的地形地物状况，用水平投影方法画出的图样。

6. 建筑平面图中凡是被剖切到的墙、柱断面轮廓线用粗实线画出，其余可见的轮廓线用中实线或细实线，尺寸标注和标高符号均用细实线，定位轴线用细单点长画线绘制。

【答案】正确

【解析】建筑平面图中凡是被剖切到的墙、柱断面轮廓线用粗实线画出，其余可见的轮廓线用中实线或细实线，尺寸标注和标高符号均用细实线，定位轴线用细单点长画线绘制。

7. 结构详图中的配筋图主要表达构件内部的钢筋位置、形状、规格和数量。一般用平面图和立面图表示。

【答案】错误

【解析】结构详图中的配筋图主要表达构件内部的钢筋位置、形状、规格和数量。一般用立面图和剖面图表示。

8. 为了突出钢筋，构件外轮廓线用细实线表示，而主筋用粗实线表示，箍筋用中实线表示，钢筋的截面用小黑圆点涂黑表示。

【答案】正确

【解析】为了突出钢筋，构件外轮廓线用细实线表示，而主筋用粗实线表示，箍筋用中实线表示，钢筋的截面用小黑圆点涂黑表示。

9. 施工图识读方法包括总揽全局、循序渐进、相互对照、重点细读四个部分。

【答案】正确

【解析】施工图识读方法包括总揽全局、循序渐进、相互对照、重点细读四个部分。

10. 识读施工图的一般顺序为：阅读图纸目录→阅读设计总说明→通读图纸→精读图纸。

【答案】正确

【解析】识读施工图的一般顺序为：阅读图纸目录→阅读设计总说明→通读图纸→精读图纸。

二、单选题

1. 按照内容和作用不同，下列不属于房屋建筑施工图的是（　　）。
A. 建筑施工图　　B. 结构施工图　　C. 设备施工图　　D. 系统施工图

【答案】D

【解析】按照内容和作用不同，房屋建筑施工图分为建筑施工图、结构施工图和设备施工图。通常，一套完整的施工图还包括图纸目录、设计总说明（即首页）。

2. 下列关于建筑施工图的作用的说法中，错误的是（　　）。
A. 建筑施工图是新建房屋及构筑物施工定位，规划设计水、暖、电等专业工程总平面图及施工总平面图设计的依据
B. 建筑平面图主要用来表达房屋平面布置的情况，是施工备料、放线、砌墙、安装门窗及编制概预算的依据
C. 建造房屋时，建筑施工图主要作为定位放线、砌筑墙体、安装门窗、装修的依据
D. 建筑剖面图是施工、编制概预算及备料的重要依据

【答案】A

【解析】建造房屋时，建筑施工图主要作为定位放线、砌筑墙体、安装门窗、装修的依据。建筑总平面图是新建房屋及构筑物施工定位，规划设计水、暖、电等专业工程总平面图及施工总平面图设计的依据。建筑平面图主要用来表达房屋平面布置的情况，是施工备料、放线、砌墙、安装门窗及编制概预算的依据。建筑剖面图是施工、编制概预算及备料的重要依据。

3. 下列关于结构施工图的作用的说法中，错误的是（　　）。
A. 结构施工图是施工放线、开挖基坑（槽），施工承重构件（如梁、板、柱、墙、基础、楼梯等）的主要依据
B. 结构立面布置图是表示房屋中各承重构件总体立面布置的图样

C. 结构设计说明是带全局性的文字说明

D. 结构详图一般包括：梁、柱、板及基础结构详图，楼梯结构详图，屋架结构详图，其他详图（如天沟、雨篷、过梁等）

【答案】B

【解析】施工放线、开挖基坑（槽），施工承重构件（如梁、板、柱、墙、基础、楼梯等）主要依据结构施工图。结构平面布置图是表示房屋中各承重构件总体平面布置的图样。结构设计说明是带全局性的文字说明。结构详图一般包括：梁、柱、板及基础结构详图，楼梯结构详图，屋架结构详图，其他详图（如天沟、雨篷、过梁等）。

4. 下列各项中，不属于设备施工图的是（　　）。

A. 给水排水施工图　　　　　　B. 采暖通风与空调施工图

C. 设备详图　　　　　　　　　D. 电气设备施工图

【答案】C

【解析】设备施工图可按工种不同再划分成给水排水施工图、采暖通风与空调施工图、电气设备施工图等。

5. 下列关于房屋建筑施工图的图示特点和制图有关规定的说法中，错误的是（　　）。

A. 由于房屋形体较大，施工图一般都用较小比例绘制，但对于其中需要表达清楚的节点、剖面等部位，可以选择用原尺寸的详图来绘制

B. 平面图、立面图、剖面图是建筑施工图中最基本、最重要的图样，在图纸幅面允许时，最好将其画在同一张图纸上，以便阅读

C. 房屋建筑的构、配件和材料种类繁多，为作图简便，国家标准采用一系列图例来代表建筑构配件、卫生设备、建筑材料等

D. 普通砖使用的图例可以用来表示实心砖、多孔砖、砌块等砌体

【答案】A

【解析】由于房屋形体较大，施工图一般都用较小比例绘制，但对于其中需要表达清楚的节点、剖面等部位，则用较大比例的详图表现。平面图、立面图、剖面图是建筑施工图中最基本、最重要的图样，在图纸幅面允许时，最好将其画在同一张图纸上，以便阅读。房屋建筑的构、配件和材料种类繁多，为作图简便，国家标准采用一系列图例来代表建筑构配件、卫生设备、建筑材料等。普通砖使用的图例可以用来表示实心砖、多孔砖、砌块等砌体。

6. 下列关于建筑总平面图图示内容的说法中，正确的是（　　）。

A. 新建建筑物的定位一般采用两种方法，一是按原有建筑物或原有道路定位；二是按坐标定位

B. 在总平面图中，标高以米为单位，并保留至小数点后三位

C. 新建房屋所在地区风向情况的示意图即为风玫瑰图，风玫瑰图不可用于表明房屋和地物的朝向情况

D. 临时建筑物在设计和施工中可以超过建筑红线

【答案】A

【解析】新建建筑物的定位一般采用两种方法，一是按原有建筑物或原有道路定位；二是按坐标定位。采用坐标定位又分为采用测量坐标定位和建筑坐标定位两种。在总平面

图中，标高以米为单位，并保留至小数点后两位。风向频率玫瑰图简称风玫瑰图，是新建房屋所在地区风向情况的示意图。风玫瑰图也能表明房屋和地物的朝向情况。各地方国土管理部门提供给建设单位的地形图为蓝图，在蓝图上用红色笔画定的土地使用范围的线称为建筑红线。任何建筑物在设计和施工中均不能超过此线。

7. 下列关于建筑立面图基本规定的说法中，正确的是（ ）。
A. 建筑立面图中通常用粗实线表示立面图的最外轮廓线和地平线
B. 立面图中用标高表示出各主要部位的相对高度，如室内外地面标高、各层楼面标高及檐口高度
C. 立面图中的尺寸是表示建筑物高度方向的尺寸，一般用两道尺寸线表示，即建筑物总高和层高
D. 外墙面的装饰材料和做法一般应附相关的做法说明表

【答案】B

【解析】为使建筑立面图轮廓清晰、层次分明，通常用粗实线表示立面图的最外轮廓线。地平线用标准粗度的1.2~1.4倍的加粗线画出。立面图中用标高表示出各主要部位的相对高度，如室内外地面标高、各层楼面标高及檐口高度。立面图中的尺寸是表示建筑物高度方向的尺寸，一般用三道尺寸线表示。最外面一道为建筑物的总高，中间一道尺寸线为层高，最里面一道为门窗洞口的高度及与楼地面的相对位置。标出各个部分的构造、装饰节点详图的索引符号，外墙面的装饰材料和做法。外墙面装修材料及颜色一般用索引符号表示具体做法。

8. 下列关于建筑剖面图和建筑详图基本规定的说法中，错误的是（ ）。
A. 剖面图一般表示房屋在高度方向的结构形式
B. 建筑剖面图中高度方向的尺寸包括总尺寸、内部尺寸和细部尺寸
C. 建筑剖面图中不能详细表示清楚的部位应引出索引符号，另用详图表示
D. 需要绘制详图或局部平面放大的位置一般包括内外墙节点、楼梯、电梯、厨房、卫生间、门窗、室内外装饰等

【答案】B

【解析】剖面图一般表示房屋在高度方向的结构形式。建筑剖面图中高度方向的尺寸包括外部尺寸和内部尺寸。外部尺寸包括门窗洞口的高度、层间高度和总高度三道尺寸。内部尺寸包括地坑深度、隔断、搁板、平台、室内门窗等的高度。建筑剖面图中不能详细表示清楚的部位应引出索引符号，另用详图表示。需要绘制详图或局部平面放大的位置一般包括内外墙节点、楼梯、电梯、厨房、卫生间、门窗、室内外装饰等。

9. 下列关于结构施工图基本规定的说法中，错误的是（ ）。
A. 基础图是建筑物正负零标高以下的结构图，一般包括基础平面图、基础立面图和基础详图
B. 基础详图的轮廓线用中实线表示，断面内应画出材料图例；对钢筋混凝土基础，则只画出配筋情况，不画出材料图例
C. 结构平面布置图主要用作预制楼屋盖梁、板安装，现浇楼屋盖现场支模、钢筋绑扎、浇筑混凝土的依据
D. 结构详图主要用作构件制作、安装的依据

【答案】 A

【解析】 基础图是建筑物正负零标高以下的结构图，一般包括基础平面图和基础详图。基础详图的轮廓线用中实线表示，断面内应画出材料图例；对钢筋混凝土基础，则只画出配筋情况，不画出材料图例。结构平面布置图主要用作预制楼屋盖梁、板安装，现浇楼屋盖现场支模、钢筋绑扎、浇筑混凝土的依据。结构详图主要用作构件制作、安装的依据。

10. 下列关于基础图的图示方法及内容基本规定的说法中，错误的是（　　）。
 A. 基础平面图是假想用一个水平剖切平面在室内地面出剖切建筑，并移去基础周围的土层，向下投影所得到的图样
 B. 在基础平面图中，只画出基础墙、柱及基础底面的轮廓线，基础的细部轮廓可省略不画
 C. 基础详图中标注基础各部分的详细尺寸即可
 D. 基础详图的轮廓线用中实线表示，断面内应画出材料图例

【答案】 C

【解析】 基础平面图是假想用一个水平剖切平面在室内地面出剖切建筑，并移去基础周围的土层，向下投影所得到的图样。在基础平面图中，只画出基础墙、柱及基础底面的轮廓线，基础的细部轮廓（如大放脚或底板）可省略不画。基础详图的轮廓线用中实线表示，断面内应画出材料图例；对钢筋混凝土基础，则只画出配筋情况，不画出材料图例。基础详图中需标注基础各部分的详细尺寸及室内、室外、基础底面标高等。

11. 下列关于结构平面布置图基本规定的说法中，有误的是（　　）。
 A. 对于承重构件布置相同的楼层，只画出一个结构平面布置图，称为标准层结构平面布置图
 B. 在楼层结构平面图中，外轮廓线用中实线表示
 C. 结构平面布置图主要表示各楼层结构构件的平面布置情况
 D. 在楼层结构平面图中，结构构件用构件代号表示

【答案】 B

【解析】 结构平面布置图主要表示各楼层结构构件的平面布置情况，以及现浇楼板、梁的构造与配筋情况及构件之间的结构关系。对于承重构件布置相同的楼层，只画出一个结构平面布置图，称为标准层结构平面布置图。在楼层结构平面图中，外轮廓线用中粗实线，被楼板遮挡的墙、柱、梁等用细虚线表示，其他用细实线表示，图中结构构件用构件代号表示。

12. 下列关于楼梯结构施工图基本规定的说法中，有误的是（　　）。
 A. 楼梯结构平面图应直接绘制出休息平台板的配筋
 B. 楼梯结构施工图包括楼梯结构平面图、楼梯结构剖面图和构件详图
 C. 钢筋混凝土楼梯的可见轮廓线用细实线表示，不可见轮廓线用细虚线表示
 D. 当楼梯结构剖面图比例较大时，也可直接在楼梯结构剖面图上表示梯段板的配筋

【答案】 A

【解析】 楼梯结构施工图包括楼梯结构平面图、楼梯结构剖面图和构件详图。楼梯结构平面图比例较大时，还可直接绘制出休息平台板的配筋。钢筋混凝土楼梯的可见轮廓线

用细实线表示，不可见轮廓线用细虚线表示。当楼梯结构剖面图比例较大时，也可直接在楼梯结构剖面图上表示梯段板的配筋。

13. （中等）下列关于设备施工图的说法中，错误的是（   ）。
   A. 建筑给水排水施工图应包含设计说明及主要材料设备表、给水排水平面图、给水排水系统图、给水排水系统原理图、详图
   B. 电气施工图应包括设计说明、主要材料设备表、电气系统图、电气平面图、电气立面示意图、详图
   C. 给水排水平面图中应突出管线和设备，即用粗线表示管线，其余为细线
   D. 室内给水排水系统轴测图一般按正面斜等测的方式绘制

【答案】B

【解析】建筑给水排水施工图应包含设计说明及主要材料设备表、给水排水平面图、给水排水系统图、给水排水系统原理图、详图。电气施工图应包括设计说明、主要材料设备表、电气系统图、电气平面图、详图。给水排水平面图中应突出管线和设备，即用粗线表示管线，其余为细线。室内给水排水系统轴测图一般按正面斜等测的方式绘制。

三、多选题

1. 下列关于建筑制图的线型及其应用的说法中，正确的是（   ）。
   A. 平、剖面图中被剖切的主要建筑构造（包括构配件）的轮廓线用粗实线绘制
   B. 建筑平、立、剖面图中的建筑构配件的轮廓线用中粗实线绘制
   C. 建筑立面图或室内立面图的外轮廓线用中粗实线绘制
   D. 拟建、扩建建筑物轮廓用中粗虚线绘制
   E. 预应力钢筋线在建筑结构中用粗单点长画线绘制

【答案】ABD

【解析】平、剖面图中被剖切的主要建筑构造（包括构配件）的轮廓线用粗实线绘制。建筑立面图或室内立面图的外轮廓线用粗实线绘制。建筑平、立、剖面图中的建筑构配件的轮廓线用中粗实线绘制。拟建、扩建建筑物轮廓用中粗虚线绘制。预应力钢筋线在建筑结构中用粗双点长画线绘制。

2. 下列尺寸标注形式的基本规定中，正确的是（   ）。
   A. 半圆或小于半圆的圆弧应标注半径，圆及大于半圆的圆弧应标注直径
   B. 在圆内标注的直径尺寸线可不通过圆心，只需两端画箭头指至圆弧，较小圆的直径尺寸，可标注在圆外
   C. 标注坡度时，在坡度数字下应加注坡度符号，坡度符号为单面箭头，一般指向下坡方向
   D. 我国把青岛市外的黄海海平面作为零点所测定的高度尺寸作为绝对标高
   E. 在施工图中一般注写到小数点后两位即可

【答案】ACD

【解析】半圆或小于半圆的圆弧应标注半径，圆及大于半圆的圆弧应标注直径。在圆内标注的直径尺寸线应通过圆心，只需两端画箭头指至圆弧，较小圆的直径尺寸，可标注在圆外。标注坡度时，在坡度数字下应加注坡度符号，坡度符号为单面箭头，一般指向下

坡方向。我国把青岛市外的黄海海平面作为零点所测定的高度尺寸作为绝对标高。在施工图中一般注写到小数点后三位即可，在总平面图中则注写到小数点后二位。

3. 下列有关建筑平面图的图示内容的表述中，错误的是（　　）。

A. 定位轴线的编号宜标注在图样的下方与右侧，横向编号应用阿拉伯数字，从左至右顺序编写，竖向编号应用大写拉丁字母，从上至下顺序编写

B. 对于隐蔽的或者在剖切面以上部位的内容，应以虚线表示

C. 建筑平面图上的外部尺寸在水平方向和竖直方向各标注三道尺寸

D. 在平面图上所标注的标高均应为绝对标高

E. 屋面平面图一般内容有：女儿墙、檐沟、屋面坡度、分水线与落水口、变形缝、楼梯间、水箱间、天窗、上人孔、消防梯以及其他构筑物、索引符号等

【答案】AD

【解析】定位轴线的编号宜标注在图样的下方与左侧，横向编号应用阿拉伯数字，从左至右顺序编写，竖向编号应用大写拉丁字母，从下至上顺序编写。建筑平面图中的尺寸有外部尺寸和内部尺寸两种。外部尺寸包括总尺寸、轴线尺寸和细部尺寸三类。在平面图上所标注的标高均应为相对标高。底层室内地面的标高一般用±0.000表示。对于隐蔽的或者在剖切面以上部位的内容，应以虚线表示。屋面平面图一般内容有：女儿墙、檐沟、屋面坡度、分水线与落水口、变形缝、楼梯间、水箱间、天窗、上人孔、消防梯以及其他构筑物、索引符号等。

4. 下列关于建筑详图基本规定的说法中，正确的是（　　）。

A. 内外墙节点一般用平面图、立面图和剖面图表示

B. 楼梯平面图必须分层绘制，一般有底层平面图，标准层平面图和顶层平面图

C. 楼梯详图一般包括楼梯平面图、楼梯立面图、楼梯剖面图和节点详图

D. 楼梯间剖面图只需绘制出与楼梯相关的部分，相邻部分可用折断线断开

E. 楼梯节点详图一般采用较大的比例绘制，如1∶1、1∶2、1∶5、1∶10、1∶20等

【答案】BDE

【解析】内外墙节点一般用平面和剖面表示。楼梯详图一般包括三部分内容，即楼梯平面图、楼梯剖面图和节点详图。楼梯平面图必须分层绘制，一般有底层平面图，标准层平面图和顶层平面图。楼梯间剖面图只需绘制出与楼梯相关的部分，相邻部分可用折断线断开。楼梯节点详图一般采用较大的比例绘制，如1∶1、1∶2、1∶5、1∶10、1∶20等。

5. 结构施工图一般包括（　　）。

A. 结构设计说明 B. 基础图
C. 结构平面布置图 D. 结构详图
E. 建筑详图

【答案】ABCD

【解析】结构施工图一般包括结构设计说明、基础图、结构平面布置图、结构详图等。

6. 下列关于基础详图基本规定的说法中，正确的是（　　）。

A. 基础详图的轮廓线用中实线表示，断面内应画出材料图例；对钢筋混凝土基础，同样需要画出配筋情况和材料图例

B. 条形基础的详图一般为基础的垂直剖面图

C. 独立基础的详图一般应包括平面图、立面图和剖面图

D. 基础详图中需标注基础各部分的详图尺寸及室内、室外标高等

E. 独立基础的详图一般应包括平面图和剖面图

【答案】BE

【解析】基础详图的轮廓线用中实线表示，断面内应画出材料图例；对钢筋混凝土基础，则只画出配筋情况，不画出材料图例。基础详图中需标注基础各部分的详图尺寸及室内、室外、基础底面标高等。条形基础的详图一般为基础的垂直剖面图。独立基础的详图一般应包括平面图和剖面图。

7. 下列关于设备施工图的说法中，正确的是（　　）。

A. 建筑给水排水施工图中，凡平面图、系统图中局部构造因受图面比例影响而表达不完善或无法表达的，必须绘制施工详图

B. 建筑电气系统图是电气照明施工图中的基本图样

C. 建筑电气施工图的详图包括电气工程基本图和标准图

D. 电气系统图一般用单线绘制，且画为粗实线，并按规定格式标出各段导线的数量和规格

E. 在电气施工图中，通常采用与建筑施工图相统一的相对标高，或者用相对于本层楼地面的相对标高

【答案】ADE

【解析】建筑给水排水施工图中，凡平面图、系统图中局部构造因受图面比例影响而表达不完善或无法表达的，必须绘制施工详图。电气系统图一般用单线绘制，且画为粗实线，并按规定格式标出各段导线的数量和规格。建筑电气平面图是电气照明施工图中的基本图样。在电气施工图中，线路和电气设备的安装高度必要时应标注标高。通常采用与建筑施工图相统一的相对标高，或者用相对于本层楼地面的相对标高。建筑电气施工图的详图包括电气工程详图和标准图。

第四章 建筑施工技术

一、判断题

1. 普通土的现场鉴别方法为:挖掘。

【答案】正确

【解析】普通土的现场鉴别方法为:挖掘。

2. 坚石和特坚石的现场鉴别方法都可以是用爆破方法。

【答案】正确

【解析】坚石和特坚石的现场鉴别方法都可以是用爆破方法。

3. 基坑(槽)开挖施工工艺流程:测量放线→切线分层开挖→排水、降水→修坡→留足预留土层→整平。

【答案】错误

【解析】基坑(槽)开挖施工工艺流程:测量放线→切线分层开挖→排水、降水→修坡→整平→留足预留土层。

4. 土方回填压实的施工工艺流程:填方土料处理→基底处理→分层回填压实→对每层回填土的质量进行检验,符合设计要求后,填筑上一层。

【答案】正确

【解析】土方回填压实的施工工艺流程:填方土料处理→基底处理→分层回填压实→对每层回填土的质量进行检验,符合设计要求后,填筑上一层。

5. 钢筋混凝土扩展基础施工工艺流程:测量放线→基坑开挖、验槽→混凝土垫层施工→支基础模板→钢筋绑扎→浇基础混凝土。

【答案】错误

【解析】钢筋混凝土扩展基础施工工艺流程:测量放线→基坑开挖、验槽→混凝土垫层施工→钢筋绑扎→支基础模板→浇基础混凝土。

6. 用普通砖砌筑的砖墙,依其墙面组砌形式不同,有一顺一丁、三顺一丁、梅花丁、全顺砌法、全丁砌法、两平一侧砌法等。

【答案】正确

【解析】用普通砖砌筑的砖墙,依其墙面组砌形式不同,有一顺一丁、三顺一丁、梅花丁、全顺砌法、全丁砌法、两平一侧砌法等。

7. 皮数杆一般立于房屋的四大角、内外墙交接处、楼梯间以及洞口多的洞口。一般可每隔5~10m立一根。

【答案】错误

【解析】皮数杆一般立于房屋的四大角、内外墙交接处、楼梯间以及洞口多的洞口。一般可每隔10~15m立一根。

8. 当受拉钢筋的直径 $d>22mm$ 及受压钢筋的直径 $d>25mm$ 时,不宜采用绑扎搭接接头。

【答案】错误

【解析】钢筋的连接可分为绑扎连接、焊接和机械连接三种。当受拉钢筋的直径 $d>25mm$ 及受压钢筋的直径 $d>28mm$ 时，不宜采用绑扎搭接接头。

9. 柱钢筋绑扎的施工工艺流程为：调整插筋位置，套入箍筋→立柱子四个角的主筋→立柱内其余主筋→绑扎钢筋接头→将主骨架钢筋绑扎成形。

【答案】错误

【解析】柱钢筋绑扎的施工工艺流程为：调整插筋位置，套入箍筋→立柱子四个角的主筋→绑扎插筋接头→立柱内其余主筋→将主骨架钢筋绑扎成形。

10. 自然养护是指利用平均气温高于5℃的自然条件，用保水材料或草帘等对混凝土加以覆盖后适当浇水，使混凝土在一定的时间内在湿润状态下硬化。

【答案】正确

【解析】对混凝土进行自然养护，是指在平均气温高于5℃的条件下一定时间内使混凝土保持湿润状态。

11. 混凝土必须养护至其强度达到1.2MPa以上，才准在上面行人和架设支架、安装模板。

【答案】正确

【解析】混凝土必须养护至其强度达到1.2MPa以上，才准在上面行人和架设支架、安装模板，且不得冲击混凝土，以免振动和破坏正在硬化过程中的混凝土的内部结构。

12. 防水砂浆防水层通常称为刚性防水层，是依靠增加防水层厚度和提高砂浆层的密实性来达到防水要求。

【答案】正确

【解析】防水砂浆防水层通常称为刚性防水层，是依靠增加防水层厚度和提高砂浆层的密实性来达到防水要求。

13. 防水层每层应连续施工，素灰层与砂浆层允许不在同一天施工完毕。

【答案】错误

【解析】防水层每层应连续施工，素灰层与砂浆层应在同一天施工完毕。

二、单选题

1. 下列土的工程分类，除（　　）之外，均为岩石。
A. 软石　　　　B. 砂砾坚土　　　　C. 坚石　　　　D. 软石

【答案】B

【解析】在建筑施工中，按照施工开挖的难易程度，将土分为松软土、普通土、坚土、砂砾坚土、软石、次坚石、坚石和特坚石八类，其中，一至四类为土，五到八类为岩石。

2. 下列关于基坑（槽）开挖施工工艺的说法中，正确的是（　　）。
A. 采用机械开挖基坑时，为避免破坏基底土，应在标高以上预留15~50cm的土层由人工挖掘修整
B. 在基坑（槽）四侧或两侧挖好临时排水沟和集水井，或采用井点降水，将水位降低至坑、槽底以下500mm，以利于土方开挖
C. 雨期施工时，基坑（槽）需全段开挖，尽快完成

D. 当基坑挖好后不能立即进行下道工序时,应预留30cm的土不挖,待下道工序开始再挖至设计标高

【答案】B

【解析】在基坑(槽)四侧或两侧挖好临时排水沟和集水井,或采用井点降水,将水位降低至坑、槽底以下500mm,以利于土方开挖。雨期施工时,基坑(槽)应分段开挖。当基坑挖好后不能立即进行下道工序时,应预留15~30cm的土不挖,待下道工序开始再挖至设计标高。采用机械开挖基坑时,为避免破坏基底土,应在标高以上预留15~30cm的土层由人工挖掘修整。

3. 下列关于基坑支护的表述中,错误的是( )。
A. 钢板桩支护具有施工速度快,可重复使用的特点
B. 工程开挖土方时,地下连续墙可用作支护结构,既挡土又挡水,地下连续墙还可同时用作建筑物的承重结构
C. 深层搅拌水泥土桩墙,采用水泥作为固化剂
D. 常用的钢板桩施工机械有自由落锤、气动锤、柴油锤、振动锤,使用较多的是柴油锤

【答案】D

【解析】钢板桩支护具有施工速度快,可重复使用的特点。常用的钢板桩施工机械有自由落锤、气动锤、柴油锤、振动锤,使用较多的是振动锤。深层搅拌水泥土桩墙,采用水泥作为固化剂。工程开挖土方时,地下连续墙可用作支护结构,既挡土又挡水,地下连续墙还可同时用作建筑物的承重结构。

4. 下列关于钢筋混凝土扩展基础混凝土浇筑的基本规定,错误的是( )。
A. 混凝土宜分段分层浇筑,每层厚度不超过500mm
B. 混凝土自高处倾落时,如高度超过3m,应设料斗、漏斗、串筒、斜槽、溜管,以防止混凝土产生分层离析
C. 各层各段间应相互衔接,每段长2~3m,使逐段逐层呈阶梯形推进
D. 混凝土应连续浇筑,以保证结构良好的整体性

【答案】B

【解析】混凝土宜分段分层浇筑,每层厚度不超过500mm。各层各段间应相互衔接,每段长2~3m,使逐段逐层呈阶梯形推进,并注意先使混凝土充满模板边角,然后浇筑中间部分。混凝土应连续浇筑,以保证结构良好的整体性。混凝土自高处倾落时,其自由倾落高度不宜超过2m。如高度超过3m,应设料斗、漏斗、串筒、斜槽、溜管,以防止混凝土产生分层离析。

5. 下列按砌筑主体不同分类的砌体工程中,不符合的是( )。
A. 砖砌体工程   B. 砌块砌体工程
C. 石砌体工程   D. 混凝土砌体工程

【答案】D

【解析】根据砌筑主体的不同,砌体工程可分为砖砌体工程、石砌体工程、砌块砌体工程、配筋砌体工程。

6. 砖砌体的施工工艺过程正确的是( )。

A. 找平、放线、摆砖样、盘角、立皮数杆、砌筑、勾缝、清理、楼层标高控制、楼层轴线标引等

B. 找平、放线、摆砖样、立皮数杆、盘角、砌筑、清理、勾缝、楼层轴线标引、楼层标高控制等

C. 找平、放线、摆砖样、立皮数杆、盘角、砌筑、勾缝、清理、楼层轴线标引、楼层标高控制等

D. 找平、放线、立皮数杆、摆砖样、盘角、挂线、砌筑、勾缝、清理、楼层标高控制、楼层轴线标引等

【答案】B

【解析】砖砌体施工工艺流程为：找平、放线、摆砖样、立皮数杆、盘角、砌筑、清理、勾缝、楼层轴线标引、楼层标高控制。

7. 下列关于砌块砌体施工工艺的基本规定中，正确的是（　　）。

A. 灰缝厚度宜为15mm

B. 灰缝要求横平竖直，水平灰缝应饱满，竖缝采用挤浆和加浆方法，允许用水冲洗清理灌缝

C. 在墙体底部，在砌第一皮加气砖前，应用实心砖砌筑，其高度宜不小于200mm

D. 与梁的接触处待加气砖砌完14d后采用灰砂砖斜砌顶紧

【答案】B

【解析】在墙体底部，在砌第一皮加气砖前，应用实心砖砌筑，其高度宜不小于200mm。灰缝厚度宜为15mm，灰缝要求横平竖直，水平灰缝应饱满，竖缝采用挤浆和加浆方法，不得出现透明缝，严禁用水冲洗灌缝。与梁的接触处待加气砖砌完一星期后采用灰砂砖斜砌顶紧。

8. 下列各项中，关于常见模板的种类、特性的基本规定错误的说法是（　　）。

A. 常见模板的种类有组合式模板、工具式模板两大类

B. 爬升模板适用于现浇钢筋混凝土竖向（或倾斜）结构

C. 飞模适用于小开间、小柱网、小进深的钢筋混凝土楼盖施工

D. 组合式模板可事先按设计要求组拼成梁、柱、墙、楼板的大型模板，整体吊装就位，也可采用散支散拆方法

【答案】C

【解析】常见模板的种类有组合式模板、工具式模板。组合式模板可事先按设计要求组拼成梁、柱、墙、楼板的大型模板，整体吊装就位，也可采用散支散拆方法。爬升模板，是一种适用于现浇钢筋混凝土竖向（或倾斜）结构的模板工艺。飞模适用于大开间、大柱网、大进深的钢筋混凝土楼盖施工，尤其适用于现浇板柱结构（无柱帽）楼盖的施工。

9. 下列各项中，关于钢筋连接的基本规定错误的说法是（　　）。

A. 钢筋的连接可分为绑扎连接、焊接和机械连接三种

B. 在任何情况下，纵向受拉钢筋绑扎搭接接头的搭设长度不应小于300mm，纵向受压钢筋的搭接长度不应小于200mm

C. 钢筋机械连接有钢筋套筒挤压连接、钢筋锥螺纹套筒连接、钢筋镦粗直螺纹套筒连接、钢筋滚压直螺纹套筒连接

D. 当受拉钢筋的直径 $d>22$mm 及受压钢筋的直径 $d>25$mm 时，不宜采用绑扎搭接接头

【答案】D

【解析】钢筋的连接可分为绑扎连接、焊接和机械连接三种。当受拉钢筋的直径 $d>25$mm 及受压钢筋的直径 $d>28$mm 时，不宜采用绑扎搭接接头。在任何情况下，纵向受拉钢筋绑扎搭接接头的搭设长度不应小于 300mm，纵向受压钢筋的搭接长度不应小于 200mm。钢筋机械连接有钢筋套筒挤压连接、钢筋锥螺纹套筒连接、钢筋镦粗直螺纹套筒连接、钢筋滚压直螺纹套筒连接。

10. 下列各项中，关于钢筋安装的基本规定正确的说法是（   ）。
A. 钢筋绑扎用的 22 号钢丝只用于绑扎直径 14mm 以下的钢筋
B. 基础底板采用双层钢筋网时，在上层钢筋网下面每隔 1.5m 放置一个钢筋撑脚
C. 基础钢筋绑扎的施工工艺流程为：清理垫层、画线→摆放下层钢筋，并固定绑扎→摆放钢筋撑脚（双层钢筋时）→绑扎柱墙预留钢筋→绑扎上层钢筋
D. 控制混凝土保护层用的水泥砂浆垫块或塑料卡的厚度，应等于保护层厚度

【答案】D

【解析】钢筋绑扎用的钢丝，可采用 20~22 号钢丝，其中 22 号钢丝只用于绑扎直径 12mm 以下的钢筋。控制混凝土保护层用的水泥砂浆垫块或塑料卡的厚度，水泥砂浆垫块的厚度，应等于保护层厚度。基础钢筋绑扎的施工工艺流程为：清理垫层、画线→摆放下层钢筋，并固定绑扎→摆放钢筋撑脚（双层钢筋时）→绑扎上层钢筋→绑扎柱墙预留钢筋。基础底板采用双层钢筋网时，在上层钢筋网下面应设置钢筋撑脚或混凝土撑脚。钢筋撑脚每隔 1m 放置一个。

11. 下列各项中，不属于混凝土工程施工内容的是（   ）。
A. 混凝土拌合料的制备   B. 混凝土拌合料的养护
C. 混凝土拌合料的强度测定   D. 混凝土拌合料的振捣

【答案】C

【解析】混凝土工程施工包括混凝土拌合料的制备、运输、浇筑、振捣、养护等工艺流程。

12. 下列各项中，关于混凝土拌合料运输过程中一般要求错误的说法是（   ）。
A. 保持其均匀性，不离析、不漏浆
B. 保证混凝土能连续浇筑
C. 运到浇筑地点时应具有设计配合比所规定的坍落度
D. 应在混凝土终凝前浇入模板并捣实完毕

【答案】D

【解析】混凝土拌合料自商品混凝土厂装车后，应及时运至浇筑地点。混凝土拌合料运输过程中一般要求：保持其均匀性，不离析、不漏浆；运到浇筑地点时应具有设计配合比所规定的坍落度；应在混凝土初凝前浇入模板并捣实完毕；保证混凝土能连续浇筑。

13. 浇筑竖向结构混凝土前，应先在底部浇筑一层水泥砂浆，对砂浆的要求是（   ）。
A. 与混凝土内砂浆成分相同且强度高一级

B. 与混凝土内砂浆成分不同且强度高一级

C. 与混凝土内砂浆成分不同

D. 与混凝土内砂浆成分相同

【答案】D

【解析】混凝土浇筑的基本要求：1）混凝土应分层浇筑，分层捣实，但两层混凝土浇捣时间间隔不超过规范规定；2）浇筑应连续作业，在竖向结构中如浇筑高度超过3m时，应采用溜槽或串筒下料；3）在浇筑竖向结构混凝土前，应先在浇筑处底部填入一层50～100mm与混凝土内砂浆成分相同的水泥浆或水泥砂浆（接浆处理）；4）浇筑过程应经常观察模板及其支架、钢筋、埋设件和预留孔洞的情况，当发现有变形或位移时，应立即快速处理。

14. 施工缝一般应留在构件（　　）部位。

A. 受压最小　　B. 受剪最小　　C. 受弯最小　　D. 受扭最小

【答案】B

【解析】留置施工缝的位置应事先确定，施工缝应留在结构受剪力较小且便于施工的部位。

15. 混凝土浇水养护的时间：对采用硅酸盐水泥、普通硅酸盐水泥或矿渣硅酸盐水泥拌制的混凝土，不得少于（　　）。

A. 7d　　B. 10d　　C. 5d　　D. 14d

【答案】A

【解析】养护时间取决于水泥品种，硅酸盐水泥、普通硅酸盐水泥和矿渣硅酸盐水泥拌制的混凝土，不得少于7d；火山灰质硅酸盐水泥和粉煤灰硅酸盐水泥拌制的混凝土不少于14d；有抗渗要求的混凝土不少于14d。

16. 钢结构的连接方法不包括（　　）。

A. 绑扎连接　　B. 焊接　　C. 螺栓连接　　D. 铆钉连接

【答案】A

【解析】钢结构的连接方法有焊接、螺栓连接、自攻螺钉连接、铆钉连接四类。

17. 高强度螺栓的拧紧问题说法错误的是（　　）。

A. 高强度螺栓连接的拧紧应分为初拧、终拧

B. 对于大型节点应分为初拧、复拧、终拧

C. 复拧扭矩应当大于初拧扭矩

D. 扭剪型高强度螺栓拧紧时对螺母施加逆时针力矩

【答案】C

【解析】高强度螺栓按形状不同分为：大六角头型高强度螺栓和扭剪型高强度螺栓。大六角头型高强度螺栓一般采用指针式扭力（测力）扳手或预置式扭力（定力）扳手施加预应力，目前使用较多的是电动扭矩扳手，按拧紧力矩的50%进行初拧，然后按100%拧紧力矩进行终拧，大型节点初拧后，按初拧力矩进行复拧，最后终拧。扭剪型高强度螺栓的螺栓头为盘头，栓杆端部有一个承受拧紧反力矩的十二角体（梅花头），和一个能在规定力矩下剪断的断劲槽。扭剪型高强度螺栓通过特制的电动扳手，拧紧时对螺母施加顺时针力矩，对梅花头施加逆时针力矩，终拧至栓杆端部断劲拧掉梅花头为止。

18. 下列焊接方法中，不属于钢结构工程常用的是（　　）。
A. 自动（半自动）埋弧焊　　　　B. 闪光对焊
C. 药皮焊条手工电弧焊　　　　　D. 气体保护焊

【答案】B

【解析】钢结构工程常用的焊接方法有：药皮焊条手工电弧焊、自动（半自动）埋弧焊、气体保护焊。

19. 下列关于钢结构安装施工要点的说法中，正确的是（　　）。
A. 钢构件拼装前应检查清除飞边、毛刺、焊接飞溅物，摩擦面应保持干燥、整洁，采取相应防护措施后，可在雨中作业
B. 螺栓应能自由穿入孔内，不能自由穿入时，可采用气割扩孔
C. 起吊事先将钢构件吊离地面50cm左右，使钢构件中心对准安装位置中心
D. 高强度螺栓可兼作安装螺栓

【答案】C

【解析】起吊事先将钢构件吊离地面50cm左右，使钢构件中心对准安装位置中心，然后徐徐升钩，将钢构件吊至需连接位置即刹车对准预留螺栓孔，并将螺栓穿入孔内，初拧作临近固定，同时进行垂直度校正和最后固定，经校正后，并终拧螺栓作最后固定。钢构件拼装前应检查清除飞边、毛刺、焊接飞溅物，摩擦面应保持干燥、整洁，不得在雨中作业。螺栓应能自由穿入孔内，不得强行敲打，并不得气割扩孔。高强度螺栓不得兼作安装螺栓。

20. 下列关于防水工程的说法中，错误的是（　　）。
A. 防水混凝土多采用较大的水灰比，降低水泥用量和砂率，选用较小的骨料直径
B. 根据所用材料不同，防水工程可分为柔性防水和刚性防水
C. 按工程部位和用途，防水工程又可分为屋面防水工程、地下防水工程、楼地面防水工程
D. 防水砂浆防水通过增加防水层厚度和提高砂浆层的密实性来达到防水要求

【答案】A

【解析】根据所用材料不同，防水工程可分为柔性防水和刚性防水两大类。防水砂浆防水通过增加防水层厚度和提高砂浆层的密实性来达到防水要求。防水混凝土是通过采用较小的水灰比，适当增加水泥用量和砂率，提高灰砂比，采用较小的骨料粒径，严格控制施工质量等措施，从材料和施工两方面抑制和减少混凝土内部孔隙的形成，特别是抑制孔隙间的连通，堵塞渗透水通道，靠混凝土本身的密实性和抗渗性来达到防水要求的混凝土。按工程部位和用途，防水工程又可分为屋面防水工程、地下防水工程、楼地面防水工程三大类。

21. 下列关于防水砂浆防水层施工的说法中，正确的是（　　）。
A. 砂浆防水工程是利用一定配合比的水泥浆和水泥砂浆（称防水砂浆）分层分次施工，相互交替抹压密实的封闭防水整体
B. 防水砂浆防水层的背水面基层的防水层采用五层做法，迎水面基层的防水层采用四层做法
C. 防水层每层应连续施工，素灰层与砂浆层可不在同一天施工完毕
D. 揉浆是使水泥砂浆素灰相互渗透结合牢固，既保护素灰层又起到防水作用，当揉

浆难时，允许加水稀释

【答案】 A

【解析】 砂浆防水工程是利用一定配合比的水泥浆和水泥砂浆（称防水砂浆）分层分次施工，相互交替抹压密实，充分切断各层次毛细孔网，形成一多层防渗的封闭防水整体。防水砂浆防水层的背水面基层的防水层采用四层做法（"二素二浆"），迎水面基层的防水层采用四层做法（"三素二浆"）。防水层每层应连续施工，素灰层与砂浆层应在同一天施工完毕。揉浆是使水泥砂浆素灰相互渗透结合牢固，既保护素灰层又起到防水作用，揉浆时严禁加水，以免引起防水层开裂、起粉、起砂。

22. 下列关于掺防水剂水泥砂浆防水施工的说法中，错误的是（   ）。

    A. 施工工艺流程为：找平层施工→防水层施工→质量检查

    B. 当施工采用抹压法时，先在基层涂刷一层1：0.4的水泥浆，随后分层铺抹防水砂浆，每层厚度为10～15mm，总厚度不小于30mm

    C. 氯化铁防水砂浆施工时，底层防水砂浆抹完12h后，抹压面层防水砂浆，其厚13mm分两遍抹压

    D. 防水层施工时的环境温度为5～35℃

【答案】 B

【解析】 掺防水剂水泥砂浆防水施工的施工工艺流程为：找平层施工→防水层施工→质量检查。防水层施工时的环境温度为5～35℃。当施工采用抹压法时，先在基层涂刷一层1：0.4的水泥浆，随后分层铺抹防水砂浆，每层厚度为5～10mm，总厚度不小于20mm。氯化铁防水砂浆施工时，底层防水砂浆抹完12h后，抹压面层防水砂浆，其厚13mm分两遍抹压。

23. 下列关于涂料防水施工工艺的说法中，错误的是（   ）。

    A. 防水涂料防水层属于柔性防水层

    B. 一般采用外防外涂和外防内涂施工方法

    C. 其施工工艺流程为：找平层施工→保护层施工→防水层施工→质量检查

    D. 找平层有水泥砂浆找平层、沥青砂浆找平层、细石混凝土找平层三种

【答案】 C

【解析】 防水涂料防水层属于柔性防水层。涂料防水层是用防水涂料涂刷于结构表面所形成的表面防水层。一般采用外防外涂和外防内涂施工方法。施工工艺流程为：找平层施工→防水层施工→保护层施工→质量检查。找平层有水泥砂浆找平层、沥青砂浆找平层、细石混凝土找平层三种。

24. 下列关于涂料防水中防水层施工的说法中，正确的是（   ）。

    A. 湿铺法是在铺第三遍涂料涂刷时，边倒料、边涂刷、边铺贴的操作方法

    B. 对于流动性差的涂料，为便于抹压，加快施工进度，可以采用分条间隔施工的方法，条带宽800～1000mm

    C. 胎体增强材料混合使用时，一般下层采用玻璃纤维布，上层采用聚酯纤维布

    D. 所有收头均应用密封材料压边，压扁宽度不得小于20mm

【答案】 B

【解析】 湿铺法是在铺第二遍涂料涂刷时，边倒料、边涂刷、边铺贴的操作方法。对

于流动性差的涂料，为便于抹压，加快施工进度，可以采用分条间隔施工的方法，条带宽800~1000mm。胎体增强材料可以是单一品种的，也可以采用玻璃纤维布和聚酯纤维布混合使用。混合使用时，一般下层采用聚酯纤维布，上层采用玻璃纤维布。为了防止收头部位出现翘边现象，所有收头均应用密封材料压边，压扁宽度不得小于10mm。

25. 涂料防水施工中，下列保护层不适于在立面使用的是（ ）。
A. 细石混凝土保护层　　　　B. 水泥砂浆保护层
C. 泡沫塑料保护层　　　　　D. 砖墙保护层

【答案】A

【解析】细石混凝土保护层适宜顶板和底板使用。水泥砂浆保护层适宜立面使用。泡沫塑料保护层适用于立面。砖墙保护层适用于立面。

26. 下列关于卷材防水施工的说法中，错误的是（ ）。
A. 铺设防水卷材前应涂刷基层处理剂，基层处理剂应采用与卷材性能配套（相容）的材料，或采用同类涂料的底子油
B. 铺贴高分子防水卷材时，切忌拉伸过紧，以免使卷材长期处在受拉应力状态，易加速卷材老化
C. 施工工艺流程为：找平层施工→防水层施工→保护层施工→质量检查
D. 卷材搭接接缝口应采用宽度不小于20mm的密封材料封严，以确保防水层的整体防水性能

【答案】D

【解析】铺设防水卷材前应涂刷基层处理剂，基层处理剂应采用与卷材性能配套（相容）的材料，或采用同类涂料的底子油。铺贴高分子防水卷材时，切忌拉伸过紧，以免使卷材长期处在受拉应力状态，易加速卷材老化。施工工艺流程为：找平层施工→防水层施工→保护层施工→质量检查。卷材搭接接缝口应采用宽度不小于10mm的密封材料封严，以确保防水层的整体防水性能。

三、多选题

1. 下列关于土方回填压实的基本规定的各项中，正确的是（ ）。
A. 碎石类土、砂土和爆破石渣（粒径不大于每层铺土后2/3）可作各层填料
B. 人工填土每层虚铺厚度，用人工木夯夯实时不大于25cm，用打夯机械夯实时不大于30cm
C. 铺土应分层进行，每次铺土厚度不大于30~50cm（视所用压实机械的要求而定）
D. 当填方基底为耕植土或松土时，应将基底充分夯实和碾压密实
E. 机械填土时填土程序一般尽量采取横向或纵向分层卸土，以利行驶时初步压实

【答案】CDE

【解析】碎石类土、砂土和爆破石渣（粒径不大于每层铺土后2/3），可作为表层下的填料。当填方基底为耕植土或松土时，应将基底充分夯实和碾压密实。铺土应分层进行，每次铺土厚度不大于30~50cm（视所用压实机械的要求而定）。人工填土每层虚铺厚度，用人工木夯夯实时不大于20cm，用打夯机械夯实时不大于25cm。机械填土时填土程序一般尽量采取横向或纵向分层卸土，以利行驶时初步压实。

2. 下列关于筏形基础的基本规定的各项中，正确的是（　　）。
    A. 筏形基础分为梁板式和平板式两种类型，梁板式又分为正向梁板式和反向梁板式
    B. 施工工艺流程为：测量放线→基坑支护→排水、降水（或隔水）→基坑开挖、验槽→混凝土垫层施工→支基础模板→钢筋绑扎→浇基础混凝土
    C. 回填应由两侧向中间进行，并分层夯实
    D. 当采用机械开挖时，应保留 200～300mm 土层由人工挖除
    E. 基础长度超过 40m 时，宜设置施工缝，缝宽不宜小于 80cm

【答案】ADE

【解析】筏形基础分为梁板式和平板式两种类型，梁板式又分为正向梁板式和反向梁板式。施工工艺流程为：测量放线→基坑支护→排水、降水（或隔水）→基坑开挖、验槽→混凝土垫层施工→钢筋绑扎→支基础模板→浇基础混凝土。回填应在相对的两侧或四周同时均匀进行，并分层夯实。当采用机械开挖时，应保留 200～300mm 土层由人工挖除。基础长度超过 40m 时，宜设置施工缝，缝宽不宜小于 80cm。

3. 以下关于砖砌体的施工工艺的基本规定中，正确的是（　　）。
    A. 皮数杆一般立于房屋的四大角、内外墙交接处、楼梯间以及洞口多的洞口。一般可每隔 5～10m 立一根
    B. 一般在房屋外纵墙方向摆顺砖，在山墙方向摆丁砖，摆砖由一个大角摆到另一个大角，砖与砖留 10mm 缝隙
    C. 盘角时主要大角不宜超过 5 皮砖，且应随起随盘，做到"三皮一吊，五皮一靠"
    D. 各层标高除立皮数杆控制外，还可弹出室内水平线进行控制
    E. 加浆勾缝系指再砌筑几皮砖以后，先在灰缝处划出 2cm 深的灰槽

【答案】BCD

【解析】一般在房屋外纵墙方向摆顺砖，在山墙方向摆丁砖，摆砖由一个大角摆到另一个大角，砖与砖留 10mm 缝隙。皮数杆一般立于房屋的四大角、内外墙交接处、楼梯间以及洞口多的洞口。一般可每隔 10～15m 立一根。盘角时主要大角不宜超过 5 皮砖，且应随起随盘，做到"三皮一吊，五皮一靠"。加浆勾缝系指再砌筑几皮砖以后，先在灰缝处划出 1cm 深的灰槽。各层标高除立皮数杆控制外，还可弹出室内水平线进行控制。

4. 下列关于毛石砌体和砌块砌体施工工艺的基本规定中，错误的是（　　）。
    A. 毛石墙砌筑时，墙角部分纵横宽度至少 0.8m
    B. 对于中间毛石砌筑的料石挡土墙，丁砌料石应深入中间毛石部分的长度不应小于 200mm
    C. 毛石墙必须设置拉结石，拉结石应均匀分布，相互错开，一般每 $0.5m^2$ 墙面至少设置一块，且同皮内的中距不大于 2m
    D. 砌块砌体施工工艺流程为：基层处理→测量墙中线→弹墙边线→砌底部实心砖→立皮数杆→拉准线、铺灰、依准线砌筑→埋墙拉筋→梁下、墙顶斜砖砌筑
    E. 砌块砌体的埋墙拉筋应与钢筋混凝土柱（墙）的连接，采取在混凝土柱（墙）上打入 2ϕ6@1000 的膨胀螺栓

【答案】CE

【解析】毛石墙砌筑时，墙角部分纵横宽度至少 0.8m。毛石墙必须设置拉结石，拉

结石应均匀分布，相互错开，一般每 0.7m² 墙面至少设置一块，且同皮内的中距不大于 2m。对于中间毛石砌筑的料石挡土墙，丁砌料石应深入中间毛石部分的长度不应小于 200mm。砌块砌体施工工艺流程为：基层处理→测量墙中线→弹墙边线→砌底部实心砖→立皮数杆→拉准线、铺灰、依准线砌筑→埋墙拉筋→梁下、墙顶斜砖砌筑。砌块砌体的埋墙拉筋应与钢筋混凝土柱（墙）的连接，采取在混凝土柱（墙）上打入 2ϕ6@500 的膨胀螺栓。

5. 下列关于模板安装与拆除的基本规定中，正确的是（　　）。
A. 同一条拼缝上的 U 形卡，不宜向同一方向卡紧
B. 钢楞宜采用整根杆件，接头宜错开设置，搭接长度不应小于 300mm
C. 模板支设时，采用预组拼方法，可以加快施工速度，提高工效和模板的安装质量，但必须具备相适应的吊装设备和有较大的拼装场地
D. 模板拆除时，当混凝土强度大于 1.2N/mm² 时，应先拆除侧面模板，再拆除承重模板
E. 模板拆除的顺序和方法，应按照配板设计的规定进行，遵循先支后拆，先非承重部位，后承重部位以及自上而下的原则

【答案】ACE

【解析】模板安装时，应符合下列要求：1) 同一条拼缝上的 U 形卡，不宜向同一方向卡紧。2) 墙模板的对拉螺栓孔应平直相对，穿插螺栓不得斜拉硬顶。钻孔应采用机具，严禁采用电、气焊灼孔。3) 钢楞宜采用整根杆件，接头宜错开设置，搭接长度不应小于 200mm。模板支设时，采用预组拼方法，可以加快施工速度，提高工效和模板的安装质量，但必须具备相适应的吊装设备和有较大的拼装场地。模板拆除的顺序和方法，应按照配板设计的规定进行，遵循先支后拆，先非承重部位，后承重部位以及自上而下的原则。先拆除侧面模板（混凝土强度大于 1N/mm²），再拆除承重模板。

6. 下列各项中，属于钢筋加工的是（　　）。
A. 钢筋除锈　　　　　　　B. 钢筋调直
C. 钢筋切断　　　　　　　D. 钢筋冷拉
E. 钢筋弯曲成型

【答案】ABCE

【解析】钢筋加工包括钢筋除锈、钢筋调直、钢筋切断、钢筋弯曲成型等。

7. 下列关于柱钢筋和板钢筋绑扎的施工工艺的规定中，正确的是（　　）。
A. 柱钢筋绑扎中箍筋的接头应交错布置在四角纵向钢筋上，箍筋转角与纵向钢筋交叉点均应扎牢
B. 板钢筋绑扎中板、次梁与主梁交叉处，板的钢筋在上，次梁的钢筋居中。主梁的钢筋一直在下侧
C. 板钢筋绑扎的施工工艺流程为：清理垫层、画线→摆放下层钢筋，并固定绑扎→摆放钢筋撑脚（双层钢筋时）→安装管线→绑扎上层钢筋
D. 对于双向受力板，应先铺设平行于短边方向的受力钢筋，后铺设平行于长边方向的受力钢筋
E. 板上部的负筋、主筋与分布钢筋的交叉点应相隔交错扎牢，并垫上保护层垫块

【答案】 ACD

【解析】 柱钢筋绑扎中箍筋的接头应交错布置在四角纵向钢筋上，箍筋转角与纵向钢筋交叉点均应扎牢。板钢筋绑扎的施工工艺流程为：清理垫层、画线→摆放下层钢筋，并固定绑扎→摆放钢筋撑脚（双层钢筋时）→安装管线→绑扎上层钢筋。对于双向受力板，应先铺设平行于短边方向的受力钢筋，后铺设平行于长边方向的受力钢筋。且须特别注意，板上部的负筋、主筋与分布钢筋的交叉点必须全部绑扎，并垫上保护层垫块。板钢筋绑扎中板、次梁与主梁交叉处，板的钢筋在上，次梁的钢筋居中，主梁的钢筋在下；当有圈梁或垫梁时，主梁的钢筋在上。

8. 关于混凝土浇筑的说法中，正确的是（　　）。

   A. 混凝土的浇筑工作应连续进行

   B. 混凝土应分层浇筑，分层捣实，但两层混凝土浇捣时间间隔不超过规范规定

   C. 在竖向结构中如浇筑高度超过2m时，应采用溜槽或串筒下料

   D. 浇筑竖向结构混凝土前，应先在底部填筑一层20~50mm厚、与混凝土内砂浆成分相同的水泥砂浆，然后再浇筑混凝土

   E. 浇筑过程应经常观察模板及其支架、钢筋、埋设件和预留孔洞的情况，当发现有变形或位移时，应立即快速处理

【答案】 ABE

【解析】 混凝土浇筑的基本要求：1）混凝土应分层浇筑，分层捣实，但两层混凝土浇捣时间间隔不超过规范规定；2）浇筑应连续作业，在竖向结构中如浇筑高度超过3m时，应采用溜槽或串筒下料；3）在浇筑竖向结构混凝土前，应先在浇筑处底部填入一层50~100mm与混凝土内砂浆成分相同的水泥浆或水泥砂浆（接浆处理）；4）浇筑过程应经常观察模板及其支架、钢筋、埋设件和预留孔洞的情况，当发现有变形或位移时，应立即快速处理。

9. 用于振捣密实混凝土拌合物的机械，按其作业方式可分为（　　）。

   A. 插入式振动器 B. 表面振动器
   C. 振动台   D. 独立式振动器
   E. 附着式振动器

【答案】 ABCE

【解析】 用于振捣密实混凝土拌合物的机械，按其作业方式可分为：插入式振动器、表面振动器、附着式振动器和振动台。

10. 下列关于钢结构安装施工要点的说法中，错误的是（　　）。

    A. 起吊事先将钢构件吊离地面30cm左右，使钢构件中心对准安装位置中心

    B. 高强度螺栓上、下接触面处加有1/15以上斜度时应采用垫圈垫平

    C. 施焊前，焊工应检查焊接件的接头质量和焊接区域的坡口、间隙、钝边等的处理情况

    D. 厚度大于12~20mm的板材，单面焊后，背面清根，再进行焊接

    E. 焊道两端加引弧板和熄弧板，引弧和熄弧焊缝长度应大于或等于150mm

【答案】 ABE

【解析】 起吊事先将钢构件吊离地面50cm左右,使钢构件中心对准安装位置中心,然后徐徐升钩,将钢构件吊至需连接位置即刹车对准预留螺栓孔,并将螺栓穿入孔内,初拧作临时固定,同时进行垂直度校正和最后固定,经校正后,并终拧螺栓作最后固定。高强度螺栓上、下接触面处加有1/20以上斜度时应采用垫圈垫平。施焊前,焊工应检查焊接件的接头质量和焊接区域的坡口、间隙、钝边等的处理情况。厚度大于12~20mm的板材,单面焊后,背面清根,再进行焊接。焊道两端加引弧板和熄弧板,引弧和熄弧焊缝长度应大于或等于80mm。

11. 下列关于防水混凝土施工工艺的说法中,错误的是( )。
    A. 水泥选用强度等级不低于32.5级
    B. 在保证能振捣密实的前提下水灰比尽可能小,一般不大于0.6,坍落度不大于50mm
    C. 为了有效起到保护钢筋和阻止钢筋的引水作用,迎水面防水混凝土的钢筋保护层厚度不得小于35mm
    D. 在浇筑过程中,应严格分层连续浇筑,每层厚度不宜超过300~400mm,机械振捣密实
    E. 墙体一般允许留水平施工缝和垂直施工缝

【答案】 ACE

【解析】 水泥选用强度等级不低于42.5级。在保证能振捣密实的前提下水灰比尽可能小,一般不大于0.6,坍落度不大于50mm,水泥用量为320kg/m³~400kg/m³,砂率取35%~40%。为了有效起到保护钢筋和阻止钢筋的引水作用,迎水面防水混凝土的钢筋保护层厚度不得小于50mm。在浇筑过程中,应严格分层连续浇筑,每层厚度不宜超过300~400mm,机械振捣密实。墙体一般只允许留水平施工缝,其位置一般宜留在高出底板上表面不小于500mm的墙身上,如必须留设垂直施工缝,则应留在结构的变形缝处。

12. 下列关于涂料防水中找平层施工的说法中,正确的是( )。
    A. 采用沥青砂浆找平层时,滚筒应保持清洁,表面可涂刷柴油
    B. 采用水泥砂浆找平层时,铺设找平层12h后,需洒水养护或喷冷底子油养护
    C. 采用细石混凝土找平层时,浇筑时混凝土的坍落度应控制在20mm,浇捣密实
    D. 沥青砂浆找平层一般不宜在气温0℃以下施工
    E. 采用细石混凝土找平层时,浇筑完板缝混凝土后,应立即覆盖并浇水养护3d,待混凝土强度等级达到C15时,方可继续施工

【答案】 ABD

【解析】 采用水泥砂浆找平层时,铺设找平层12h后,需洒水养护或喷冷底子油养护。采用沥青砂浆找平层时,滚筒应保持清洁,表面可涂刷柴油。一般不宜在气温0℃以下施工。采用细石混凝土找平层时,细石混凝土宜采用机械搅拌和机械振捣。浇筑时混凝土的坍落度应控制在10mm,浇捣密实。浇筑完板缝混凝土后,应立即覆盖并浇水养护3d,待混凝土强度等级达到C15时,方可继续施工。

13. 防水工程按其按所用材料不同可分为( )。
    A. 卷材防水   B. 涂料防水

C. 砂浆、混凝土防水 D. 结构自防水
E. 防水层防水

【答案】ABC

【解析】防水工程按其按所用材料不同可分为砂浆、混凝土防水，涂料防水，卷材防水三类。

第五章 施工项目管理

一、判断题

1. 在工程开工前,由项目经理组织编制施工项目管理实施规划,对施工项目管理从开工到交工验收进行全面的指导性规划。

【答案】正确

【解析】在工程开工前,由项目经理组织编制施工项目管理实施规划,对施工项目管理从开工到交工验收进行全面的指导性规划。

2. 施工项目的生产要素主要包括劳动力、材料、技术和资金。

【答案】错误

【解析】施工项目的生产要素主要包括劳动力、材料、设备、技术和资金。

3. 某施工项目为 8000m² 的公共建筑工程施工,按照要求,须实行施工项目管理。

【答案】错误

【解析】当施工项目的规模达到以下要求时才实行施工项目管理:1 万 m² 以上的公共建筑、工业建筑、住宅建设小区及其他工程项目投资在 500 万元以上的,均实行项目管理。

4. 在现代施工企业的项目管理中,施工项目经理是施工项目的最高责任人和组织者,是决定施工项目盈亏的关键性角色。

【答案】正确

【解析】在现代施工企业的项目管理中,施工项目经理是施工项目的最高责任人和组织者,是决定施工项目盈亏的关键性角色。

5. 项目经理部是工程的主管部门,主要负责工程项目在保修期间问题的处理,包括因质量问题造成的返修、工程剩余价款的结算以及回收等。

【答案】错误

【解析】企业工程管理部门是项目经理部解体善后工作的主管部门,主要负责项目经理部解体后工程项目在保修期间问题的处理,包括因质量问题造成的返(维)修、工程剩余价款的结算以及回收等。

6. 项目质量控制贯穿于项目施工的全过程。

【答案】错误

【解析】项目质量控制贯穿于项目实施的全过程。

7. 安全管理的对象是生产中一切人、物、环境、管理状态,安全管理是一种动态管理。

【答案】正确

【解析】安全管理的对象是生产中一切人、物、环境、管理状态,安全管理是一种动态管理。

8. 施工现场包括红线以内占用的建筑用地和施工用地以及临时施工用地。

【答案】错误

【解析】施工现场既包括红线以内占用的建筑用地和施工用地，又包括红线以外现场附近经批准占用的临时施工用地。

二、单选题

1. 下列选项中关于施工项目管理的特点说法有误的是（　　）。
   A. 对象是施工项目　　　　　　　B. 主体是建设单位
   C. 内容是按阶段变化的　　　　　D. 要求强化组织协调工作

【答案】B

【解析】施工项目管理的特点：施工项目管理的主体是建筑企业；施工项目管理的对象是施工项目；施工项目管理的内容是按阶段变化的；施工项目管理要求强化组织协调工作。

2. 下列施工项目管理程序的排序正确的是（　　）。
   A. 投标、签订合同→施工准备→施工→验收交工与结算→用后服务
   B. 施工准备→投标、签订合同→施工→验收交工与结算→用后服务
   C. 投标、签订合同→施工→施工准备→验收交工与结算→用后服务
   D. 投标、签订合同→施工准备→施工→验收交工→用后服务与结算

【答案】A

【解析】施工项目管理程序为：投标、签订合同阶段；施工准备阶段；施工阶段；验收交工与结算阶段；用后服务阶段。

3. 下列选项中，不属于施工项目管理组织的主要形式的是（　　）。
   A. 工作队式　　　B. 线性结构式　　　C. 矩阵式　　　D. 事业部式

【答案】B

【解析】施工项目管理组织的形式是指在施工项目管理组织中处理管理层次、管理跨度、部门设置和上下级关系的组织结构的类型。主要的管理组织形式有工作队式、部门控制式、矩阵式、事业部式等。

4. 下列关于施工项目管理组织的形式的说法中，错误的是（　　）。
   A. 工作队式项目组织适用于大型项目，工期要求紧，要求多工种、多部门配合的项目
   B. 事业部式适用于大型经营型企业的工程承包
   C. 部门控制式项目组织一般适用于专业性强的大中型项目
   D. 矩阵式项目组织适用于同时承担多个需要进行项目管理工程的企业

【答案】C

【解析】工作队式项目组织适用于大型项目，工期要求紧，要求多工种、多部门配合的项目。部门控制式项目组织一般适用于小型的、专业性强、不需涉及众多部门的施工项目。矩阵式项目组织适用于同时承担多个需要进行项目管理工程的企业。事业部式适用于大型经营型企业的工程承包，特别是适用于远离公司本部的工程承包。

5. 下列性质中，不属于项目经理部的性质的是（　　）。
   A. 法律强制性　　　B. 相对独立性　　　C. 综合性　　　D. 临时性

【答案】A

【解析】项目经理部的性质可以归纳为相对独立性、综合性、临时性三个方面。

6. 下列选项中，不属于建立施工项目经理部的基本原则的是（　　）。
   A. 根据所设计的项目组织形式设置
   B. 适应现场施工的需要
   C. 满足建设单位关于施工项目目标控制的要求
   D. 根据施工工程任务需要调整

【答案】C

【解析】建立施工项目经理部的基本原则：根据所设计的项目组织形式设置；根据施工项目的规模、复杂程度和专业特点设置；根据施工工程任务需要调整；适应现场施工的需要。

7. 施工项目的劳动组织不包括下列的（　　）。
   A. 劳务输入　　　　　　　　B. 劳动力组织
   C. 项目经理部对劳务队伍的管理　D. 劳务输出

【答案】D

【解析】施工项目的劳动组织应从劳务输入、劳动力组织、项目经理部对劳务队伍的管理三方面进行。

8. 施工项目控制的任务是进行以项目进度控制、质量控制、成本控制和安全控制为主要内容的四大目标控制。其中下列不属于与施工项目成果相关的是（　　）。
   A. 进度控制　　B. 安全控制　　C. 质量控制　　D. 成本控制

【答案】B

【解析】施工项目控制的任务是进行以项目进度控制、质量控制、成本控制和安全控制为主要内容的四大目标控制。其中前三项目标是施工项目成果，而安全目标是指施工过程中人和物的状态。

9. 为了取得施工成本管理的理想效果，必须从多方面采取有效措施实施管理，这些措施不包括（　　）。
   A. 组织措施　　B. 技术措施　　C. 经济措施　　D. 管理措施

【答案】D

【解析】施工项目成本控制的措施包括组织措施、技术措施、经济措施。

10. 下列各项措施中，不属于施工项目质量控制的措施的是（　　）。
    A. 提高管理、施工及操作人员自身素质
    B. 提高施工的质量管理水平
    C. 尽可能采用先进的施工技术、方法和新材料、新工艺、新技术，保证进度目标实现
    D. 加强施工项目的过程控制

【答案】C

【解析】施工项目质量控制的措施：1) 提高管理、施工及操作人员自身素质；2) 建立完善的质量保证体系；3) 加强原材料质量控制；4) 提高施工的质量管理水平；5) 确保施工工序的质量；6) 加强施工项目的过程控制。

11. 施工项目过程控制中，加强专项检查，包括自检、（　　）、互检。
A. 专检　　　　B. 全检　　　　C. 交接检　　　　D. 质检

【答案】A

【解析】加强专项检查，包括自检、专检、互检，及时解决问题。

12. 下列措施中，不属于施工项目安全控制的措施的是（　　）。
A. 组织措施　　B. 技术措施　　C. 管理措施　　D. 经济措施

【答案】C

【解析】施工项目安全控制的措施：安全制度措施、安全组织措施、安全技术措施。

13. 下列措施中，不属于施工准备阶段的安全技术措施的是（　　）。
A. 技术准备　　B. 物资准备　　C. 资金准备　　D. 施工队伍准备

【答案】C

【解析】施工准备阶段的安全技术措施有：技术准备、物资准备、施工现场准备、施工队伍准备。

14. 施工项目目标控制包括：施工项目进度控制、施工项目质量控制、（　　）、施工项目安全控制四个方面。
A. 施工项目管理控制　　　　B. 施工项目成本控制
C. 施工项目人力控制　　　　D. 施工项目物资控制

【答案】B

【解析】施工项目目标控制包括：施工项目进度控制、施工项目质量控制、施工项目成本控制、施工项目安全控制四个方面。

三、多选题

1. 下列工作中，属于施工阶段的有（　　）。
A. 组建项目经理部
B. 严格履行合同，协调好与建设单位、监理单位、设计单位等相关单位的关系
C. 项目经理组织编制《施工项目管理实施规划》
D. 项目经理部编写开工报告
E. 管理施工现场，实现文明施工

【答案】BE

【解析】施工阶段的目标是完成合同规定的全部施工任务，达到交工验收条件。该阶段的主要工作由项目经理部实施。其主要工作包括：1）做好动态控制工作，保证质量、进度、成本、安全目标的合理全面；2）管理施工现场，实现文明施工；3）严格履行合同，协调好与建设单位、监理单位、设计单位等相关单位的关系；4）处理好合同变更及索赔；5）做好记录、检查、分析和改进工作。

2. 下列各项中，不属于施工项目管理的内容的是（　　）。
A. 建立施工项目管理组织　　　　B. 编制《施工项目管理目标责任书》
C. 施工项目的生产要素管理　　　　D. 施工项目的施工情况的评估
E. 施工项目的信息管理

【答案】BD

【解析】施工项目管理包括以下八方面内容：建立施工项目管理组织、编制施工项目管理规划、施工项目的目标控制、施工项目的生产要素管理、施工项目的合同管理、施工项目的信息管理、施工现场的管理、组织协调等。

3. 下列各部门中，不属于项目经理部可设置的是（　　）。
A. 经营核算部门　　　　　　　　B. 物资设备供应部门
C. 设备检查检测部门　　　　　　D. 测试计量部门
E. 企业工程管理部门

【答案】CE

【解析】一般项目经理部可设置经营核算部门、技术管理部门、物资设备供应部门、质量安全监控管理部门、测试计量部门等5个部门。

4. 下列关于施工项目目标控制的措施说法错误的是（　　）。
A. 建立完善的工程统计管理体系和统计制度属于信息管理措施
B. 主要有组织措施、技术措施、合同措施、经济措施和管理措施
C. 落实施工方案，在发生问题时，能适时调整工作之间的逻辑关系，加快实施进度属于技术措施
D. 签订并实施关于工期和进度的经济承包责任制属于合同措施
E. 落实各级进度控制的人员及其具体任务和工作责任属于组织措施

【答案】BD

【解析】施工项目进度控制的措施主要有组织措施、技术措施、合同措施、经济措施和信息管理措施等。组织措施主要是指落实各层次的进度控制的人员及其具体任务和工作责任，建立进度控制的组织系统；按着施工项目的结构、进展的阶段或合同结构等进行项目分解，确定其进度目标，建立控制目标体系；建立进度控制工作制度，如定期检查时间、方法，召开协调会议时间、参加人员等，并对影响实际施工进度的主要因素分析和预测，制订调整施工实际进度的组织措施。技术措施主要是指应尽可能采用先进的施工技术、方法和新材料、新工艺、新技术，保证进度目标实现；落实施工方案，在发生问题时，能适时调整工作之间的逻辑关系，加快实施进度。合同措施是指以合同形式保证工期进度的实现，即保持总进度控制目标与合同总工期相一致；分包合同的工期与总包合同的工期相一致；供货、供电、运输、构件加工等合同规定的提供服务时间与有关的进度控制目标相一致。经济措施是指要制订切实可行的实现进度计划进度所必需的资金保证措施，包括落实进度目标的保证资金；签订并实施关于工期和进度的经济承包责任制；建立并实施关于工期和进度的奖惩制度。信息管理措施是指建立完善的工程统计管理体系和统计制度，详细、准确、定时地收集有关工程实际进度情况的资料和信息，并进行整理统计，得出工程施工实际进度完成情况的各项指标，将其与施工计划进度的各项指标比较，定期地向建设单位提供比较报告。

5. 以下属于施工项目资源管理的内容的是（　　）。
A. 劳动力　　　　　　　　　　　B. 材料
C. 技术　　　　　　　　　　　　D. 机械设备
E. 施工现场

【答案】ABCD

【解析】施工项目资源管理的内容：劳动力、材料、机械设备、技术、资金。

6. 以下各项中不属于施工资源管理的任务的是（　　）。
A. 规划及报批施工用地
B. 确定资源类型及数量
C. 确定资源的分配计划
D. 建立施工现场管理组织
E. 施工资源进度计划的执行和动态调整

【答案】AD

【解析】施工资源管理的任务：确定资源类型及数量；确定资源的分配计划；编制资源进度计划；施工资源进度计划的执行和动态调整。

7. 以下各项中属于施工现场管理的内容的是（　　）。
A. 落实资源进度计划
B. 设计施工现场平面图
C. 建立文明施工现场
D. 施工资源进度计划的动态调整
E. 及时清场转移

【答案】BCE

【解析】施工项目现场管理的内容：1）规划及报批施工用地；2）设计施工现场平面图；3）建立施工现场管理组织；4）建立文明施工现场；5）及时清场转移。

第六章 建筑力学

一、判断题

1. 力是物体之间相互的机械作用,这种作用的效果是使物体的运动状态发生改变,而无法改变其形态。

【答案】错误

【解析】力是物体之间相互的作用,其结果可使物体的运动状态发生改变,或使物体发生变形。

2. 两个物体之间的作用力和反作用力,总是大小相等,方向相反,沿同一直线,并同时作用在任意一个物体上。

【答案】正确

【解析】两个物体之间的作用力和反作用力,总是大小相等,方向相反,沿同一直线,并分别作用在这两个物体上。

3. 若物体相对于地面保持静止或匀速直线运动状态,则物体处于平衡。

【答案】正确

【解析】作用在同一物体上的两个力使物体平衡的必要和充分条件是:这两个力大小相等,方向相反,且作用在同一直线上。

4. 物体受到的力一般可以分为两类:荷载和约束。

【答案】正确

【解析】物体受到的力一般可以分为两类:一类是使物体运动或使物体有运动趋势,称为主动力,如重力、水压力等,主动力在工程上称为荷载;另一类是对物体的运动或运动趋势起限制作用的力,称为被动力,被动力称为约束。

5. 约束反力的方向总是与约束的方向相反。

【答案】错误

【解析】约束反力的方向总是与约束所能限制的运动方向相反。

6. 画受力图时,应该依据主动力的作用方向来确定约束反力的方向。

【答案】正确

【解析】画受力图的步骤如下:首先明确分析对象,画出分析对象的分离简图;然后在分离体上画出全部主动力;最后在分离体上画出全部的约束反力,注意约束反力与约束应相互对应。

7. 墙对雨篷的约束为固定铰支座。

【答案】错误

【解析】雨篷、挑梁的一端嵌入墙里,此时墙的约束既限制物体沿任何方向移动,同时又限制物体的转动,这种约束称为固定端支座。

8. 柔体约束的约束反力为压力。

【答案】错误

【解析】由于柔体约束只能限制物体沿柔体约束的中心线离开约束的运动，所以柔体约束的约束反力必然沿柔体的中心线而背离物体，即拉力。

9. 链杆可以受到拉压、弯曲、扭转。

【答案】错误

【解析】链杆是二力杆，只能受拉或受压。

10. 梁通过混凝土垫块支承在砖柱上，不计摩擦时可视为可动铰支座。

【答案】正确

【解析】梁通过混凝土垫块支承在砖柱上，不计摩擦时可视为可动铰支座。

11. 变形固体的基本假设是为了使计算简化，但会影响计算和分析结果。

【答案】错误

【解析】为了使计算简化，往往要把变形固体的某些性质进行抽象化和理想化，作一些必要的假设，同时又不影响计算和分析结果。

12. 轴线为直线的杆称为等直杆。

【答案】错误

【解析】轴线为直线、横截面相同的杆称为等直杆。

13. 限制变形的要求即为刚度要求。

【答案】错误

【解析】限制过大变形的要求即为刚度要求。

14. 压杆的柔度越大，压杆的稳定性越差。

【答案】正确

【解析】刚度是抵抗变形的能力，稳定性就是构件保持原有平衡状态的能力。而柔度就是变形的能力，柔度越大，稳定性就越差。

15. 所受最大力大于临界压力，受压杆件保持稳定平衡状态。

【答案】错误

【解析】对于受压杆件，要保持稳定平衡状态，就要满足所受最大力小于临界压力。

16. 在任何条件下，应力越大应变一定越大。

【答案】错误

【解析】实验表明，应力和应变之间存在着一定的物理关系，在一定条件下，应力与应变成正比，这就是胡克定律。而一定的条件即材料的受力面积相同，且材料处在弹性变形阶段，非此条件下均不成立。

17. 构件上一点处沿某方向上的正应力为零，则该方向上的线应变也为零。

【答案】错误

【解析】垂直于截面的应力称为正应力。为了避免杆件长度影响，用单位长度上的变形量反映变形的程度，称为线应变。

二、单选题

1. 图示为一轴力杆，其中最大的拉力为（　　）。
A. 12kN B. 20kN C. 8kN D. 13kN

【答案】B

【解析】作用在刚体上的力可沿其作用线移动到刚体内的任意一点,而不改变原力对刚体的作用效应。沿轴线向右的拉力为 8+12=20kN,沿轴线向左的拉力为 7kN,则最大的拉力为 20kN。

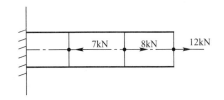

2. 刚体受三力作用而处于平衡状态,则此三力的作用线（ ）。

A. 必汇交于一点　　　　　　B. 必互相平行
C. 必皆为零　　　　　　　　D. 必位于同一平面内

【答案】A

【解析】一刚体受共面不平行的三个力作用而平衡时,这三个力的作用线必汇交于一点,即满足三力平衡汇交定理。

3. 只适用于刚体的静力学公理有（ ）。

A. 作用力与反作用力公理　　B. 二力平衡公理
C. 加减平衡力系公理　　　　D. 力的可传递性原理

【答案】C

【解析】静力学公理：作用力与反作用力公理,二力平衡公理,加减平衡力系公理。加减平衡力系公理和力的可传递性原理都只适用于刚体。

4. 加减平衡力系公理适用于（ ）。

A. 变形体　　　　　　　　　B. 刚体
C. 任意物体　　　　　　　　D. 由刚体和变形体组成的系统

【答案】B

【解析】加减平衡力系公理和力的可传递性原理都只适用于刚体。

5. 如图所示杆 ABC,其正确的受力图为（ ）。

A. 图（a）　　B. 图（b）　　C. 图（c）　　D. 图（d）

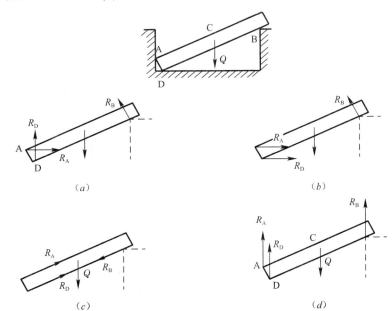

【答案】 A

【解析】 在进行受力分析时，当约束被人为地解除时，必须在接触点上用一个相应的约束反力来代替。在物体的受力分析中，通常把被研究物体的约束全部解除后单独画出，称为脱离体。把全部主动力和约束反力用力的图示表示在分离体上，这样得到的图形，成为受力图。

6. 约束对物体运动的限制作用是通过约束对物体的作用力实现的，通常将约束对物体的作用力称为（　　）。
   A. 约束　　　　B. 约束反力　　　　C. 荷载　　　　D. 被动力

【答案】 B

【解析】 约束对物体运动的限制作用是通过约束对物体的作用力实现的，通常将这种力称为约束反力，简称反力，约束反力的方向总是与约束所能限制的运动方向相反。

7. 只限物体任何方向移动，不限制物体转动的支座称（　　）支座。
   A. 固定铰　　　　B. 可动铰　　　　C. 固定端　　　　D. 光滑面

【答案】 A

【解析】 用光滑圆柱铰链将物体与支承面或固定机架连接起来，称为固定铰支座。在固定铰支座的座体与支承面之间加辊轴就成为可动铰支座。雨篷、挑梁的一端嵌入墙里，此时墙的约束既限制它沿任何方向移动，同时又限制它的转动，这种约束称为固定端支座。

8. 由绳索、链条、胶带等柔体构成的约束称为（　　）。
   A. 光滑面约束　　B. 柔体约束　　C. 链杆约束　　D. 固定端约束

【答案】 B

【解析】 由绳索、链条、胶带等柔体构成的约束称为柔体约束。

9. 光滑面对物体的约束反力，作用在接触点处，其方向沿接触面的公法线（　　）。
   A. 指向受力物体，为压力　　　　B. 指向受力物体，为拉力
   C. 背离受力物体，为拉力　　　　D. 背离受力物体，为压力

【答案】 A

【解析】 光滑接触面对物体的约束反力一定通过接触点，沿该点的公法线方向指向被约束物体，即为压力或支持力。

10. 固定端支座不仅可以限制物体的（　　），还能限制物体的（　　）。
    A. 运动，移动　　B. 移动，活动　　C. 转动，活动　　D. 移动，转动

【答案】 D

【解析】 约束既限制物体沿任何方向移动，同时又限制物体的转动。

11. 一力 F 的大小为 80kN，其在 x 轴上的分力大小为 40kN，力 F 与 x 轴的夹角应为（　　）。
    A. 60°　　　　B. 30°　　　　C. 90°　　　　D. 无法确定

【答案】 A

【解析】 根据力在坐标轴上的投影公式：$F_x = F\cos\alpha$，即 $40 = 80\cos\alpha$，则 $\alpha = 60°$。

12. 两个大小为 3N、4N 的力合成一个力时，此合力最大值为（　　）。
    A. 5N　　　　B. 7N　　　　C. 12N　　　　D. 1N

【解析】当两力在坐标轴上方向相反时，合力最小为1N；当两力在坐标轴上方向相同时，合力最大为7N。

13. 某简支梁 AB 受载荷如图所示，现分别用 R_A、R_B 表示支座 A、B 处的约束反力，则它们的关系为（　　）。

   A. $R_A<R_B$　　　　　　B. $R_A>R_B$
   C. $R_A=R_B$　　　　　　D. 无法比较

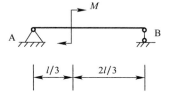

【答案】C

【解析】平面力偶系的平衡条件为：平面力偶系中各个力偶的代数和等于零。因此，为了平衡力矩 M 产生的影响，支座 A、B 处会有一对力偶，则 $R_A=R_B$。

14. 构件在外力作用下平衡时，可以利用（　　）。

   A. 平衡条件求出所有未知力　　　B. 平衡条件求出某些未知力
   C. 力系的简化求未知力　　　　　D. 力系的合成或分解求未知力

【答案】B

【解析】平面交汇力系有两个独立的方程，可以求解两个未知数。平面平行力系有两个独立的方程，所以也只能求解两个未知数。

15. 物体在一个力系作用下，此时只能（　　）不会改变原力系对物体的外效应。

   A. 加上由二个力组成的力系　　　B. 去掉由二个力组成的力系
   C. 加上或去掉由二个力组成的力系　D. 加上或去掉另一平衡力系

【答案】D

【解析】在刚体内，力沿其作用线滑移，其作用效应不改变。作用于刚体上的力，可以平移到刚体上任意一点，必须附加一个力偶才能与原力等效，附加的力偶矩等于原力对平移点之矩。

16. 平面一般力系向一点 O 简化结果，得到一个主矢量 R' 和一个主矩 m_0，下列四种情况，属于平衡的应是（　　）。

   A. $R'\neq 0$，$m_0=0$　　　　B. $R'=0$，$m_0=0$
   C. $R'\neq 0$，$m_0\neq 0$　　D. $R'=0$，$m_0\neq 0$

【答案】B

【解析】作用于刚体上的力，可以平移到刚体上任意一点，必须附加一个力偶才能与原力等效，附加的力偶矩等于原力对平移点之矩。

17. 图示平面结构，正方形平板与直角弯杆 ABC 在 C 处铰接。平板在板面内受矩为 $M=8N\cdot m$ 的力偶作用，若不计平板与弯杆的重量，则当系统平衡时，直角弯杆对板的约束反力大小为（　　）。

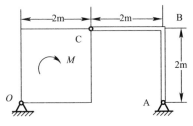

   A. 2N　　　B. 4N　　　C. 2N　　　D. 4N

【答案】C

【解析】根据平面一般力系的平衡条件：平面一般力系中各力在两个任选的直角坐标轴上的投影的代数和分别等于零，以及各力对任意一点之矩的代数和也等于零。即直角弯杆 ABC 对正方形平板也有矩为 $M'=8\text{N}\cdot\text{m}$ 的力偶作用，方向相反。力臂为 $L_{AC}=2\text{m}$，则约束反力 $F=M'/L_{AC}=2\text{N}$。

18. 一个物体上的作用力系，满足（　　）条件，就称这种力系称为平面汇交力系。

  A. 作用线都在同一平面内，且汇交于一点

  B. 作用线都在同一平面内，但不交于一点

  C. 作用线在不同一平面内，且汇交于一点

  D. 作用线在不同一平面内，且不交于一点

【答案】A

【解析】平面汇交力系：如果平面汇交力系中的各力作用线都汇交于一点 O，则式中 $\sum m_O(F)=0$，即平面汇交力系的平衡条件为力系的合力为零，其平衡方程为：$\sum F_x=0$；$\sum F_y=0$。

19. 保持力偶矩的大小、转向不变，力偶在作用平面内任意转移，则刚体的转动效应（　　）。

  A. 变大   B. 变小

  C. 不变   D. 变化，但不能确定变大还是变小

【答案】C

【解析】力偶对物体的作用效应只有转动效应，而转动效应由力偶的大小和转向来度量。

20. 图示结构，由 AB、BC 两杆组成，根据它们的受力特点，应属于（　　）。

  A. AB、BC 两杆均为弯曲变形   B. AB、BC 两杆均为拉伸变形

  C. AB 杆为抽伸变形   D. BC 杆为拉伸变形

【答案】D

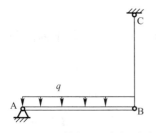

【解析】轴向拉伸与压缩：这种变形是在一对大小相等、方向相反、作用线与杆轴线重合的外力作用下，杆件产生长度改变（伸长与缩短）。弯曲：这种变形是在横向力或一对大小相等、方向相反、位于杆的纵向平面内的力偶作用下，杆的轴线由直线弯曲成曲线。AB 杆受到均布荷载作用，会发生弯曲；BC 杆受到 AB 杆的竖直向下的力，发生拉伸变形。

21. 某杆的受力形式示意图如下，该杆件的基本受力形式为（　　）。

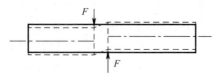

  A. 拉伸   B. 剪切   C. 扭转   D. 弯曲

【答案】B

【解析】剪切：这种变形是在一对相距很近、大小相等、方向相反、作用线垂直于杆轴线的外力作用下，杆件的横截面沿外力方向发生的错动。

22. 构件抵抗变形的能力是（ ）。
A. 弯曲 B. 刚度 C. 挠度 D. 扭转

【答案】B

【解析】刚度是构件抵抗变形的能力。

23. 构件保持原有平衡状态的能力是（ ）。
A. 弯曲 B. 刚度 C. 稳定性 D. 扭转

【答案】C

【解析】稳定性是构件保持原有平衡状态的能力。

24. 对于应力，有以下四种说法，其中错误的是（ ）。
A. 一点处的内力集度称为应力，记作 P，P 称为总应力
B. 总应力 P 垂直于截面方向的分量 σ 称为正应力
C. 总应力 P 与截面相切的分量 τ 称为剪应力
D. 剪应力 τ 的作用效果使相邻的截面分离或接近

【答案】D

【解析】应力是内力在某一点的分布集度。垂直于截面的应力称为正应力，用 σ 表示；相切于截面的应力称为切应力，用 τ 表示。

25. 轴向拉（压）时横截面上的正应力（ ）分布。
A. 均匀 B. 线性 C. 假设均匀 D. 抛物线

【答案】A

【解析】应力是单位面积上内力，是内力在某一点的分布集度。垂直于截面的应力称为正应力。在轴向拉（压）时内力在某一点的分布集度不变，横截面上的正应力均匀分布。

26. 拉压胡克定律的另一表达式为（ ）。
A. $\sigma = \dfrac{F_N}{A}$ B. $\omega = \dfrac{\Delta l}{l}$ C. $\left|\dfrac{\omega'}{\omega}\right| = \mu$ D. $\Delta l = \dfrac{F_N l}{EA}$

【答案】D

【解析】应力公式，线应变公式，带入胡克定律，可知选D。

27. 假设固体内部各部分之间的力学性质处处相同，为（ ）。
A. 均匀性假设 B. 连续性假设
C. 各向同性假设 D. 小变形假设

【答案】A

【解析】均匀性假设：即假设固体内部各部分之间的力学性质都相同。

28. 常用的应力单位是兆帕（MPa），1MPa＝（ ）。
A. 10^3N/m^2 B. 10^6N/m^2 C. 10^9N/m^2 D. 10^{12}N/m^2

【答案】B

【解析】在国际单位制中，应力的单位是帕斯卡，简称帕（Pa），1Pa＝1N/m²，1MPa＝10^6N/m^2。

29. 关于弹性体受力后某一方向的应力与应变关系，有如下论述正确的是（ ）。
A. 有应力一定有应变，有应变不一定有应力

B. 有应力不一定有应变，有应变不一定有应力
C. 有应力不一定有应变，有应变不一定有应力
D. 有应力一定有应变，应变一定有应力

【答案】B

【解析】单位面积上的内力称为应力。为了避免杆件长度影响，用单位长度上的变形量反映变形的程度，称为线应变。直角的改变量称为切应变。实验表明，应力和应变之间存在着一定的物理关系，在一定条件下，应力与应变成正比，这就是胡克定律。而一定的条件即材料的受力面积相同，且材料处在弹性变形阶段，非此条件下均不成立。因此，应力与应变没有必然联系。

三、多选题

1. 两物体间的作用和反作用力总是（　　）。
   A. 大小相等
   B. 方向相反
   C. 沿同一直线分别作用在这两个物体上
   D. 作用在同一物体上
   E. 方向一致

【答案】ABC

【解析】两个物体之间的作用力和反作用力，总是大小相等，方向相反，沿同一条直线，并分别作用在这两个物体上。

2. 对力的基本概念表述正确的是（　　）。
   A. 力总是成对出现的，分为作用力和反作用力
   B. 力是矢量，既有大小又有方向
   C. 根据力的可传性原理，力的大小、方向不变，作用点发生改变，力对刚体的作用效应不变
   D. 力的三要素中，力的任一要素发生改变时，都会对物体产生不同的效果
   E. 在国际单位制中，力的单位为牛顿（N）或千牛顿（kN）

【答案】ABDE

【解析】力总是成对出现的，分为作用力和反作用力。力是矢量，既有大小又有方向。力的三要素中，力的任一要素发生改变时，都会对物体产生不同的效果。根据力的可传性原理，力对刚体的作用效应与力的作用点在作用线的位置无关。在国际单位制中，力的单位为牛顿（N）或千牛顿（kN）。

3. 力的作用效果包括（　　）。
   A. 强度效果　　　　　　　B. 刚度效果
   C. 运动效果　　　　　　　D. 变形效果
   E. 稳定效果

【答案】CD

【解析】力是物体之间相互的作用，其结果可使物体的运动状态发生改变，或使物体发生变形。

4. 下列各力为主动力的是（　　）。
   A. 重力
   B. 水压力
   C. 摩擦力
   D. 静电力
   E. 挤压力

【答案】 ABD

【解析】 物体受到的力一般可以分为两类：一类是使物体运动或使物体有运动趋势，称为主动力，如重力、水压力等，主动力在工程上称为荷载；另一类是对物体的运动或运动趋势起限制作用的力，称为被动力。

5. 下列约束反力的特点正确的是（　　）。
   A. 通常主动力是已知的
   B. 通常约束反力是未知的
   C. 约束反力的方向总是与约束所能限制的运动方向相反
   D. 约束即为约束反力
   E. 约束反力的作用点在物体与约束相接触的那一点

【答案】 ABC

【解析】 约束对物体运动的限制作用是通过约束对物体的作用力实现的，通常将这种力称为约束反力，简称反力，约束反力的方向总是与约束所能限制的运动方向相反。通常主动力是已知的，约束反力是未知的。

6. 下列约束类型正确的有（　　）。
   A. 柔体约束
   B. 圆柱铰链约束
   C. 可动铰支座
   D. 可动端支座
   E. 固定铰支座

【答案】 ABCE

【解析】 约束类型有：柔体约束、光滑接触面约束、圆柱铰链约束、链杆约束、固定铰支座、可动铰支座、固定端支座。

7. 下列关于平面汇交力系的说法正确的是（　　）。
   A. 各力的作用线不汇交于一点的力系，称为平面一般力系
   B. 力在 x 轴上投影绝对值为 $F_X=F\cos\alpha$
   C. 力在 y 轴上投影绝对值为 $F_Y=F\cos\alpha$
   D. 合力在任意轴上的投影等于各分力在同一轴上投影的代数和
   E. 力的分解即为力的投影

【答案】 BD

【解析】 各力作用线即不完全平行又不完全汇交的力系，称为平面一般力系。力在 x 轴上投影绝对值为 $F_X=F\cos\alpha$。力在 y 轴上投影绝对值为 $F_Y=F\sin\alpha$。合力在任意轴上的投影等于各分力在同一轴上投影的代数和。力的分解和力的投影既有根本的区别又有密切联系，分力是矢量，而投影为代数量；分力的大小等于该力在坐标轴上投影的绝对值，投影的正负号反映了分力指向。

8. 合力与分力之间的关系，正确的说法为（　　）。
   A. 合力一定比分力大

B. 两个分力夹角越小合力越大

C. 合力不一定比分力大

D. 两个分力夹角（锐角范围内）越大合力越小

E. 分力方向相同时合力最小

【答案】BCD

【解析】合力在任意轴上的投影等于各分力在同一轴上投影的代数和。

9. 力偶的特性是（　　）。

　　A. 两个力的大小相等　　　　　　B. 两个力的方向相反

　　C. 两个力的大小不等　　　　　　D. 两个力的方向相同

　　E. 两个力的作用线平行

【答案】AB

【解析】力偶：把作用在同一物体上大小相等、方向相反但不共线的一对平行力组成的力系称为力偶，记为（F，F′）。

10. 有关力偶的性质叙述错误的是（　　）。

　　A. 力偶对任意点取矩都等于力偶矩，不因矩心的改变而改变。

　　B. 力偶有合力，力偶可以用一个合力来平衡。

　　C. 只要保持力偶矩不变，力偶可在其作用面内任意移转，对刚体的作用效果不变。

　　D. 只要保持力偶矩不变，可以同时改变力偶中力的大小与力偶臂的长短。

　　E. 作用在同一物体上的若干个力偶组成一个力偶系。

【答案】BCE

【解析】力偶无合力，不能与一个力平衡和等效，力偶只能用力偶来平衡。力偶对其平面内任意点之矩，恒等于其力偶矩，而与矩心的位置无关。平面力偶的合成：作用在同一物体上的若干个力偶组成一个力偶系，若力偶系的各力偶均作用在同一平面内，则称为平面力偶系。力偶对物体的作用效应只有转动效应，而转动效应由力偶的大小和转向来度量。

11. 变形固体的基本假设主要有（　　）。

　　A. 均匀性假设　　　　　　　　　B. 连续性假设

　　C. 各向同性假设　　　　　　　　D. 小变形假设

　　E. 各向异性假设

【答案】ABCD

【解析】变形固体的基本假设主要有均匀性假设、连续性假设、各向同性假设、小变形假设。

12. 在工程结构中，杆件的基本受力形式有（　　）。

　　A. 轴向拉伸与压缩　　　　　　　B. 弯曲

　　C. 翘曲　　　　　　　　　　　　D. 剪切

　　E. 扭转

【答案】ABDE

【解析】在工程结构中，杆件的基本受力形式有以下四种：1) 轴向拉伸与压缩；2) 弯曲；3) 剪切；4) 扭转。

13. 影响弯曲变形（位移）的因素为（　　）。

A. 材料性能 B. 稳定性
C. 截面大小和形状 D. 构件的跨度
E. 可恢复弹性范围

【答案】ACD

【解析】影响弯曲变形（位移）的因素为：1）材料性能；2）截面大小和形状；3）构件的跨度。

14. 杆件的应力与杆件的（　　）有关。
A. 外力 B. 材料 C. 截面 D. 杆长
E. 弹性模量

【答案】AC

【解析】单位面积上的内力称为应力，因此与外力和截面有关。

15. 下列结论不正确的是（　　）。
A. 杆件某截面上的内力是该截面上应力的代数和
B. 杆件某截面上的应力是该截面上内力的平均值
C. 应力是内力的集度
D. 内力必大于应力
E. 垂直于截面的力称为正应力

【答案】ABD

【解析】内力表示的是整个截面的受力情况。单位面积上的内力称为应力。它是内力在某一点的分布集度。垂直于截面的应力称为正应力，用 σ 表示。

16. 横截面面积相等、材料不同的两等截面直杆，承受相同的轴向拉力，则两杆的（　　）。
A. 轴力相同 B. 横截面上的正应力也相同
C. 轴力不同 D. 横截面上的正应力也不同
E. 线应变相同

【答案】AB

【解析】内力的分布通常用单位面积上的内力大小来表示，我们将单位面积上的内力称为应力。它是内力在某一点的分布集度。垂直于截面的应力称为正应力，用 σ 表示。用单位长度的变形量反映变形的程度，称为线应变。

17. 对于在弹性范围内受力的拉（压）杆，以下说法中，（　　）是正确的。
A. 长度相同、受力相同的杆件，抗拉（压）刚度越大，轴向变形越小
B. 材料相同的杆件，正应力越大，轴向正应变也越大
C. 杆件受力相同，横截面面积相同但形状不同，其横截面上轴力相等
D. 正应力是由于杆件所受外力引起的，故只要所受外力相同，正应力也相同
E. 质地相同的杆件，应力越大，应变也越大

【答案】ABC

【解析】内力的分布通常用单位面积上的内力大小来表示，我们将单位面积上的内力称为应力。它是内力在某一点的分布集度。垂直于截面的应力称为正应力，用 σ 表示。用单位长度的变形量反映变形的程度，称为线应变。

第七章 建筑构造与建筑结构

一、判断题

1. "倒铺法"保温是将保温层设置在防水层之上。

【答案】正确

【解析】将保温层设置在防水层上面,这种做法又称为"倒置式保温屋面",对保温材料有特殊要求,应当使用具有吸湿性低、耐气候性强的憎水材料作为保温层,并在保温层上加设钢筋混凝土、卵石、砖等较重的覆盖层。

2. "倒铺法"保温的构造层次依次是保温层、防水层、结构层。

【答案】正确

【解析】将保温层设置在防水层上面,这种做法又称为"倒置式保温屋面",对保温材料有特殊要求,应当使用具有吸湿性低、耐气候性强的憎水材料作为保温层,并在保温层上加设钢筋混凝土、卵石、砖等较重的覆盖层。

3. 分仓缝不宜设在结构变形敏感的部位。

【答案】错误

【解析】分仓缝应设置在预期变形较大的部位(如装配式结构面板的支承端、预制板的纵向接缝处、屋面的转折处、屋面与墙的交界处),间距一般应控制在6m以内,严寒地区缝的间距应适当减小,分仓缝处的钢筋网片应断开。

4. 泛水要具有足够的高度,一般不小于100mm。

【答案】错误

【解析】泛水构造:凡是防水层与垂直墙面的交界处,如女儿墙、山墙、通风道、楼梯间及电梯室出屋面等部位均要做泛水处理,高度一般不小于250mm,如条件允许时一般都做得稍高一些。

5. 泛水的高度不能小于250mm。

【答案】正确

【解析】泛水构造:凡是防水层与垂直墙面的交界处,如女儿墙、山墙、通风道、楼梯间及电梯室出屋面等部位均要做泛水处理,高度一般不小于250mm,如条件允许时一般都做得稍高一些。

6. 分仓缝一般设置在预制板的支承端、屋面的转折处、板与墙的交接处。

【答案】正确

【解析】分仓缝应设置在预期变形较大的部位(如装配式结构面板的支承端、预制板的纵向接缝处、屋面的转折处、屋面与墙的交界处),间距一般应控制在6m以内,严寒地区缝的间距应适当减小,分仓缝处的钢筋网片应断开。

7. 挑檐常用于有组织排水。

【答案】错误

【解析】挑檐：常用于自由排水，有时也用于降水量小的地区低层建筑的有组织排水。

8. 为了避免因不均匀沉降造成的相互影响，沉降缝的基础应断开。

【答案】正确

【解析】沉降缝把建筑分成在结构上和构造上完全独立的若干个单元。除了屋顶、楼板、墙体和梁柱在结构与构造上要完全独立之外，基础也要完全独立。

9. 沉降缝与伸缩缝的主要区别在于墙体是否断开。

【答案】错误

【解析】伸缩缝在结构和构造上要完全独立，屋顶、楼板、墙体和梁柱要成为独立的结构与构造单元。由于基础埋至在地下，基本不受气温变化的影响，因此仍然可以连在一起。沉降缝把建筑分成在结构上和构造上完全独立的若干个单元。除了屋顶、楼板、墙体和梁柱在结构与构造上要完全独立之外，基础也要完全独立。

10. 沉降缝与伸缩缝的主要区别在于基础是否断开。

【答案】正确

【解析】伸缩缝在结构和构造上要完全独立，屋顶、楼板、墙体和梁柱要成为独立的结构与构造单元。由于基础埋至在地下，基本不受气温变化的影响，因此仍然可以连在一起。沉降缝把建筑分成在结构上和构造上完全独立的若干个单元。除了屋顶、楼板、墙体和梁柱在结构与构造上要完全独立之外，基础也要完全独立。

11. 沉降缝是为了防止不均匀沉降对建筑带来的破坏作用而设置的，其缝宽应大于100mm。

【答案】错误

【解析】设置沉降缝可以有效地避免建筑不均匀沉降带来的破坏作用。缝的宽度与地基的性质、建筑预期沉降量的大小以及建筑高低分界处的共同高度有关，一般不小于30mm。

12. 伸缩缝可代替沉降缝。

【答案】错误

【解析】因为沉降缝在构造上已经完全具备了伸缩缝的特点，因此沉降缝可以代替伸缩缝发挥作用，反之不行。

13. 抗震缝要求从基础开始到屋顶全部断开。

【答案】错误

【解析】地震发生时，建筑的底部分受地震影响较小，因此抗震缝的基础一般不需要断开。

14. 抗震缝的设置是为了预防地基不均匀沉降对建筑物的不利影响而设计的。

【答案】错误

【解析】抗震缝的作用：是为了提高建筑的抗震能力，避免或减少地震对建筑的破坏作用而设置的一种构造措施，也是目前行之有效的建筑抗震措施之一。

15. 为了避免因不均匀沉降造成的相互影响，沉降缝的基础应断开。

【答案】正确

【解析】设置沉降缝可以有效地避免建筑不均匀沉降带来的破坏作用。沉降缝把建筑分成在结构上和构造上完全独立的若干个单元。除了屋顶、楼板、墙体和梁柱在结构与构造上要完全独立之外，基础也要完全独立。

16. 建筑物的防震和抗震可从设置抗震缝和对建筑进行抗震加固两方面考虑。

【答案】正确

【解析】抗震缝的作用：是为了提高建筑的抗震能力，避免或减少地震对建筑的破坏作用而设置的一种构造措施，也是目前行之有效的建筑抗震措施之一。

17. 水磨石地面属于铺贴类地面的一种。

【答案】错误

【解析】整体地面：用现场浇筑或涂抹的施工方法做成的地面称为整体地面。常见的有水泥砂浆地面、水磨石地面等。

18. 水磨石地面属于喷涂类地面的一种。

【答案】错误

【解析】整体地面：用现场浇筑或涂抹的施工方法做成的地面称为整体地面。常见的有水泥砂浆地面、水磨石地面等。

19. 陶瓷地砖楼地面不属于块材式楼地面。

【答案】错误

【解析】块材地面：是指利用各种块材铺贴而成的地面，按面层材料不同有陶瓷类板块地面、石板地面、木地面等。

20. 一般内墙抹灰的厚度15~20mm是一次完成的。

【答案】错误

【解析】抹灰类墙面在施工时一般要分层操作，普通抹灰分底层和面层两遍成活；对一些标准比较高的中高级抹灰，要在底层和面层之间增加一个中间层，即三遍成活，总厚度一般控制在15~20mm。

21. 房间内设吊顶就是为了使顶棚平整、美观。

【答案】错误

【解析】吊顶棚：具有装饰效果好、变化多、可以改善室内空间比例、适应视听要求较高的厅堂要求以及方便布置设备管线的优点，在室内装饰要求较高的民用建筑中广泛应用。

22. 排架结构主要适用于吊车荷载较小的厂房。

【答案】错误

【解析】排架结构厂房可以设置起重量较大的吊车。

23. 连系梁若水平交圈可视为圈梁。

【答案】错误

【解析】圈梁：是单层厂房常见的构件，通常不承担上部墙体荷载，因此圈梁与柱子的连接与连系梁不同。

24. 基础梁的顶面标高应低于室内地面一定距离，以便在该处设置墙身防潮层。

【答案】正确

【解析】基础梁的顶面的标高一般为 $-0.050 \sim -0.060$ m，以便于在其上设置防潮层。

25. 轻钢结构具有建筑自重轻、结构和构造简单等优点。

【答案】正确

【解析】轻钢结构具有建筑自重轻、结构和构造简单、标准化和装配程度高、施工进度快、构件互换和可重复利用程度高等优点。

26. 螺栓在构件上排列应简单、统一、整齐而紧凑。

【答案】正确

【解析】螺栓在构件上排列应简单、统一、整齐而紧凑,通常分为并列和错列两种形式。

27. 钢梁的受力形式主要有轴向拉伸或压缩和偏心拉压。

【答案】错误

【解析】钢结构构件的应用主要包括钢柱和钢梁,其中钢柱的受力形式主要有轴向拉伸或压缩和偏心拉压,钢梁的受力形式主要有拉弯和压弯组合受力。

28. 砂浆是砌体的主要组成部分,通常占砌体总体积的78%以上。

【答案】错误

【解析】块材是砌体的主要组成部分,通常占砌体总体积的78%以上。

29. 提高砂浆强度等级,可以减少纵向弯曲,减少应力不均匀分部。

【答案】错误

【解析】砂浆强度等级:对于长柱,若提高砂浆强度等级,可以减少纵向弯曲,减少应力不均匀分部。

30. 砌体结构的构造是确保房屋结构整体性和结构安全的可靠措施。

【答案】正确

【解析】砌体结构的构造是确保房屋结构整体性和结构安全的可靠措施。

二、单选题

1. 基础承担建筑上部结构的(　　),并把这些(　　)有效低传给地基。
   A. 部分荷载,荷载　　　　　　　　B. 全部荷载,荷载
   C. 混凝土强度,强度　　　　　　　D. 混凝土耐久性,耐久性

【答案】B

【解析】基础承担建筑上部结构的全部载荷,并把这些荷载有效地传给地基。

2. 寒冷地区,承台梁下一般铺设(　　)的粗砂以防冻胀。
   A. 100～200mm　　　　　　　　　B. 250～350mm
   C. 150～250mm　　　　　　　　　D. 50～100mm

【答案】B

【解析】土壤冻深在600mm以上的地区,应在垫层下面设置300mm左右砂垫层。

3. 散水的坡度一般为(　　)。
   A. 3%～5%　　B. 1%～2%　　C. 0.5%～1%　　D. 无坡度

【答案】A

【解析】散水的宽度一般为600～1000mm,表面坡度一般为3%～5%。

4. 散水的宽度一般为(　　)。
   A. 300～500mm　　　　　　　　　B. 500～800mm

C. 600~1000mm D. 800~1000mm

【答案】C

【解析】散水的宽度一般为600~1000mm，表面坡度一般为3%~5%。

5. 砖墙、砌块墙、石墙和混凝土墙等是按照（　　）分的。
A. 承重能力 B. 砌墙材料
C. 墙体在建筑中的位置 D. 墙体的施工方式

【答案】B

【解析】按照砌墙材料可分为砖墙、砌块墙、石墙和混凝土墙等。

6. 下列材料中不可以用来做墙身防潮层的是（　　）。
A. 油毡 B. 防水砂浆 C. 细石混凝土 D. 碎砖灌浆

【答案】D

【解析】防潮层主要有三种常见的构造做法：卷材防潮层、砂浆防潮层、细石混凝土防潮层。

7. 当首层地面为实铺时，防潮层的位置通常选择在（　　）处。
A. -0.030m B. -0.040m C. -0.050m D. -0.060m

【答案】D

【解析】当首层地面为实铺时，防潮层的位置通常选择在-0.060m处，以保证隔潮的效果。

8. 钢筋混凝土过梁在洞口两侧伸入墙内的长度不小于（　　）。
A. 60mm B. 120mm C. 180mm D. 240mm

【答案】D

【解析】过梁在墙体的搁置长度一般不小于240mm。

9. 严寒或寒冷地区外墙中，采用（　　）过梁。
A. 矩形 B. 正方形 C. T形 D. L形

【答案】D

【解析】钢筋混凝土过梁的截面形式有矩形和L形两种。矩形截面的过梁一般用于内墙或南方地区的抹灰外墙（俗称混水墙）。L形截面的过梁多在严寒或寒冷地区外墙中采用，主要是避免在过梁处产生热桥。

10. 内墙或南方地区的抹灰外墙，采用（　　）过梁。
A. 矩形 B. 正方形 C. T形 D. L形

【答案】A

【解析】钢筋混凝土过梁的截面形式有矩形和L形两种。矩形截面的过梁一般用于内墙或南方地区的抹灰外墙（俗称混水墙）。L形截面的过梁多在严寒或寒冷地区外墙中采用，主要是避免在过梁处产生热桥。

11. 当墙厚$d>240$mm时，圈梁的宽度可以比墙体厚度（　　）。
A. 大 B. 小 C. 相同 D. 不同

【答案】B

【解析】当墙厚$d>240$mm时，圈梁的宽度可以比墙体厚度小，但应大于等于$2/3d$。

12. 保温材料设置在墙体的内侧，且保温材料不受外界因素的影响的复合墙体是

( )。
A. 中填保温材料复合墙体	B. 内保温复合墙体
C. 外保温复合墙体	D. 双侧保温材料复合墙体

【答案】B

【解析】内保温复合墙体优点是保温材料设置在墙体的内侧，保温材料不受外界因素的影响，保温效果可靠。缺点是冷热平衡界面比较靠内，当室外温度较低时容易在结构墙体内表面与保温材料外表面之间形成冷凝水，而且保温材料占室内的面积较多。

13. 在寒冷及严寒地区使用比较广泛的复合墙体是（ ）。
A. 中填保温材料复合墙体	B. 内保温复合墙体
C. 外保温复合墙体	D. 双侧保温材料复合墙体

【答案】C

【解析】外保温复合墙体：外保温外墙是现代建筑采用比较普遍的复合墙形式，尤其适合在寒冷及严寒地区使用。

14. 砖砌隔墙的墙体长度超过（ ）m或高度超过（ ）m时，应当采取加固措施。
A. 5，3	B. 6，4	C. 7，5	D. 8，6

【答案】A

【解析】砖砌隔墙：当墙体的长度超过5m或高度超过3m时，应当采取加固措施。

15. 最为常见的幕墙为（ ）。
A. 金属板幕墙	B. 玻璃幕墙	C. 陶瓷板幕墙	D. 石材幕墙

【答案】B

【解析】幕墙的面板可分为玻璃、金属板和石材。可以根据建筑的立面不同进行选择，既可以单一使用也可以混合使用，其中以玻璃幕墙最为常见。

16. 防潮构造：首先要在地下室墙体表面抹（ ）防水砂浆。
A. 30mm厚1：2	B. 25mm厚1：3
C. 30mm厚1：3	D. 20mm厚1：2

【答案】D

【解析】防潮构造：首先要在地下室墙体表面抹20mm厚1：2防水砂浆，地下室的底板也应做防潮处理，然后把地下室墙体外侧周边用透水性差的土壤分层回填夯实。

17. 大跨度工业厂房应用（ ）。
A. 钢筋混凝土楼板	B. 压型钢板组合楼板
C. 木楼板	D. 竹楼板

【答案】B

【解析】压型钢板组合楼板主要用于大空间民用建筑和大跨度工业厂房中。

18. 平面尺寸较小的房间应用（ ）楼板。
A. 板式楼板	B. 梁板式楼板	C. 井字楼板	D. 无梁楼板

【答案】A

【解析】板式楼板是将楼板现浇成一块整体平板，并用承重墙体支撑。这种楼板的底面平整、便于施工、传力过程明确，适用于平面尺寸较小的房间。

19. 下列对预制板的叙述错误的是（   ）。
A. 空心板是一种梁板结合的预制构件
B. 槽形板是一种梁板结合的构件
C. 结构布置时应优先选用窄板，宽板作为调剂使用
D. 预制板的板缝内用细石混凝土现浇

【答案】C

【解析】槽形板：两边设有边肋，是一种梁板合一的构件。空心板将楼板中部沿纵向抽孔形成空心，也是梁板合一构件。楼板搁置前应先在墙顶面用厚度不小于10mm的水泥砂浆坐浆，板端缝内需用细石混凝土或水泥砂浆灌实。C选项：结构布置时应优先选用宽板，窄板作为调剂使用。

20. 为了提高板的刚度，通常在板的两端设置（   ）封闭。
A. 中肋　　　　B. 劲肋　　　　C. 边肋　　　　D. 端肋

【答案】D

【解析】为了提高板的刚度，通常在板的两端设置端肋封闭。

21. 对于防水要求较高的房间，应在楼板与面层之间设置防水层，并将防水层沿周边向上泛起至少（   ）mm。
A. 100　　　　B. 150　　　　C. 200　　　　D. 250

【答案】B

【解析】对于防水要求较高的房间，还应在楼板与面层之间设置防水层，并将防水层沿周边向上泛起至少150mm。

22. 按楼梯使用性质分类的是（   ）。
A. 开敞楼梯间　　　　　　　B. 钢筋混凝土楼梯
C. 疏散楼梯　　　　　　　　D. 防烟楼梯间

【答案】C

【解析】按楼梯的使用性质可分为主要楼梯、辅助楼梯及消防楼梯。

23. 下列楼梯中属于按楼梯平面形式分类的为（   ）。
A. 辅助楼梯　　　　　　　　B. 封闭楼梯间
C. 双跑平行楼梯　　　　　　D. 主要楼梯

【答案】C

【解析】按楼梯的平面形式可分为单跑直楼梯、双跑直楼梯、双跑平行楼梯、三跑楼梯、双分平行楼梯、双合平行楼梯、转角楼梯、双分转角楼梯、交叉楼梯、剪刀楼梯、螺旋楼梯等。

24. 下列楼梯中不属于按楼梯平面形式分类的为（   ）。
A. 双跑平行楼梯　　　　　　B. 双分平行楼梯
C. 转角楼梯　　　　　　　　D. 室内楼梯

【答案】D

【解析】按楼梯的平面形式可分为单跑直楼梯、双跑直楼梯、双跑平行楼梯、三跑楼梯、双分平行楼梯、双合平行楼梯、转角楼梯、双分转角楼梯、交叉楼梯、剪刀楼梯、螺旋楼梯等。

25. 作为主要通行用的楼梯，梯段宽度应至少满足（　　）的要求。
   A. 单人携带物品通行　　　　　　B. 两人相对通行
   C. 1.5m　　　　　　　　　　　　D. 0.9m

【答案】B

【解析】通常情况下，作为主要通行用的楼梯，其梯段宽度应至少满足两个人相对通行（即梯段宽度大于等于2股人流）。

26. 每段楼梯的踏步数应在（　　）步。
   A. 2～18　　B. 3～24　　C. 2～20　　D. 3～18

【答案】D

【解析】我国规定每段楼梯的踏步数量应在3～18步的范围之内。

27. 坡度大于（　　）称之为爬梯。
   A. 38°　　B. 45°　　C. 60°　　D. 73°

【答案】B

【解析】坡度大于45°时称为爬梯，一般只在通往屋顶、电梯机房等非公共区域时采用。

28. 下列对楼梯的叙述正确的是（　　）。
   A. 楼梯是联系上下层的垂直交通设施
   B. 建筑中采用最多的是预制钢筋混凝土楼梯
   C. 楼梯是施工中要求较低的构件
   D. 任何情况下螺旋楼梯都不能作为疏散楼梯使用

【答案】A

【解析】垂直交通设施主要包括楼梯、电梯与自动扶梯。楼梯是连接各楼层的重要通道，是楼房建筑不可或缺的交通设施，应满足人们正常时的交通，紧急时安全疏散的要求。预制装配式钢筋混凝土楼梯：由于楼梯段的尺寸受水平和垂直两个方向尺度的影响，而且楼梯的平面形式多样，不易形成批量规模，因此目前应用不多。

29. 室外楼梯不宜使用的扶手是（　　）。
   A. 天然石材　　B. 工程塑料　　C. 金属型材　　D. 优质硬木

【答案】D

【解析】室外楼梯不宜使用木扶手，以免淋雨后变形和开裂。

30. 公共建筑室内外台阶踏步的踏面宽度不宜小于（　　）。
   A. 400mm　　B. 300mm　　C. 250mm　　D. 350mm

【答案】B

【解析】公共建筑踏步的踏面宽度不应小于300mm，踢面高度应为100～150mm。

31. 公共建筑室内外台阶踏步的踢面高度不宜大于（　　）。
   A. 180mm　　B. 120mm　　C. 150mm　　D. 200mm

【答案】C

【解析】公共建筑踏步的踏面宽度不应小于300mm，踢面高度应为100～150mm。

32. 不属于梁承式楼梯构件关系的是（　　）。
   A. 踏步板搁置在斜梁上　　　　　B. 平台梁搁置在两边侧墙上

C. 斜梁搁置在平台梁上　　　　　　D. 踏步板搁置在两侧的墙上

【答案】D

【解析】当楼梯间侧墙具备承重能力时，往往在楼梯段靠承重墙一侧不设斜梁，而由墙体支撑楼梯段，此时踏步板一端搁置在斜梁上，另一端搁置在墙上；当楼梯间侧墙为非承重墙或楼梯两侧临空时，斜梁设置在梯段的两侧；有时斜梁设置在梯段的中部，形成踏步板向两侧悬挑的受力形式。

33. 预制装配式钢筋混凝土楼梯根据（　　）可分成小型构件装配式和中大型构件装配式。
A. 组成楼梯的构件尺寸及装配程度　　B. 施工方法
C. 构件的重量　　　　　　　　　　　D. 构件的类型

【答案】A

【解析】根据组成楼梯的构件尺寸及装配程度，可以分成小型构件装配式和中、大型构件装配式两种类型。

34. 现浇钢筋混凝土楼梯的梯段分别与上下两端的平台梁整浇在一起，由平台梁支承的称为（　　）。
A. 板式楼梯　　B. 梁式楼梯　　C. 梁承式楼梯　　D. 墙承式楼梯

【答案】A

【解析】板式楼梯：梯段分别与上下两端的平台梁整浇在一起，由平台梁支承梯段的全部荷载。

35. 现浇钢筋混凝土楼梯根据（　　）不同分为板式楼梯和梁式楼梯。
A. 楼梯段的位置　　　　　　　　　　B. 楼梯使用性质
C. 楼梯段结构形式　　　　　　　　　D. 楼梯平面形式

【答案】C

【解析】现浇钢筋混凝土楼梯根据楼梯段结构形式不同分为板式楼梯和梁式楼梯。

36. 现浇钢筋混凝土楼梯根据楼梯段的结构形式不同分为（　　）楼梯。
A. 悬挑式　　B. 墙承式　　C. 板式和梁式　　D. 梁承式

【答案】C

【解析】现浇钢筋混凝土楼梯根据楼梯段结构形式不同分为板式楼梯和梁式楼梯。

37. 不属于小型构件装配式楼梯的是（　　）。
A. 墙承式楼梯　　B. 折板式楼梯　　C. 梁承式楼梯　　D. 悬臂式楼梯

【答案】B

【解析】小型构件装配式楼梯主要有墙承式楼梯、悬臂楼梯、梁承式楼梯三种类型。

38. 折板式楼梯指（　　）。
A. 在板式楼梯的局部位置取消平台梁　　B. 梯段板搁置在两侧墙上
C. 梯段板一侧搁置在墙上，一侧悬挑　　D. 梯段板下取消斜梁

【答案】A

【解析】板式楼梯：梯段分别与上下两端的平台梁整浇在一起，由平台梁支承梯段的全部荷载。此时梯段相当于是一块斜放的现浇混凝土板，平台梁是支座，有时为了保证平台下过道的净空高度，取消平台梁，这种楼梯称为折板式楼梯。

39. 回车坡道一般布置在（　　）入口处。
   A. 住宅室内外高差较大时 B. 大型公共建筑
   C. 高层住宅 D. 坡地建筑

【答案】B

【解析】回车坡道通常与台阶踏步组合在一起，一般布置在某些大型公共建筑的入口处。

40. 严寒地区，为保台阶不受（　　）的影响，应把台阶下部一定范围内的原土改设砂垫层。
   A. 面层材料 B. 土质稳定性差
   C. 表面荷载大小 D. 土壤冻胀

【答案】D

【解析】在严寒地区，为保证台阶不受土壤冻胀影响，应把台阶下部一定深度范围内的原土换掉，并设置砂垫层。

41. 自动扶梯载客能力（　　）人/h。
   A. 4000～10000 B. 5000～15000
   C. 6000～15000 D. 8000～20000

【答案】A

【解析】自动扶梯载客能力很高，一般为 4000～10000 人/h。

42. 下列关于门窗的叙述错误的是（　　）。
   A. 门窗是建筑物的主要围护构件之一
   B. 门窗都有采光和通风的作用
   C. 窗必须有一定的窗洞口面积，门必须有足够的宽度和适宜的数量
   D. 我国门窗主要依靠手工制作，没有标准图可供使用

【答案】D

【解析】门在建筑中的作用主要是正常通行和安全疏散、隔离与围护、装饰建筑空间、间接采光和实现空气对流。门的洞口尺寸要满足人流通行、疏散以及搬运家具设备的需要，同时还应尽量符合建筑模数协调的有关规定。窗在建筑中的作用主要是采光和日照、通风、围护、装饰建筑空间。窗的尺寸主要是根据房间采光和通风的要求来确定，同时也要考虑建筑立面造型和结构方面的要求。

43. 下列不属于塑料门窗的材料的是（　　）。
   A. PVC B. 添加剂 C. 橡胶 D. 氯化聚乙烯

【答案】C

【解析】塑料窗通常采用聚氯乙烯（PVC）与氯化聚乙烯共混树脂为主材，加入一定比例的添加剂，经挤压加工形成框料型材。

44. 塞口处理不好容易形成（　　）。
   A. 热桥 B. 裂缝 C. 渗水 D. 腐蚀

【答案】B

【解析】塞口窗框与墙体连接的紧密程度稍差，处理不好容易形成"热桥"。

45. 下列关于屋顶的叙述错误的是（　　）。

A. 屋顶是房屋最上部的外围护构件　　B. 屋顶是建筑造型的重要组成部分
C. 屋顶对房屋起水平支撑作用　　D. 结构形式与屋顶坡度无关

【答案】D

【解析】屋顶又称屋盖，是建筑最上层的围护和覆盖构件，具有承重、围护功能，同时又是建筑立面的重要组成部分。屋面坡度大小不同，对屋面防水材料的构造要求也不一样。

46. 下列关于屋顶的叙述正确的是（　　）。
A. 屋顶是房屋最上部的外围护构件
B. 屋顶排水方式常用无组织排水
C. 屋顶承受其上部的各种荷载，但是对房屋没有水平支撑作用
D. 屋顶结构形式对屋顶坡度没有影响

【答案】A

【解析】屋顶又称屋盖，是建筑最上层的围护和覆盖构件，具有承重、维护功能，同时又使建筑立面的重要组成部分。屋面坡度大小不同，对屋面防水材料的构造要求也不一样。无组织排水方式适合周边比较开阔、低矮（一般建筑高度不超过10m）的次要建筑。有组织排水目前在城市建筑中广泛应用。

47. 平屋顶常用的排水坡度为（　　）
A. 2%～3%　　B. 3%～5%　　C. 0.5%～1%　　D. 1%～5%

【答案】A

【解析】平屋顶坡度比较缓，通常不超过5%（常用坡度为2%～3%），主要是为了满足排水的基本需要，对屋面防水材料的要求较高。

48. 坡屋顶的屋面坡度一般在（　　）以上。
A. 2%　　B. 3%　　C. 5%　　D. 10%

【答案】D

【解析】坡屋顶的屋面坡度一般在10%以上，可分为单坡、双坡、四坡等多种形式，造型十分丰富。

49. 除高层建筑、严寒地区或屋顶面积较大时均应优先考虑（　　）。
A. 有组织外排水　　B. 有组织内排水
C. 无组织排水　　D. 自由落水

【答案】C

【解析】无组织排水具有排水速度快、檐口部位构造简单、造价低廉的优点；但排水时会在檐口处形成水帘，落地的雨水四溅，对建筑勒脚部位影响较大，寒冷地区冬季檐口挂冰存在安全隐患。这种排水方式适合于周边比较开阔、低矮（一般建筑不超过10m）的次要建筑。

50. 下列材料中用（　　）做防水层的屋面属于刚性防水屋面。
A. 三元乙丙橡胶　　B. 油毡
C. 防水混凝土　　D. 绿豆砂

【答案】C

【解析】刚性防水屋面：采用防水砂浆或掺入外加剂的细石混凝土（防水混凝土）作

为防水层。

51. 下面对刚性防水屋面的特点描述错误的是（　　）。
    A. 构造简单　　　B. 造价低　　　C. 不易开裂　　　D. 施工方便

【答案】C

【解析】刚性防水屋面优点是施工方便、构造简单、造价低、维护容易、可以作为上人屋面使用；缺点是由于防水材料属于刚性，延展性能较差，对变形反应敏感，处理不当容易产生裂缝，施工要求高。尤其不易解决温差引起的变形，不宜在寒冷地区使用。

52. 下列材料中除（　　）以外都可以做防水层。
    A. SBS　　　B. SBC　　　C. 加气混凝土　　　D. 油毡

【答案】C

【解析】刚性防水屋面防水层以防水砂浆和细石混凝土最为常见。柔性防水屋面防水层的做法较多，如高分子防水卷材、沥青类防水卷材、高聚物改性沥青卷材等。

53. "倒铺法"保温的构造层次从上至下依次是（　　）
    A. 保温层　防水层　结构层　　　B. 防水层　结构层　保温层
    C. 防水层　保温层　结构层　　　D. 保温层　结构层　防水层

【答案】A

【解析】将保温层设置在防水层上面，这种做法又称为"倒置式保温屋面"，对保温材料有特殊要求，应当使用具有吸湿性低、耐气候性强的憎水材料作为保温层，并在保温层上加设钢筋混凝土、卵石、砖等较重的覆盖层。

54. 隔汽层的作用是防止水蒸气渗入到（　　）。
    A. 防水层　　　B. 保护层　　　C. 保温层　　　D. 结构层

【答案】C

【解析】为了防止室内空气中的水蒸气随热气流上升侵入保温层，应在保温层下面设置隔汽层。

55. 下列材料中（　　）不能做保温材料。
    A. 炉渣　　　B. 珍珠岩　　　C. 苯板　　　D. 油毡

【答案】D

【解析】保温材料通常可分为散料、现场浇筑的拌合物和板块料三种。散料式保温材料主要有膨胀珍珠岩、膨胀蛭石、炉渣等。板块式保温材料主要有聚苯板、加气混凝土板、泡沫塑料板、膨胀珍珠岩板、膨胀蛭石板等。

56. 泛水要具有足够的高度，一般不小于（　　）mm。
    A. 100　　　B. 200　　　C. 250　　　D. 300

【答案】C

【解析】泛水构造：凡是防水层与垂直墙面的交接处，如女儿墙、山墙、通风道、楼梯间及电梯室出屋面等部位均要做泛水处理，高度一般不小于250mm，如条件允许时一般都做得稍高一些。

57. 悬山通常是把檩条挑出山墙，用（　　）水泥石灰麻刀砂浆做披水线，将瓦封住。
    A. 1∶1　　　B. 1∶2　　　C. 1∶3　　　D. 1∶4

【答案】B

【解析】悬山通常是把檩条挑出山墙，用木封檐板将檩条封住，用1:2水泥石灰麻刀砂浆做披水线，将瓦封住。

58. 伸缩缝是为了预防（　　）对建筑物的不利影响而设置的。
　　A. 荷载过大　　　　　　　　　　B. 地基不均匀沉降
　　C. 地震　　　　　　　　　　　　D. 温度变化

【答案】D

【解析】伸缩缝又叫温度缝，是为了防止因环境温度变化引起的变形对建筑产生破坏作用而设置的。

59. 温度缝又称伸缩缝，是将建筑物（　　）断开。
　　Ⅰ. 地基基础　　Ⅱ. 墙体　　Ⅲ. 楼板　　Ⅳ. 楼梯　　Ⅴ. 屋顶
　　A. ⅠⅡⅢ　　　B. ⅠⅡⅤ　　　C. ⅡⅢⅣ　　　D. ⅡⅢⅤ

【答案】D

【解析】伸缩缝在结构和构造上要完全独立，屋顶、楼板、墙体和梁柱要成为独立的结构与构造单元。由于基础埋至在地下，基本不受气温变化的影响，因此仍然可以连在一起。

60. 关于变形缝说法正确的是（　　）。
　　A. 伸缩缝基础埋于地下，虽然受气温影响较小，但必须断开
　　B. 沉降缝从房屋基础到屋顶全部构件断开
　　C. 一般情况下抗震缝以基础断开设置为宜
　　D. 不可以将上述三缝合并设置。

【答案】B

【解析】伸缩缝由于基础埋至在地下，基本不受气温变化的影响，因此仍然可以连在一起。沉降缝除了屋顶、楼板、墙体和梁柱在结构与构造上要完全独立之外，基础也要完全独立。地震发生时，建筑的底部受地震影响较小，因此抗震缝的基础一般不需要断开。

61. （　　）的宽度与地基的性质和建筑物的高度有关，地基越软弱，建筑物高度越大，缝宽也越大。
　　A. 沉降缝　　　B. 伸缩缝　　　C. 抗震缝　　　D. 温度缝

【答案】A

【解析】沉降缝主要根据地基情况、建筑自重、结构形式差异、施工期的间隔等因素来确定。

62. 沉降缝的设置是为了预防（　　）对建筑物的不利影响而设计的。
　　A. 温度变化　　　　　　　　　　B. 地基不均匀沉降
　　C. 地震　　　　　　　　　　　　D. 荷载过大

【答案】B

【解析】沉降缝的作用：导致建筑发生不均匀沉降的因素比较复杂，不均匀沉降的存在，将会在建筑构件的内部产生剪切应力，当这种剪切应力大于建筑构件的抵抗能力时，会在沉降部位产生裂缝，并对建筑的正常使用和安全带来影响，设置沉降缝可以有效地避

免建筑不均匀沉降带来的破坏作用。

63. 抗震缝的设置是为了预防（　　）对建筑物的不利影响而设计的。
A. 温度变化			B. 地基不均匀沉降
C. 地震			D. 荷载过大

【答案】C

【解析】抗震缝的作用：是为了提高建筑的抗震能力，避免或减少地震对建筑的破坏作用而设置的一种构造措施，也是目前行之有效的建筑抗震措施之一。

64. 关于抗震缝说法错误的是（　　）。
A. 抗震缝不可以代替沉降缝
B. 抗震缝应沿建筑的全高设置
C. 一般情况下抗震缝以基础断开设置
D. 建筑物相邻部分的结构刚度和质量相差悬殊时应设置抗震缝

【答案】C

【解析】在地震设防烈度为7~9度的地区，当建筑立面高差较大、建筑内部有错层且高差较大、建筑相邻部分结构差异较大时，要设置抗震缝。地震发生时，建筑的底部受地震影响较小，因此抗震缝的基础一般不需要断开。

65. 下面属整体地面的是（　　）。
A. 釉面地砖地面，抛光砖地面		B. 抛光砖地面，现浇水磨石地面
C. 水泥砂浆地面，抛光砖地面		D. 水泥砂浆地面，现浇水磨石地面

【答案】D

【解析】整体地面：用现场浇筑或涂抹的施工方法做成的地面称为整体地面。常见的有水泥砂浆地面、水磨石地面等。

66. 面砖安装时，要抹（　　）打底。
A. 15mm厚1∶3水泥砂浆		B. 10mm厚1∶2水泥砂浆
C. 10mm厚1∶3水泥砂浆		D. 15mm厚1∶2水泥砂浆

【答案】A

【解析】铺贴面砖先抹15mm厚1∶3水泥砂浆打底找平，再抹5mm厚1∶1水泥细砂砂浆作为粘贴层。

67. 不属于直接顶棚的是（　　）。
A. 直接喷刷涂料顶棚		B. 直接铺钉饰面板顶棚
C. 直接抹灰顶棚			D. 吊顶棚

【答案】D

【解析】直接顶棚：是在主体结构层下表面直接进行装饰处理的顶棚，具有构造简单、节省空间的优点。

68. 当厂房跨度大于（　　）不宜采用砖混结构单层厂房。
A. 5m		B. 9m		C. 10m		D. 15m

【答案】D

【解析】砖混结构单层厂房：当厂房跨度大于15m，厂房的高度大于9m，吊车起重量达到5t时就不宜采用。

69. 无檩体系的特点是（　　）。
   A. 构件尺寸小　　B. 质量轻　　C. 施工周期长　　D. 构件型号少
   【答案】D

【解析】无檩体系是把屋面板直接搁置在屋架（屋面梁）上，构件的种类和数量较少，屋面板的规格较大，属于重型屋面。

70. 为承受较大水平风荷载，单层厂房的自承重山墙处需设置（　　）以增加墙体的刚度和稳定性。
   A. 连系梁　　B. 圈梁　　C. 抗风柱　　D. 支撑
   【答案】C

【解析】设置抗风柱的目的是为了保证山墙在风荷载作用下的自身稳定。

71. 机电类成产车间多采用（　　）。
   A. 砖混结构单层厂房　　　　B. 排架结构单层厂房
   C. 轻钢结构单层厂房　　　　D. 混凝土结构单层厂房
   【答案】C

【解析】轻钢结构单层厂房在现代工业企业中广泛应用，多用于机电类生产车间和仓储建筑。

72. 刚性基础基本上不可能发生（　　）。
   A. 挠曲变形　　B. 弯曲变形　　C. 剪切变形　　D. 轴向拉压变形
   【答案】A

【解析】为保证基础的安全，必须限制基础内的拉应力和剪应力不超过基础材料强度的计算值。由于此类基础几乎不可能发生挠曲变形，俗称为刚性基础。

73. 扩展基础钢筋混凝土强度等级不应小于（　　）。
   A. C15　　B. C20　　C. C30　　D. C45
   【答案】B

【解析】扩展基础钢筋混凝土强度等级不应小于C20。

74. 直径为500mm的桩为（　　）。
   A. 小桩　　B. 中等直径桩　　C. 大直径桩　　D. 超大直径桩
   【答案】B

【解析】按桩径的大小分类：小桩（直径≤250mm），中等直径桩（直径250～800mm），大直径桩（直径≥800mm）。

75. 筏形基础的混凝土强度等级不应低于（　　）。
   A. C20　　B. C25　　C. C30　　D. C40
   【答案】C

【解析】筏形基础的混凝土强度等级不应低于C30。

76. 在混凝土中配置钢筋，主要是由两者的（　　）决定的。
   A. 力学性能和环保性　　　　B. 力学性能和经济性
   C. 材料性能和经济性　　　　D. 材料性能和环保性
   【答案】B

【解析】在混凝土中配置钢筋，并把钢筋与混凝土组合起来，主要是由两者的力学性能和经济性决定的。

77. 混凝土宜在（　　）环境中工作。
A. 温暖　　　　　B. 寒冷　　　　　C. 酸性　　　　　D. 碱性

【答案】D

【解析】混凝土宜在碱性环境中工作。

78. 工程中常见的梁，其横截面往往具有（　　）。
A. 竖向对称轴　　　　　　　　B. 横向对称轴
C. 纵向对称平面　　　　　　　D. 横向对称平面

【答案】A

【解析】工程中常见的梁，其横截面往往具有竖向对称轴，它与梁轴线所构成的平面称为纵向对称平面。

79. T形截面梁适宜的截面高宽比 h/b 为（　　）。
A. 1～2.5　　　B. 1.5～3　　　C. 2～3.5　　　D. 2.5～4

【答案】D

【解析】梁适宜的截面高宽比 h/b，T形截面为2.5～4。

80. 实际工程中，第一排弯起钢筋的弯终点距支座边缘的距离通常取为（　　）mm。
A. 30　　　　B. 40　　　　C. 50　　　　D. 60

【答案】C

【解析】实际工程中，第一排弯起钢筋的弯终点距支座边缘的距离通常取为50mm。

81. 轴心受压构件截面法求轴力的步骤为（　　）。
A. 列平衡方程→取脱离体→画轴力图
B. 取脱离体→画轴力图→列平衡方程
C. 取脱离体→列平衡方程→画轴力图
D. 画轴力图→列平衡方程→取脱离体

【答案】C

【解析】轴心受压构件截面法求轴力第一步：取脱离体；第二步：列平衡方程；第三步：画轴力图。

82. 轴压柱的矩形截面尺寸不小于（　　）。
A. 70.7mm×70.7mm　　　　　B. 40mm×40mm
C. 40mm×160mm　　　　　　D. 250mm×250mm

【答案】D

【解析】轴压柱的矩形截面尺寸不小于250mm×250mm。

83. 由于箍筋在截面四周受拉，所以应做成（　　）。
A. 封闭式　　　B. 敞开式　　　C. 折角式　　　D. 开口式

【答案】A

【解析】由于箍筋在截面四周受拉，所以应做成封闭式。

84. 下列不属于现浇混凝土楼盖缺点的是（　　）。
A. 养护时间长　　　　　　　B. 结构布置多样

C. 施工速度慢　　　　　　　　　　D. 施工受季节影响大

【答案】B

【解析】现浇混凝土楼盖优点是：整体刚性好，抗震性强，防水性能好，结构布置灵活，所以常用于对抗震、防渗、防漏和刚度要求较高以及平面形状复杂的建筑。其缺点是：养护时间长，施工速度慢，耗费模板多，施工受季节影响大。

85. 以钢板、型钢、薄壁型钢制成的构件是（　　）。
    A. 排架结构　　B. 钢结构　　C. 楼盖　　D. 配筋

【答案】B

【解析】钢结构是以钢板、型钢、薄壁型钢制成的构件。

86. 不属于钢结构连接方式的是（　　）。
    A. 焊接连接　　B. 铆钉连接　　C. 螺栓连接　　D. 冲击连接

【答案】D

【解析】钢结构常见的连接方式有：焊接连接、铆钉连接和螺栓连接，其中以焊接连接最为普遍。

87. 下列不属于角焊缝按受力与焊缝方向分的为（　　）。
    A. 直角焊缝　　B. 侧缝　　C. 端峰　　D. 斜缝

【答案】A

【解析】角焊缝按受力与焊缝方向分为：侧缝、端峰、斜缝。

88. 压弯构件应用于（　　）。
    A. 屋架下弦　　　　　　　　　　B. 钢屋架受节间力下弦杆
    C. 厂房框架柱　　　　　　　　　D. 承重结构

【答案】C

【解析】压弯构件主要应用于厂房框架柱、多高层建筑框架柱、屋架上弦。

89. 砂浆的作用是将块材连成整体，从而改善块材在砌体中的（　　）。
    A. 稳定性　　B. 抗腐蚀性　　C. 连续性　　D. 受力状态

【答案】D

【解析】砂浆的作用是将块材连成整体，从而改善块材在砌体中的受力状态。

90. 当其他条件相同时，随着偏心距的增大，并且受压区（　　），甚至出现（　　）。
    A. 越来越小，受拉区　　　　　　B. 越来越小，受压区
    C. 越来越大，受拉区　　　　　　D. 越来越大，受压区

【答案】A

【解析】偏心距：当其他条件相同时，随着偏心距的增大，截面应力分布变得越来越不均匀；并且受压区越来越小，甚至出现受拉区；其承载力越来越小；截面从压坏可变为水平通缝过宽而影响正常使用，甚至被拉坏。

91. 钢筋网间距不应大于5皮砖，不应大于（　　）mm。
    A. 100　　B. 200　　C. 300　　D. 400

【答案】D

【解析】钢筋网间距不应大于5皮砖，不应大于400mm。

三、多选题

1. 按照基础的形态，可以分为（　　）。
   A. 独立基础　　　　　　　　B. 扩展基础
   C. 无筋扩展基础　　　　　　D. 条形基础
   E. 井格式基础

   【答案】ADE

   【解析】按照基础的形态，可以分为独立基础、条形基础、井格式基础、筏形基础、箱形基础和桩基础。

2. 墙的承重方案有（　　）。
   A. 柱承重　　　　　　　　　B. 横墙承重
   C. 纵墙承重　　　　　　　　D. 纵横墙混合承重
   E. 墙与柱混合承重

   【答案】BCDE

   【解析】依照墙体与上部水平承重构件（包括楼板、屋面板、梁）的传力关系，有四种不同的承重方案：横墙承重、纵墙承重、纵横墙混合承重、墙与柱混合承重。

3. 散水应当采用（　　）材料做面层，采用（　　）做垫层。
   A. 混凝土，混凝土　　　　　B. 砂浆，混凝土
   C. 混凝土，砂浆　　　　　　D. 碎砖，混凝土
   E. 细砂，砂浆

   【答案】AB

   【解析】散水应当采用混凝土、砂浆等不透水的材料做面层，采用混凝土或碎砖混凝土做垫层。

4. 防潮层常见的构造做法有（　　）。
   A. 砌块防潮层　　　　　　　B. 卷材防潮层
   C. 岩体防潮层　　　　　　　D. 砂浆防潮层
   E. 细石混凝土防潮层

   【答案】BDE

   【解析】防潮层主要由以下三种常见的构造做法：卷材防潮层、砂浆防潮层、细石混凝土防潮层。

5. 下列关于窗台的说法正确的是（　　）。
   A. 悬挑窗台挑出的尺寸不应小于 80mm
   B. 悬挑窗台常用砖砌或采用预制钢筋混凝土
   C. 内窗台的窗台板一般采用预制水磨石板或预制钢筋混凝土板制作
   D. 外窗台的作用主要是排除下部雨水
   E. 外窗台应向外形成一定坡度

   【答案】BCE

   【解析】窗台有内外之分。外窗台的作用主要是排除上部雨水，保证窗下墙的干燥，同时也对建筑的立面具有装饰作用。外窗台有悬挑和不悬挑两种。悬挑窗台常用砖砌或采

用预制钢筋混凝土,其挑出的尺寸不应小于60mm。外窗台应向外形成一定坡度,并用不透水材料做面层。采暖地区建筑窗下设置暖气卧时应设内窗台,内窗台的窗台板一般采用预制水磨石板或预制钢筋混凝土板制作,装修标准较高的房间也可以在木骨架上贴天然石材。

6. 通风道的组织方式可以分为(　　)。
A. 整楼通用　　　　　　　　B. 地上地下分用
C. 每层独用　　　　　　　　D. 隔层共用
E. 子母式

【答案】CDE

【解析】通风道的组织方式可以分为每层独用、隔层共用和子母式三种,目前多采用子母式通风道。

7. 复合外墙主要有(　　)。
A. 中填保温材料复合墙体　　B. 双侧保温材料复合墙体
C. 内保温复合墙体　　　　　D. 外保温复合墙体
E. 全保温复合墙体

【答案】ACD

【解析】复合外墙主要有中填保温材料复合墙体、内保温复合外墙和外保温复合外墙三种。

8. 下列说法中正确的是(　　)。
A. 当砖砌墙体的长度超过3m,应当采取加固措施
B. 由于加气混凝土防水防潮的能力较差,因此在潮湿环境下慎重采用
C. 由于加气混凝土防水防潮的能力较差,因此潮湿一侧表面作防潮处理
D. 石膏板用于隔墙时多选用15mm厚石膏板
E. 为了避免石膏板开裂,板的接缝处应加贴盖缝条

【答案】BCE

【解析】砖砌隔墙:当墙体的长度超过5m或高度超过3m时,应当采取加固措施。砌块隔墙:由于加气混凝土防水防潮的能力较差,因此在潮湿环境下慎重采用,或在潮湿一侧表面作防潮处理。轻钢龙骨石膏板隔墙:石膏板的厚度有9mm、10mm、12mm、15mm等数种,用于隔墙时多选用12mm厚石膏板。为了避免开裂,板的接缝处应加贴盖缝条。

9. 下列说法中正确的是(　　)。
A. 保证幕墙与建筑主体之间连接牢固
B. 形成自身防雷体系,不用与主体建筑的防雷装置有效连接
C. 幕墙后侧与主体建筑之间不能存在缝隙
D. 在幕墙与楼板之间的缝隙内填塞岩棉,并用耐热钢板封闭
E. 幕墙的通风换气可以用开窗的办法解决

【答案】ACDE

【解析】1)结构的安全性:要保证幕墙与建筑主体(支撑体系)之间既要连接牢固,又要有一定的变形空间(包括结构变形和温度变形),以保证幕墙的使用安全。2)防雷与防火:一般要求形成自身防雷体系,并与主体建筑的防雷装置有效连接。多数幕墙后侧与

主体建筑之间存在一定缝隙,对隔火、防烟不利。通常需要在幕墙与楼板、隔墙之间的缝隙内填塞岩棉、矿棉或玻璃丝棉等阻燃材料,并用耐热钢板封闭。3)通风换气的问题:幕墙的通风换气可以用开窗的办法解决,也可以利用在幕墙上下位置预留进出气口,利用空气热压的原理来通风换气。

10. 地下室防水的构造方案有(　　)。
   A. 卷材防水　　B. 砂浆防水　　C. 构建自防水　　D. 降排水法
   E. 综合法

【答案】ACDE

【解析】地下室防水的构造方案有隔水法、降排水法、综合法等三种。隔水法构造方案主要有卷材防水和构建自防水两种。

11. 下列说法中正确的是(　　)。
   A. 楼板层一般由面层和结构层组成
   B. 结构层是建筑的水平承重构件
   C. 某些有特殊的使用要求的房间地面还需要设置附加层
   D. 附加层通常设置在面层之上
   E. 面层起到划分建筑内部竖向空间、防火、隔声的作用

【答案】ABC

【解析】楼板层一般由面层、结构层和顶棚层等几个基本层次组成。面层又称楼面或地面,是楼板上表面的完成面;结构层是建筑的水平承重构件,主要包括板、梁等,并起到划分建筑内部竖向空间、防火、隔声的作用。顶棚是楼板层下表面的构造层,也是室内空间上部的装修层面。某些有特殊的使用要求的房间地面还需要设置附加层。附加层通常设置在面层和结构层之间,主要有隔声层、防水层、保温或隔热层等。

12. 下列说法中正确的是(　　)。
   A. 房间的平面尺寸较大时,应用板式楼板
   B. 井字楼板有主梁、次梁之分
   C. 平面尺寸较大且平面形状为方形的房间,应用井字楼板
   D. 无梁楼板直接将板面载荷传递给柱子
   E. 无梁楼板的柱网应尽量按井字网格布置

【答案】CD

【解析】梁板式楼板:当房间的平面尺寸较大时,为了使楼板结构的受力和传力更为合理,可以在板下设梁来作为板的支座。这时,楼板上的载荷先由板传给梁,再由梁传给墙或柱。这种由板和梁组成的楼板称为梁板式楼板,也叫肋型楼板。井字楼板:对平面尺寸较大且平面形状为方形或接近于方形的房间,可将两个方向的梁等距离布置,并采用相同的梁高,形成井字形的梁格,它是梁式楼板的一种特殊布置形式。井字楼板无主梁、次梁之分,但梁之间仍有明确的传力关系。无梁楼板的楼板层不设横梁,而是直接将板面载荷传递给柱子。无梁板通常设有柱帽,以增加板在柱上的支撑面积。无梁楼板的柱网应尽量按方形网格布置,跨度在6~8m左右较为经济。

13. 对于板的搁置要求,下列说法中正确的是(　　)。
   A. 搁置在墙上时,支撑长度一般不能小于80mm

B. 搁置在梁上时，一般支撑长度不宜小于 100mm
C. 空心板在安装前应在板的两端用砖块或混凝土堵孔
D. 板的端缝处理一般是用细石混凝土灌缝
E. 板的侧缝起着协调板与板之间的共同工作的作用

【答案】CDE

【解析】板的搁置要求：搁置在墙上时，支撑长度一般不能小于 100mm；搁置在梁上时，一般支撑长度不宜小于 80mm。搁置前应先在墙顶面事先采用厚度不小于 10mm 的水泥砂浆坐浆，板端缝内须用细石混凝土或水泥砂浆灌实。空心板在安装前应在板的两端用砖块或混凝土堵孔，以防板端在搁置处被压坏，同时也可避免板缝灌浆时细石混凝土流入孔内。板的端缝处理一般是用细石混凝土灌缝，使之互相连接，还可将板端外漏的钢筋交错搭接在一起，或加设钢筋网片，并用细石混凝土灌实；板的侧缝起着协调板与板之间的共同工作的作用，为了加强楼板的整体性，不产生纵向通缝，侧缝内应用细石混凝土灌实。

14. 下列说法正确的是（ ）。
A. 为排除室内地面的积水，地面应有一定的坡度，一般为 1‰～2‰
B. 为防止积水外溢有水房间地面应比相邻房间地面低 20～30mm
C. 对于防水要求较高的房间，将防水层沿周边向上泛起至少 250mm
D. 当遇到门洞口时，还应将防水层向外延伸 250mm 以上
E. 地面防水楼板应为现浇钢筋混凝土

【答案】BDE

【解析】为排除室内地面的积水，地面应有一定的坡度，一般为 1‰～1.5‰，并设置地漏，使地面水有组织地排向地漏。为防止积水外溢，影响其他房间的使用，有水房间地面应比相邻房间地面低 20～30mm。楼板应为现浇钢筋混凝土，对于防水要求较高的房间，还应在楼板与面层之间设置防水层，并将防水层沿周边向上泛起至少 150mm。当遇到门洞口时，还应将防水层向外延伸 250mm 以上。

15. 下列说法中正确的是（ ）。
A. 坡道和爬梯是垂直交通设施
B. 一般认为 28°左右是楼梯的适宜坡度
C. 楼梯平台的净宽度不应小于楼梯段的净宽，并且不小于 1.5m
D. 楼梯井宽度一般在 100mm 左右
E. 非主要通行的楼梯，应满足两个人相对通行

【答案】AD

【解析】有些建筑中还设置有坡道和爬梯，它们也属于建筑的垂直交通设施。楼梯的允许坡度范围为 23°～45°。正常情况下应当把楼梯坡度控制在 38°以内，一般认为 30°左右是楼梯的适宜坡度。非主要通行的楼梯，应满足单人携带物品通过的需要。楼梯平台的净宽度应大于等于楼梯段的净宽，并且不小于 1.2m。楼梯井一般是为楼梯施工方便和安置栏杆扶手而设置的，其宽度一般在 100mm 左右。

16. 下列说法中正确的是（ ）。
A. 现浇钢筋混凝土楼梯整体性好、承载力高、刚度大，因此需要大型起重设备

B. 小型构件装配式楼梯具有构件尺寸小，重量轻，构件生产、运输、安装方便的优点
C. 中型、大型构件装配式楼梯装配容易，施工时不需要大型起重设备
D. 金属板是常见的踏步面层
E. 室外楼梯不应使用木扶手，以免淋雨后变形或开裂

【答案】BE

【解析】现浇钢筋混凝土楼梯的楼梯段、平台与楼板层是整体浇筑在一起的，整体性好、承载力高、刚度大，施工时不需要大型起重设备。小型构件装配式楼梯：具有构件尺寸小、重量轻，构件生产、运输、安装方便的优点。中型、大型构件装配式楼梯：一般是把楼梯段和平台板作为基本构件。构建的规格和数量少，装配容易、施工速度快，但需要相当的吊装设备进行配合。踏步面层应当平整光滑，耐磨性好。常见的踏步面层有水泥砂浆、水磨石、铺地面砖、各种天然石材等。室外楼梯不应使用木扶手，以免淋雨后变形或开裂。

17. 下列说法中正确的是（　　）。
A. 部分大型公共建筑经常把行车坡道与台阶合并成为一个构件，使车辆可以驶入建筑入口
B. 台阶坡度宜平缓些，并应大理石地面
C. 公共建筑的踏步的踏面宽度不应小于150mm
D. 在严寒地区，应把台阶下部一定深度范围之内的原土换掉，并设置砂垫层
E. 通常在台阶尺寸较大时采用实铺台阶

【答案】AD

【解析】平面形式和尺寸应当根据建筑功能及周围地基的情况进行选择，部分大型公共建筑经常把行车坡道与台阶合并成为一个构件，使车辆可以驶入建筑入口，为使用者提供了更大的方便。台阶坡度宜平缓些，并应采用防滑面层。公共建筑的踏步的踏面宽度不应小于300mm，踢面高度不应大于150mm。在严寒地区，为保证台阶不受土壤冻胀影响，应把台阶下部一定深度范围之内的原土换掉，并设置砂垫层。架空台阶的整体性好，通常在台阶尺寸较大、步数较多或土壤冻胀严重时采用。

18. 按照电梯的用途分类可以分为（　　）。
A. 液压电梯　　B. 乘客电梯　　C. 消防电梯　　D. 客货电梯
E. 杂物电梯

【答案】BDE

【解析】按照电梯的用途分类可以分为乘客电梯、住宅电梯、病床电梯、客货电梯、载货电梯、杂物电梯；按照电梯的拖动方式可以分为交流拖动（包括单速、双速、调速）电梯、直流拖动电梯、液压电梯；按照电梯的消防要求可以分为普通乘客电梯和消防电梯。

19. 下列说法中正确的是（　　）。
A. 门在建筑中的作用主要是正常通行和安全疏散，但没有装饰作用
B. 门的最小宽度应能满足两人相对通行
C. 大多数房间门的宽度应为900~1000mm
D. 当门洞的宽度较大时，可以采用双扇门或多扇门
E. 门洞的高度一般在1000mm以上

【答案】 CD

【解析】 门在建筑中的作用主要是正常通行和安全疏散、隔离与围护、装饰建筑空间、间接采光和实现空气对流。门的洞口尺寸要满足人流通行、疏散以及搬运家具设备的需要,同时还应尽量符合建筑模数协调的有关规定。门的最小宽度应能满足一个人随身携带一件物品通过,大多数房间门的宽度应为900~1000mm。对一些面积小、使用人数少、家具设备尺度小的房间,门的宽度可以适当减少。当门洞的宽度较大时,可以采用双扇门或多扇门,而单扇门的宽度一般在1000mm之内。门洞的高度一般在2000mm以上,当门洞高度较大时,通常在门洞上部设亮子。

20. 下列属于铝合金门窗的基本构造（　　）。
    A. 铝合金门的开启方式多采用地弹簧自由门
    B. 铝合金门窗玻璃的固定有空心铝压条和专用密封条两种方法
    C. 现在大部分铝合金门窗玻璃的固定采用空心铝压条
    D. 平开、地弹簧、直流拖动都是铝合金门窗的开启方式
    E. 采用专用密封条会直接影响窗的密封性能

【答案】 AB

【解析】 铝合金门窗的开启方式较多,常见的有平开、地弹簧、滑轴平开、上悬式平开、上悬式滑轴平开、推拉等。铝合金门的开启方式多采用地弹簧自由门,有时也采用推拉门。铝合金门窗玻璃的固定有空心铝压条和专用密封条两种方法,由于采用空心铝压条会直接影响窗的密封性能,而且也不够美观,目前已经被淘汰。

21. 下列关于扩展基础说法中正确的是（　　）。
    A. 锥形基础边缘高度不宜小于200mm
    B. 阶梯形基础的每阶高度宜为200~500mm
    C. 垫层的厚度不宜小于90mm
    D. 扩展基础底板受力钢筋的最小直径不宜小于10mm
    E. 扩展基础底板受力钢筋的间距宜为100~200mm

【答案】 ADE

【解析】 锥形基础边缘高度不宜小于200mm;阶梯形基础的每阶高度宜为300~500mm。垫层的厚度不宜小于70mm;垫层混凝土强度等级应为C10。扩展基础底板受力钢筋的最小直径不宜小于10mm;间距不宜大于200mm,也不宜小于100mm。

22. 下列关于承台构造的说法正确的是（　　）。
    A. 承台的宽度不小于300mm
    B. 承台的配筋,对于矩形承台其钢筋应按双向均匀通长配筋,钢筋直径不小于10mm
    C. 对于三桩承台,钢筋应按三向板带均匀配置
    D. 承台混凝土的强度等级不低于C45
    E. 承台的厚度不小于300mm

【答案】 BCE

【解析】 承台构造:承台的宽度不小于500mm;承台的厚度不小于300mm;承台的配筋,对于矩形承台其钢筋应按双向均匀通长配筋,钢筋直径不小于10mm,间距不小于200mm;对于三桩承台,钢筋应按三向板带均匀配置,且最里面的三根钢筋围成的三角形

应在柱截面范围内；承台混凝土的强度等级不低于C20。

23. 下列关于箱形基础的说法正确的是（　　）。
   A. 箱形基础外墙宜沿建筑物周边布置
   B. 箱形基础的顶板和底板纵横方向支座钢筋尚应有1/4～1/3的钢筋连通
   C. 连通钢筋的配筋率分别不小于0.15%（纵向）、0.10%（横向）
   D. 跨中钢筋按实际需要的配筋全部连通
   E. 箱形基础的顶板、底板及墙体均应采用单层单向配筋

【答案】ACD

【解析】箱形基础外墙宜沿建筑物周边布置，内墙沿上部结构的柱网或剪力墙位置纵横均匀布置，墙体水平截面总面积不宜小于箱形基础外墙外包尺寸水平投影面积的1/10。箱形基础的顶板和底板纵横方向支座钢筋尚应有1/3～1/2的钢筋连通，且连通钢筋的配筋率分别不小于0.15%（纵向）、0.10%（横向），跨中钢筋按实际需要的配筋全部连通。箱形基础的顶板、底板及墙体均应采用双层双向配筋。

24. 混凝土结构的分类（　　）。
   A. 钢骨混凝土结构
   B. 砌块混凝土结构
   C. 钢筋混凝土结构
   D. 细石混凝土结构
   E. 预应力混凝土结构

【答案】ACE

【解析】混凝土结构的分类：可以分为素混凝土结构、钢骨混凝土结构、钢筋混凝土结构、钢管混凝土结构、预应力混凝土结构。

25. 钢筋与混凝土共同工作的条件为（　　）。
   A. 钢筋和混凝土之间存在良好的粘结力
   B. 钢筋和混凝土材料不同无法共同受力
   C. 钢筋与混凝土具有基本相同的温度线膨胀系数
   D. 混凝土宜在碱性环境中工作
   E. 温度变化时两种材料会产生粘结力破坏

【答案】ACD

【解析】钢筋与混凝土共同工作的条件：1）钢筋和混凝土之间存在良好的粘结力；在荷载作用下两种材料协调变形，共同受力。2）钢筋与混凝土具有基本相同的温度线膨胀系数（钢材为$1.2\times10^{-5}/℃$，混凝土为$1.0～1.5\times10^{-5}/℃$）；保证温度变化时，两种材料不会产生过大的变形差而导致两者间的粘结力破坏。3）混凝土宜在碱性环境中工作。

26. 下列用截面法计算指定截面剪力和弯矩的步骤错误的是（　　）。
   A. 计算支反力→截取研究对象→画受力图→建立平衡方程→求解内力
   B. 建立平衡方程→计算支反力→截取研究对象→画受力图→求解内力
   C. 截取研究对象→计算支反力→画受力图→建立平衡方程→求解内力
   D. 计算支反力→建立平衡方程→截取研究对象→画受力图→求解内力
   E. 计算支反力→截取研究对象→建立平衡方程→画受力图→求解内力

【答案】BCDE

【解析】钢筋混凝土构件用截面法计算指定截面剪力和弯矩的步骤如下：1) 计算支反力；2) 用假想截面在需要求内力处将梁切成两段，取其中一段为研究对象；3) 画出研究对象的受力图，截面上未知剪力和弯矩均按正向假设；4) 建立平衡方程，求解内力。

27. 下列说法中正确的是（　　）。
    A. 梁的截面高度可以为 850mm
    B. 矩形截面梁的宽度可以为 300mm
    C. T 形梁截面的肋宽可以为 280mm
    D. T 形截面梁适宜的截面高宽比 h/b 为 2～3.5
    E. 工程中现浇板的常用厚度可以为 150mm

【答案】BE

【解析】从利用模板定型化考虑，梁的截面高度 h 一般可为 250mm、300mm、……1000mm 等，$h \leqslant 800$mm 时取 50mm 的倍数，$h > 800$mm 时取 100mm 的倍数；矩形梁的截面宽度和 T 形梁截面的肋宽 b 宜采用 100mm、120mm、150mm、180mm、200mm、220mm、250mm，大于 250mm 时取 50mm 的倍数。梁适宜的截面高宽比 h/b，矩形截面梁为 2～3.5，T 形截面为 2.5～4。现浇板的厚度一般取为 10mm 的倍数，工程中现浇板的常用厚度为 60mm、70mm、80mm、100mm、120mm。

28. 设置弯起筋的目的，以下（　　）的说法正确。
    A. 满足斜截面抗剪   B. 满足斜截面抗弯
    C. 充当支座负纵筋承担支座负弯矩   D. 为了节约钢筋充分利用跨中纵筋
    E. 充当支座负纵筋承担支座正弯矩

【答案】ACD

【解析】在跨中是纵向受力钢筋的一部分，在靠近支座的弯起段弯矩较小处则用来承受弯矩和剪力共同产生的主拉应力，即作为受剪钢筋的一部分。

29. 柱中箍筋的作用，下述何项是正确的（　　）。
    A. 防止纵向钢筋发生压屈   B. 增强柱的抗剪强度
    C. 固定纵向钢筋的位置   D. 提高柱的抗压承载力
    E. 增加柱子混凝土的耐久性

【答案】ABC

【解析】箍筋主要用来承受由剪力和弯矩在梁内引起的主拉应力，并通过绑扎或焊接把其他钢筋联系在一起，形成空间骨架；箍筋应根据计算确定。因此其无法提高柱的抗压承载力，也与混凝土的耐久性无关，选 ABC。

30. 下列说法中正确的是（　　）。
    A. 圆形水池是轴心受拉构件
    B. 偏心受拉构件和偏心受压构件变形特点相同
    C. 排架柱是轴心受压构件
    D. 框架柱是偏心受拉构件
    E. 偏心受拉构件和偏心受压构件都会发生弯曲变形

【答案】ADE

【解析】轴心受拉构件变形特点为只有伸长变形，如屋架中受拉杆件、圆形水池等；

轴心受压构件变形特点为只有压缩变形，如屋架中受压杆件及肋形楼盖的中柱、轴压砌体等；偏心受拉构件变形特点为既有伸长变形，又有弯曲变形，如屋架下弦杆（节间有竖向荷载，主要是刚屋架）、砌体中的墙梁；偏心受压构件变形特点为既有压缩变形，又有弯曲变形，如框架柱、排架柱、偏心受压砌体、屋架上弦杆（节间有竖向荷载）等。

第八章 建筑设备

一、判断题

1. 引入管是指输送给建筑物内部用水的管道系统整体。

【答案】错误

【解析】引入管：又称进户管，是室外给水接户管与建筑室内给水干管相连接的管段。

2. 塑料管适用于建筑高度不大于100m，可用作生产排水管。

【答案】正确

【解析】塑料管：适用于建筑高度不大于100m、连续排放温度不大于40℃、瞬时排放温度不大于80℃的生活污水系统、雨水系统，也可用作生产排水管。

3. 直接给水方式的优点是给水系统简单、投资少、系统有一定的储备水量。

【答案】错误

【解析】直接给水方式：这种给水方式的优点是给水系统简单、投资少、安装维修方便、充分利用室外管网水压、供水较为安全可靠。缺点是系统内部无储备水量，当室外管网停水时，室内系统立即断水。

4. 双立管排水系统适用于污、废水合流的各类多层和高层建筑。

【答案】正确

【解析】双立管排水系统利用排水立管进行气流交换，改善管内水流状态，它适用于污、废水合流的各类多层和高层建筑。

5. 一个供热系统由热源、供热管网、热用户三个部分组成。

【答案】正确

【解析】一个供热系统由热源、供热管网、热用户三个部分组成。

6. 电热采暖是局部供热系统。

【答案】正确

【解析】局部供热系统：例如火炉、火炕和火墙、简易散热器采暖、煤气采暖和电热采暖等。

7. 煤气采暖是集中供热系统。

【答案】错误

【解析】局部供热系统：例如火炉、火炕和火墙、简易散热器采暖、煤气采暖和电热采暖等。

8. 空气调节任务是把室外的新鲜空气经适当的处理后送到室内。

【答案】错误

【解析】建筑通风的任务：在建筑物内消除生产和生活过程中产生的不符合卫生标准的污浊空气（有害气体、灰尘、余热、余湿）对人体及工艺产品的危害，把室外的新鲜空气经适当的处理后送到室内，从而保证室内空气的新鲜与洁净。

9. 在潮湿和易触及带电体场所的照明电源电压，应不大于36V。

【答案】 错误

【解析】 在潮湿和易触及带电体场所的照明电源电压，不应大于24V。

10. 等电位联结是防止触电的一项安全措施。

【答案】 正确

【解析】 等电位联结：将建筑物中各电气装置和其他装置外露的金属及可导电部分与人工或自然接地体同导体连接起来以减少电位差称为等电位联结。

11. 安全电压分为12V、24V、36V 三个等级。

【答案】 错误

【解析】 安全电压分为42V、36V、24V、12V、6V 五个等级，建筑施工现场常用的安全电压有12V、24V、36V。

12. 一般相线（火线）分为 A、B、C 三相，分别为黄色、绿色、红色；工作零线为黑色；专用保护零线为黄绿双色线。

【答案】 正确

【解析】 一般相线（火线）分为 A、B、C 三相，分别为黄色、绿色、红色；工作零线为黑色；专用保护零线为黄绿双色线。

13. 架空线设在专用电杆上，严禁架设在树木、脚手架上。

【答案】 正确

【解析】 架空线设在专用电杆上，严禁架设在树木、脚手架上。

14. 严禁用黄绿双色、黑色、蓝色线当相线，也严禁用黄色、绿色、红色线作为工作零线和保护零线。

【答案】 正确

【解析】 严禁用黄绿双色、黑色、蓝色线当相线，也严禁用黄色、绿色、红色线作为工作零线和保护零线。

15. 送电操作顺序：开关箱→分配电箱→总配电箱；断电操作顺序：总配电箱→分配电箱→开关箱。

【答案】 错误

【解析】 送电操作顺序：总配电箱→分配电箱→开关箱；断电操作顺序：开关箱→分配电箱→总配电箱。

16. 三孔或四孔插座的接地孔，必须置在底部位置，不可倒置。

【答案】 错误

【解析】 三孔或四孔插座的接地孔（较粗的一个孔），必须置在顶部位置，不可倒置，两孔插座应水平并列安装，不准垂直并列安装。

17. 防盗警报系统具有记录入侵时间、地点的功能。

【答案】 正确

【解析】 防盗警报系统具有记录入侵时间、地点的功能，可以向监视系统发出信号。

18. 出入口控制系统又称门禁管理系统，它主要实现人员出入自动控制。

【答案】 正确

【解析】 出入口控制系统又称门禁管理系统，它主要实现人员出入自动控制。

19. 闭路电视又称应用电视，它能在直接观察的情况下，使被监视对象实时反映出来。

【答案】错误

【解析】闭路电视又称应用电视，它能在不进行直接观察的情况下，使被监视对象实时、形象、不失真地反映出来。

20. 访客对讲系统按功能可分为单对讲性对讲系统和数码式对讲系统两种。

【答案】错误

【解析】访客对讲系统按功能可分为单对讲性对讲系统和可视对讲系统两种。

21. 公共广播系统是建筑内信息传输网的重要组成部分。

【答案】错误

【解析】电话通信系统是建筑内信息传输网的重要组成部分。

22. 电气消防系统能自动捕捉火灾监测区域内火灾发生时的烟雾或热气，从而能够发出声光报警。

【答案】正确

【解析】电气消防系统能自动捕捉火灾检测区域内火灾发生时的烟雾或热气，从而能够发出声光报警。

二、单选题

1. 下列不属于建筑室内给水系统的是（　　）。
   A. 生活给水系统　　　　　　　　B. 生产给水系统
   C. 消防给水水系统　　　　　　　D. 绿化给水系统

【答案】D

【解析】建筑室内给水系统的分类：按用途不同，建筑给水系统可以分为生活给水系统、生产给水系统和消防给水系统。

2. 下列管材不是塑料管的是（　　）。
   A. PVC-U 管　　B. ABS 管　　C. CR 管　　D. UPVC 芯层发泡管

【答案】C

【解析】塑料管包括：PVC-U（硬聚氯乙烯）管、UPVC 隔声空壁管、UPVC 芯层发泡管、ABS 管等多种管材。

3. 地震区的建筑给水系统应设（　　）供水方式。
   A. 气压给水设备供水方式　　　　B. 直接给水方式
   C. 水池、水泵和水箱的给水方式　D. 水泵给水方式

【答案】A

【解析】设气压给水设备供水方式：当室外给水管网水压经常不足，而用水水压允许有一定的波动，又不宜设置高位水箱时，可以采用气压给水设备升压供水，如地震区、人防工程或建筑立面有特殊要求等建筑的给水系统。

4. 单立管排水系统也称内通气系统，这种系统只设一根（　　）。
   A. 生活污水立管　　　　　　　　B. 通气立管
   C. 排气立管　　　　　　　　　　D. 生活废水立管

【答案】C

【解析】单立管排水系统也称内通气系统,这种系统只设一根排气立管,不设专用通气立管。

5. 供热管网由供水管和（　　）组成。
   A. 循环水泵　　B. 补给水泵　　C. 除污器　　D. 回水管

【答案】D

【解析】供热管网由一条供水管和一条回水管组成。

6. 蒸汽相对压力为60kPa的称为（　　）供热系统。
   A. 局部　　B. 集中　　C. 低压蒸汽　　D. 高压蒸汽

【答案】C

【解析】蒸汽相对压力小于70kPa的称为低压蒸汽供热系统。

7. 排风系统和送风系统统称为（　　）。
   A. 自然通风系统　　　　　　B. 机械通风系统
   C. 全面通风系统　　　　　　D. 通风系统

【答案】D

【解析】为排风和送风设置的管道及设备等装置分别称为排风系统和送风系统,统称为通风系统。

8. 室内灯具离地面低于2.4m,电源电压不应大于（　　）。
   A. 12V　　B. 24V　　C. 36V　　D. 42V

【答案】C

【解析】室内灯具离地面低于2.4m,手持照明灯具,一般潮湿作业场所的照明,电源电压不应大于36V。

9. 在特别潮湿的场所,导电良好的地面使用手持照明灯具等,照明电源电压不应大于（　　）。
   A. 12V　　B. 24V　　C. 36V　　D. 42V

【答案】A

【解析】在特别潮湿的场所,锅炉或金属容器内,导电良好的地面使用手持照明灯具等,照明电源电压不应大于12V。

10. 施工现场临时用电一般采用（　　）级配电方式。
    A. 三　　B. 四　　C. 二　　D. 五

【答案】A

【解析】施工现场临时用电一般采用三级配电方式。

11. 固定式配电箱、开关箱的下底与地面垂直距离应介于（　　）之间。
    A. 1.0~3.0m　　　　　　B. 0.3~1.0m
    C. 1.0~1.5m　　　　　　D. 1.3~1.5m

【答案】D

【解析】固定式配电箱、开关箱的下底与地面垂直距离应介于1.3~1.5m之间。

12. 在露天、潮湿场所或金属构架上操作时,必须选用（　　）类手持式电动工具。
    A. Ⅰ　　B. Ⅱ　　C. Ⅲ　　D. Ⅳ

【答案】B

【解析】在露天、潮湿场所或金属构架上操作时，必须选用Ⅱ类手持式电动工具，并装设漏电保护器，严禁使用Ⅰ类手持式电动工具。

13. 对于四孔插座，上孔接（　　）。
    A. A相线　　　　B. B相线　　　　C. C相线　　　　D. 保护零线

【答案】D

【解析】对于四孔插座，上孔接保护零线，其他三孔分别接A、B、C三根相线。

14. 施工现场电气线路全部采用（　　）系统专用保护接零（PE线）系统供电。
    A. TN-C　　　　B. TT　　　　C. TN-S　　　　D. TN-C-S

【答案】C

【解析】施工现场电气线路全部采用"三相五线制"（TN-C-S）系统专用保护接零（PE线）系统供电。

15. 一般场所应选用（　　）类手持式电动工具。
    A. Ⅰ　　　　B. Ⅱ　　　　C. Ⅲ　　　　D. Ⅳ

【答案】A

【解析】一般场所应选用Ⅰ类手持式电动工具，并应装设额定漏电动作电流不大于15mA，额定漏电动作时间小于0.1s的漏电保护器。

16. 下列无法用万用表测量的是（　　）。
    A. 电压　　　　B. 功率　　　　C. 电流　　　　D. 电感

【答案】B

【解析】万用表：用于测量电压、电流、电阻、电感、电容、三极管等。

17. 防盗报警控制器安置于（　　），是监控中心的主要设备。
    A. 监控中心　　　　B. 控制中心　　　　C. 探测中心　　　　D. 警报中心

【答案】B

【解析】防盗报警控制器安置于控制中心，是监控中心的主要设备。

18. 最安全的出入口控制为（　　）。
    A. 卡片式出入口控制
    B. 密码识别技术出入控制
    C. 人体特征识别技术出入控制
    D. 物品特征识别技术出入控制

【答案】C

【解析】人体特征识别技术又称生物识别技术，是按人体生物特征的非同性来辨别人的身份，是最安全可靠的方法。

19. 闭路电视监控系统由（　　）组成。
    A. 摄像、中央控制器、人体生物特征传感器、物体生物特征传感器
    B. 摄像、传输分配、控制、图像处理与显示
    C. 摄像、检测器、控制器、管理器
    D. 摄像、探测器、传输分配、控制器

【答案】B

【解析】一般电视监控系统均由摄像、传输分配、控制、图像处理与显示等四个部分组成。

20. 下列不属于楼宇对讲系统类型的是（　　）。
   A. 直按式
   B. 数码式
   C. 数码式户户通
   D. 直按式可视对讲

【答案】C

【解析】楼宇对讲系统：根据类型可分为直按式、数码式、数码式户户通、直按式可视对讲、数码式可视对讲、数码式户户通可视对讲等。

21. 电话通信系统终端设备为（　　）。
   A. 电话机
   B. 话筒
   C. 电话交换机
   D. 中继线

【答案】A

【解析】电话通信系统终端设备为电话机，传输设备为用户线、中继线，交换设备为电话交换机。

22. 电气消防系统的执行机构和避难引导系统并称为（　　）。
   A. 感应机构
   B. 消防联动机构
   C. 消防疏导机构
   D. 消防防御机构

【答案】B

【解析】电气消防系统主要由三部分组成：第一部分为感应机构，第二部分为执行机构，第三部分为避难引导系统。其中第二、三部分也可合并称为消防联动机构。

三、多选题

1. 建筑排水系统的组成部分有（　　）。
   A. 污（废）水收集器
   B. 排水管道
   C. 通气管道系统
   D. 清通设备
   E. 提升设备

【答案】ABCDE

【解析】筑排水系统一般由污（废）水收集器、排水管道、通气管道系统、清通设备、提升设备等部分组成。

2. 建筑给水常用管材，根据制造工艺和材质不同，分为（　　）。
   A. 黑色金属管
   B. 有色金属管
   C. 无色金属管
   D. 复合管
   E. 非金属管

【答案】ABDE

【解析】建筑给水常用管材：根据制造工艺和材质不同，管材有很多品种。按材质分为黑色金属管（钢管、铸铁管）、有色金属管（铜管、铝管）、非金属管（混凝土管、钢筋混凝土管、塑料管）、复合管（钢塑管、铝塑管）等。

3. 下列给水方式说法中正确的是（　　）。
   A. 地震区的建筑应设气压给水设备供水方式
   B. 用水高峰不能保证建筑物上层用水时，应设直接给水方式
   C. 高层建筑物应设水池、水泵和水箱的给水方式
   D. 室外管网水压经常不足时应设水泵给水方式
   E. 室外管网的水压、水量能满足正常的使用要求，应设直接给水方式

【答案】ADE

【解析】1) 直接给水方式：当室外管网的水压、水量能满足正常的使用要求，建筑室内给水无特殊要求时，可以利用室外管网的水压直接供水。2) 单设水箱给水方式：当一天内室外管网大部分时间能满足建筑用水要求，仅在用水高峰由于室外管网压力降低而不能保证建筑物上层用水时采用此种方式。3) 设水泵给水方式：当室外管网水压经常不足时，利用水泵进行加压后向室内给水系统供水。4) 设水池、水泵和水箱的给水方式：当室外管网水压经常不足，而且不允许水泵从室外管网吸水和室内用水不均匀时，常采用该种给水方式。5) 设气压给水设备供水方式：当室外给水管网水压经常不足，而用水水压允许有一定的波动，又不宜设置高位水箱时，可以采用气压给水设备升压供水，如地震区、人防工程或建筑立面有特殊要求等建筑的给水系统。6) 分区供水给水方式：在多层及高层建筑物中，为了充分有效地利用室外管网的压力，节省能源，常常将给水系统分成上、下两个供水区。

4. 下列常见的排水系统是（   ）。
   A. 单立管排水系统   B. 双立管排水系统
   C. 三立管排水系统   D. 四立管排水系统
   E. 复合排水系统

【答案】ABC

【解析】常见的排水系统：根据排水立管和通气立管的设置情况，建筑内部排水管道系统分为单立管排水系统、双立管排水系统、三立管排水系统。

5. 下列说法中正确的是（   ）。
   A. 系统在运行过程中的漏水量由补给水泵补充到系统内
   B. 补水量的多少可以通过回水管控制
   C. 除污器设在补给水泵入口侧
   D. 用循环水泵作动力使水沿供水管流入各热用户
   E. 除污器用以清除水中的污物、杂质

【答案】ADE

【解析】系统中的水在锅炉中被加热到所需要的温度，并用循环水泵作动力使水沿供水管流入各热用户，散热后的回水沿回水管返回锅炉，水不断地在系统中循环流动。系统在运行过程中的漏水量或被用户消耗的水量，由补给水泵把经水处理装置处理后的水由回水管补充到系统内，补水量的多少可以通过压力调节阀控制。除污器设在循环水泵入口侧，用以清除水中的污物、杂质，避免进入水泵与锅炉内。

6. 下列热水供暖形式说法正确的是（   ）。
   A. 上供下回式系统的供水管和回水管均敷设在所有散热器的下面
   B. 中供式系统供水干管设在建筑物中间某层顶棚的下面
   C. 下供上回式机械循环热水供暖系统有单管和双管系统两种形式
   D. 机械循环下供上回式系统的供水干管设在所有散热设备的下面
   E. 低温地板辐射采暖系统供回水多为双管系统

【答案】BDE

【解析】上供下回式机械循环热水供暖系统有单管和双管系统两种形式。双管下供下回式系统的供水管和回水管均敷设在所有散热器的下面。中供式系统供水干管设在建筑物中间某层顶棚的下面。机械循环下供上回式系统的供水干管设在所有散热设备的下面，回水干管设在所有散热器上面，膨胀水箱连接在回水干管上。低温地板辐射采暖系统供回水多为双管系统。

7. 空调系统按空气处理设备设置情况分为（　　）。
A. 集中式空调系统　　　　　　B. 半集中式空调调节系统
C. 混合式系统　　　　　　　　D. 全分散空气调节系统
E. 全空气空调调节系统

【答案】ABD

【解析】空调系统按空气处理设备设置情况分为集中式空调系统、半集中式空调调节系统、全分散空气调节系统。

8. 根据集中式空调系统处理的空气来源分为（　　）。
A. 封闭式系统　　　　　　　　B. 半集中式空调调节系统
C. 混合式系统　　　　　　　　D. 全分散空气调节系统
E. 直流式系统

【答案】ACE

【解析】根据集中式空调系统处理的空气来源分封闭式系统、直流式系统、混合式系统。

9. 根据负担室内空调负荷所用介质分为（　　）。
A. 直接蒸发空调系统　　　　　B. 空气-水空调系统
C. 全水空调调节系统　　　　　D. 全分散空气调节系统
E. 全空气空调调节系统

【答案】ABCE

【解析】根据负担室内空调负荷所用介质分为全空气空调调节系统、全水空调调节系统、空气-水空调系统、直接蒸发空调系统。

10. （　　）是配电箱和开关箱的使用安全要求。
A. 选用钢板或绝缘板等材料
B. 安装不得倒置、歪斜
C. 进入开关箱的电源线，可以用插销连接
D. 分配电箱与开关箱的距离不得低于30m
E. 选用硬质塑料板等材料

【答案】AB

【解析】1）配电箱、开关箱的箱体材料，一般选用钢板，亦可选用绝缘板，但不宜选用木制材料。2）电箱、开关箱应安装端正、牢固，不得倒置、歪斜。3）进入开关箱的电源线，严禁用插销连接。4）电箱之间的距离不宜太远：分配电箱与开关箱的距离不得超过30m。

11. 配电箱、开关箱的箱体材料，可选用（　　）。
A. 钢板　　　　B. 木质材料　　　C. 硬质塑料　　　D. 绝缘板
E. 泡沫塑料

【答案】AD

【解析】配电箱、开关箱的箱体材料，一般选用钢板，亦可选用绝缘板，但不宜选用木制材料。

12. 根据 IEC（国际电工委员会）规定，低压配电系统按接地方式的不同分为三类，即（   ）。
   A. TT 系统   B. TN 系统   C. IT 系统   D. TS 系统
   E. TB 系统

【答案】ABC

【解析】根据 IEC（国际电工委员会）规定，低压配电系统按接地方式的不同分为三类，即 TT、TN 和 IT 系统。

13. （   ）是配电箱和开关箱的使用安全要求。
   A. 开关箱与固定式用电设备的水平距离不宜超过 3m
   B. 每台用电设备应有各自专用的开关箱
   C. 在配电箱和开关箱内可以挂接或插接其他临时用电设备
   D. 配电箱、开关箱的接线应由电工操作，非电工人员不得乱接
   E. 所有配电箱门应配锁，开关箱内应放置检修工具等杂物

【答案】ABD

【解析】开关箱与固定式用电设备的水平距离不宜超过 3m。每台用电设备应有各自专用的开关箱。所有配电箱门应配锁，不得在配电箱和开关箱内挂接或插接其他临时用电设备，开关箱内严禁放置杂物。配电箱、开关箱的接线应由电工操作，非电工人员不得乱接。

14. 接地电阻测量仪由（   ）组成。
   A. 测量仪   B. 高压电源   C. 2 支探针   D. 测量线路
   E. 3 根导线

【答案】ACE

【解析】接地电阻测量仪：由测量仪、2 支探针、3 根导线组成，用于测量接地电阻。

15. 防盗报警系统是在探测到防范现场有入侵者时能发出报警信号的专用电子系统，一般由（   ）组成。
   A. 防盗报警探测器   B. 传输系统
   C. 报警控制器又称报警主机   D. 位置开关
   E. 警笛

【答案】ABC

【解析】防盗报警系统是在探测到防范现场有入侵者时能发出报警信号的专用电子系统，一般由防盗警报器（前端）、传输系统（传输）和警报控制器［又称警报主机（终端）］组成。

16. 常用防盗报警控制器有（   ）。
   A. 小型报警控制器   B. 超声波报警控制器
   C. 区域报警控制器   D. 集中报警控制器
   E. 红外报警控制器

【答案】ACD

【解析】常用防盗报警控制器有：1）小型报警控制器；2）区域报警控制器；3）集中报警控制器。

17. 出入口控制系统的基本结构说法正确的是（   ）。
A. 出入口控制系统的基本结构一般由三个层次的设备构成。
B. 底层是直接与人打交道的设备
C. 中层控制器包括有读卡器、人体自动识别系统等
D. 上层计算机内装有门禁系统的管理软件，管理系统中所有的控制器
E. 上层计算机接受底层设备发送来的有关人员的信息

【答案】ABD

【解析】出入口控制系统的基本结构一般由三个层次的设备构成。底层是直接与人打交道的设备，包括有读卡器、人体自动识别系统、电子门锁、出口按钮、报警传感器和报警喇叭等；中层控制器用来接受底层设备发送来的有关人员的信息；上层计算机内装有门禁系统的管理软件，管理系统中所有的控制器，向它们发送控制指令，进行设置，接收控制器发来的指令进行分析和处理。

18. 下列不属于闭路电视监控系统的特点的是（   ）。
A. 信息来源于多台摄像机，多路信号可以分时间传输和显示
B. 集中型，一般作监测、控制、管理使用
C. 一般都采用闭路传输，传输距离一般较短
D. 一般用射频传输，不用视频传输
E. 除向接收端传输视频信号外，还要向摄像机传送控制信号和电源

【答案】AD

【解析】闭路电视监控系统的特点与构成：1）集中型，一般作监测、控制、管理使用；2）信息来源于多台摄像机，多路信号要求同时传输、同时显示；3）一般都采用闭路传输，传输距离一般较短，有限范围多在几十米到几公里之内；4）一般用视频传输，不用射频传输；5）除向接收端传输视频信号外，还要向摄像机传送控制信号和电源。

19. 下列属于访客对讲系统应该考虑的问题的是（   ）。
A. 要求对讲语言清晰，信噪比低，失真度低
B. 只要按下户主代码，对应的户主拿下话机就可以与访客通话
C. 访客对讲系统的线制结构有多线制和总线制两种
D. 防盗门可以是栅栏式或复合式，但关键是安全性和可靠性要有保证
E. 可视对讲系统可用于单元式的公寓和经济条件比较富裕的家庭

【答案】BDE

【解析】访客对讲系统应该考虑的问题：1）对讲系统：要求对讲语言清晰，信噪比高，失真度低；2）控制系统：只要按下户主代码，对应的户主拿下话机就可以与访客通话，以决定是否需要打开防盗门；3）电源系统：电源设计的适用范围要大，考虑交、直流两用；4）电控防盗安全门：防盗门可以是栅栏式或复合式，但关键是安全性和可靠性要有保证；5）系统线制结构的选择：访客对讲系统的线制结构有多线制、总线多线制和总线制三种；6）可视对讲系统的选择：可视对讲系统可用于单元式的公寓和经济条件比

较富裕的家庭。

20. 下列说法中正确的是（　　）。
A. 有线电视系统简称CATV，是住宅建筑和大多数公共建筑必须设置的系统
B. 有线电视系统可以播送通知、报告或进行促进安全、高效生产的宣传等工作
C. 公共广播系统可以播放音乐，或者转播中央和地方广播电台的节目
D. 电话通信系统是建筑内信息传输网的重要组成部分
E. 停车场车辆管理系统目的是实现对场内车辆与收费的安全管理

【答案】ACDE

【解析】有线电视系统简称CATV，是住宅建筑和大多数公共建筑必须设置的系统。电话通信系统是建筑内信息传输网的重要组成部分。公共广播系统是现代建筑中普遍设置的系统，可利用公共广播系统播放音乐，或者转播中央和地方广播电台的节目。同时，通过系统播送通知、报告或进行促进安全、高效生产的宣传等工作。停车场车辆管理系统目的是有效地控制车辆出入，记录所有详细资料并自动计算收费额度，实现对场内车辆与收费的安全管理。

21. 下列不属于火灾自动报警系统的组成的是（　　）。
A. 火灾报警装置　　　　　　　　B. 火灾警报装置
C. 感应装置　　　　　　　　　　D. 传输装置
E. 控制装置

【答案】CD

【解析】火灾自动报警系统的组成：由触发器件、火灾报警装置、火灾警报装置、控制装置、电源等组成。

第九章　环境与职业健康

一、判断题

1. 环境保护是我国的基本国策。

【答案】正确

【解析】环境保护是我国的基本国策。

2. 职业安全健康方针是所有生产过程中必须遵循的职业安全健康工作的基本原则。

【答案】正确

【解析】职业安全健康方针是所有生产过程中必须遵循的职业安全健康工作的基本原则。

3. 土方应集中堆放，裸露的场地和集中堆放的土方应采取隔离、洒水等措施。

【答案】错误

【解析】土方应集中堆放，裸露的场地和集中堆放的土方应采取覆盖、固化或绿化等措施。

4. 施工现场应按照《建筑施工场界环境噪声排放标准》GB12523—2011的规定制定降噪措施。

【答案】正确

【解析】施工现场应按照《建筑施工场界环境噪声排放标准》GB12523—2011的规定制定降噪措施。

5. 施工现场废水应直接排入市政污水管网和河流。

【答案】错误

【解析】施工现场应设置排水沟和沉淀池，现场废水不得直接排入市政污水管网和河流。

6. 施工现场大型照明灯应将直射光线射入空中。

【答案】错误

【解析】施工现场大型照明灯应采用俯视角度，不应将直射光线射入空中。

7. 施工车辆运输砂石应在指定地点倾卸。

【答案】正确

【解析】施工车辆运输砂石、土方、渣土和建筑垃圾，应采取密封、覆盖措施，避免遗漏、遗撒，并在指定地点倾卸。

二、单选题

1. （　　）是整个环境保护工作中重要的一环。
   A. 人与环境和谐相处　　　　　B. 消耗自然资源
   C. 施工周期长　　　　　　　　D. 大型机具配合

【答案】A

【解析】实现人与环境和谐相处，是整个环境保护工作中重要的一环。

2. 职业安全健康方针是（　　）。

A. 安全第一，防治结合　　　　　　B. 安全第一，综合治理
C. 预防为主，综合治理　　　　　　D. 安全第一，预防为主

【答案】D

【解析】"安全第一，预防为主"是根据我国实际情况制定的职业安全健康方针。

3. 施工现场出入口应采取（　　）的措施。
A. 保证车辆清洁　　　　　　　　　B. 封闭式运输车辆
C. 覆盖　　　　　　　　　　　　　D. 隔离

【答案】A

【解析】施工现场出入口应采取保证车辆清洁的措施。

4. 在人口稠密区，一般应在（　　）停止强噪声作业。
A. 晚20点到次日早6点　　　　　　B. 晚21点到次日早5点
C. 晚22点到次日早6点　　　　　　D. 晚23点到次日早7点

【答案】C

【解析】控制强噪声作业的时间：凡在人口稠密区进行强噪声作业时，需严格控制作业时间，一般晚22点到次日早6点之间应停止强噪声作业。

5. 厕所化粪池应进行（　　）。
A. 沉淀　　　　　　　　　　　　　B. 污水管线连接
C. 及时清理　　　　　　　　　　　D. 抗渗处理

【答案】D

【解析】厕所化粪池应进行抗渗处理。

6. 品质高、遮光性能好的荧光灯工作频率在（　　）以上。
A. 10kHz　　　B. 20kHz　　　C. 30kHz　　　D. 40kHz

【答案】B

【解析】建筑工程尽量多采用品质高、遮光性能好的荧光灯。其工作频率在20kHz以上，有效降低荧光灯的闪烁度，改善视觉环境，有利于人体健康。

7. 施工车辆运输砂石、土方、渣土和建筑垃圾，应采取（　　）措施。
A. 密封、覆盖　　B. 隔离、洒水　　C. 覆盖、固化　　D. 固化、绿化

【答案】A

【解析】施工车辆运输砂石、土方、渣土和建筑垃圾，应采取密封、覆盖措施，避免遗漏、遗撒，并在指定地点倾卸。

三、多选题

1. 对环境产生不良影响的污染源主要有（　　）。
A. 粉尘污染　　　　　　　　　　　B. 施工废水污染
C. 施工噪声污染　　　　　　　　　D. 振动污染
E. 废热污染

【答案】ABC

【解析】对环境产生不良影响的污染源主要有：粉尘、废气污染，施工时产生的施工废水和生活废水，施工噪声，固体废弃物及有毒有害化学品等。

2. 施工现场环境保护的规定为（　　）。
A. 防治大气污染
B. 防治施工噪声污染
C. 防治水污染
D. 防治施工照明污染
E. 防治固体废弃物污染

【答案】ABCDE

【解析】施工现场环境保护的规定主要体现在防治大气污染、防治施工噪声污染、防治水污染、防治施工照明污染、防治固体废弃物污染等五个方面。

3. 下列说法中正确的是（　　）。
A. 土方应集中堆放，裸露的场地应采取覆盖、固化或绿化等措施
B. 为防止施工过程中扬尘，应使用密目式安全网对在建构筑物进行封闭
C. 施工现场出入口应采取保证车辆清洁的措施
D. 施工现场混凝土搅拌场所应采取覆盖、固化措施
E. 建筑物内施工垃圾的清运，应采用专用封闭式容器吊运

【答案】ABCE

【解析】土方应集中堆放，裸露的场地和集中堆放的土方应采取覆盖、固化或绿化等措施。应使用密目式安全网对在建建筑物、构筑物进行封闭，防止施工过程中扬尘。施工现场出入口应采取保证车辆清洁的措施。施工现场混凝土搅拌场所应采取封闭、降尘措施。建筑物内施工垃圾的清运，应采用专用封闭式容器吊运或传递，严禁凌空抛撒。

4. 特殊情况必须昼夜施工时，应采取（　　）。
A. 鸣笛广播通知
B. 降低噪声
C. 张贴安民告示
D. 会同建设单位与当地居委会协调
E. 通知居民转移

【答案】BCD

【解析】确系特殊情况必须昼夜施工时，应采取降低噪声措施，并会同建设单位与当地居委会、村委会或当地居民协调，张贴安民告示，求得群众谅解。

5. 下列说法中正确的是（　　）。
A. 施工现场应设置隔油池
B. 现场存放的油料地面应进行防渗处理
C. 食堂应设置排水沟
D. 厕所化粪池应进行抗渗处理
E. 食堂的下水管线应设置隔离网

【答案】BDE

【解析】施工现场应设置排水沟和沉淀池，现场废水不得直接排入市政污水管网和河流。现场存放的油料、化学溶剂等应设有专门的库房，地面应进行防渗处理。食堂应设置隔油池，并及时清理。厕所化粪池应进行抗渗处理。食堂、盥洗室、淋浴间的下水管线应设置隔离网，并应于市政污水管线连接，保证排水畅通。

6. 下列属于不利光源的有（　　）。
A. 白炽灯
B. 黑光灯

C. 激光灯　　　　　　　　　　D. 探照灯
E. 空中玫瑰灯

【答案】BCDE

【解析】尽量少采用黑光灯、激光灯、探照灯、空中玫瑰灯等不利光源。

安全员通用与基础知识试卷

一、判断题（共 20 题，每题 1 分）

1. 由一个国家现行的各个部门法构成的有机联系的统一整体通常称为法律部门。

【答案】（ ）

2. 建筑业企业资质，是指建筑业企业的建设业绩、人员素质、管理水平、资金数量、技术装备等的总称。

【答案】（ ）

3. 混凝土的轴心抗压强度是采用 150mm×150mm×500mm 棱柱体作为标准试件，在标准条件（温度 20℃±2℃，相对湿度为 95％以上）下养护 28d，采用标准试验方法测得的抗压强度值。

【答案】（ ）

4. 为了便于涂抹，普通抹面砂浆要求比砌筑砂浆具有更好的和易性，因此胶凝材料（包括掺合料）的用量比砌筑砂浆的多一些。

【答案】（ ）

5. 建筑施工图一般包括建筑设计说明、建筑总平面图、平面图、立面图、剖面图及建筑详图等。

【答案】（ ）

6. 施工图识读方法包括总揽全局、循序渐进、相互对照、重点细读四个部分。

【答案】（ ）

7. 当受拉钢筋的直径 $d>22$mm 及受压钢筋的直径 $d>25$mm 时，不宜采用绑扎搭接接头。

【答案】（ ）

8. 防水砂浆防水层通常称为刚性防水层，是依靠增加防水层厚度和提高砂浆层的密实性来达到防水要求。

【答案】（ ）

9. 在工程开工前，由项目经理组织编制施工项目管理实施规划，对施工项目管理从开工到交工验收进行全面的指导性规划。

【答案】（ ）

10. 安全管理的对象是生产中一切人、物、环境、管理状态，安全管理是一种动态管理。

【答案】（ ）

11. 力是物体之间相互的机械作用，这种作用的效果是使物体的运动状态发生改变，而无法改变其形态。

【答案】（ ）

12. 变形固体的基本假设是为了使计算简化，但会影响计算和分析结果。

13. 民用建筑通常由地基、墙或柱、楼板层、楼梯、屋顶、地坪、门窗等几大主要部分组成。

【答案】（   ）

14. 圈梁是沿外墙及部分内墙设置的水平、闭合的梁。

【答案】（   ）

15. 用油毡做防水层的屋面属于柔性防水屋面。

【答案】（   ）

16. 泛水的高度不能小于 250mm。

【答案】（   ）

17. 梁、板的截面尺寸应利于模板定型化。

【答案】（   ）

18. 砌体结构的构造是确保房屋结构整体性和结构安全的可靠措施。

【答案】（   ）

19. 送电操作顺序：开关箱→分配电箱→总配电箱；断电操作顺序：总配电箱→分配电箱→开关箱。

【答案】（   ）

20. 出入口控制系统又称门禁管理系统，它主要实现人员出入自动控制。

【答案】（   ）

二、单选题（共 40 题，每题 1 分）

21. 建设法规的调整对象，即发生在各种建设活动中的社会关系，包括建设活动中所发生的行政管理关系、（   ）及其相关的民事关系。

A. 财产关系　　　　　　　　B. 经济协作关系
C. 人身关系　　　　　　　　D. 政治法律关系

22. 建设法规体系的核心和基础是（   ）。

A. 宪法　　　　　　　　　　B. 建设法律
C. 建设行政法规　　　　　　D. 中华人民共和国建筑法

23. 按照《建筑业企业资质管理规定》，建筑业企业资质分为（   ）三个序列。

A. 特级、一级、二级　　　　B. 一级、二级、三级
C. 甲级、乙级、丙级　　　　D. 施工总承包、专业承包和施工劳务

24. 以下关于建筑劳务分包企业业务承揽范围的说法，正确的是（   ）。

A. 劳务分包企业可以承接施工总承包企业或专业承包企业分包的劳务作业
B. 抹灰作业分包企业资质分为一级、二级
C. 施工劳务企业可以承担各类劳务作业
D. 抹灰作业分包企业可承担各类工程的抹灰作业分包业务，但单项业务合同额不超过企业注册资本金 5 倍

25. 下列关于负有安全生产监督管理职责的部门行使职权的说法，错误的是（   ）。

A. 进入生产经营单位进行检查，调阅有关资料，向有关单位和人员了解情况

B. 重大事故隐患排除后,即可恢复生产经营和使用
C. 对检查中发现的安全生产违法行为,当场予以纠正或者要求限期改正
D. 对检查中发现的事故隐患,应当责令立即排除

26. 属于水硬性胶凝材料的是( )。
A. 石灰　　　　　B. 石膏　　　　　C. 水泥　　　　　D. 水玻璃

27. 下列关于普通混凝土的主要技术性质的表述中,正确的是( )。
A. 混凝土拌合物的主要技术性质为和易性,硬化混凝土的主要技术性质包括强度、变形和耐久性等
B. 和易性是满足施工工艺要求的综合性质,只包括流动性和保水性
C. 混凝土拌合物的和易性目前主要以测定流动性的大小来确定
D. 根据坍落度值的大小将混凝土进行分级时,坍落度160mm的混凝土为流动性混凝土

28. 下列关于烧结砖的分类、主要技术要求及应用的相关说法中,正确的是( )。
A. 强度、抗风化性能和放射性物质合格的烧结普通砖,根据尺寸偏差、外观质量、泛霜和石灰爆裂等指标,分为优等品、一等品、合格品三个等级
B. 强度和抗风化性能合格的烧结空心砖,根据尺寸偏差、外观质量、孔型及孔洞排列、泛霜、石灰爆裂分为优等品、一等品、合格品三个等级
C. 烧结多孔砖主要用作非承重墙,如多层建筑内隔墙或框架结构的填充墙
D. 烧结空心砖在对安全性要求低的建筑中,可以用于承重墙体

29. 下列关于结构施工图的作用的说法中,错误的是( )。
A. 结构施工图是施工放线、开挖基坑(槽)、施工承重构件(如梁、板、柱、墙、基础、楼梯等)的主要依据
B. 结构立面布置图是表示房屋中各承重构件总体立面布置的图样
C. 结构设计说明是带全局性的文字说明
D. 结构详图一般包括:梁、柱、板及基础结构详图,楼梯结构详图,屋架结构详图,其他详图(如天沟、雨篷、过梁等)

30. 下列关于基坑(槽)开挖施工工艺的说法中,正确的是( )。
A. 采用机械开挖基坑时,为避免破坏基底土,应在标高以上预留15～50cm的土层由人工挖掘修整
B. 在基坑(槽)四侧或两侧挖好临时排水沟和集水井,或采用井点降水,将水位降低至坑、槽底以下500mm,以利于土方开挖
C. 雨期施工时,基坑(槽)需全段开挖,尽快完成
D. 当基坑挖好后不能立即进行下道工序时,应预留30cm的土不挖,待下道工序开始再挖至设计标高

31. 下列按砌筑主体不同分类的砌体工程中,不符合的是( )。
A. 砖砌体工程　B. 砌块砌体工程　C. 石砌体工程　D. 混凝土砌体工程

32. 下列各项中,关于常见模板的种类、特性的基本规定错误的说法是( )。
A. 常见模板的种类有组合式模板、工具式模板两大类
B. 爬升模板适用于现浇钢筋混凝土竖向(或倾斜)结构

C. 飞模适用于小开间、小柱网、小进深的钢筋混凝土楼盖施工
D. 组合式模板可事先按设计要求组拼成梁、柱、墙、楼板的大型模板，整体吊装就位，也可采用散支散拆方法

33. 下列各项中，不属于混凝土工程施工内容的是（　　）。
  A. 混凝土拌合料的制备　　　　　　B. 混凝土拌合料的养护
  C. 混凝土拌合料的强度测定　　　　D. 混凝土拌合料的振捣

34. 钢结构的连接方法不包括（　　）。
  A. 绑扎连接　　B. 焊接　　C. 螺栓连接　　D. 铆钉连接

35. 下列选项中关于施工项目管理的特点说法，错误的是（　　）。
  A. 对象是施工项目　　　　　　　B. 主体是建设单位
  C. 内容是按阶段变化的　　　　　D. 要求强化组织协调工作

36. 下列选项中，不属于施工项目管理组织的主要形式的是（　　）。
  A. 工作队式　　B. 线性结构式　　C. 矩阵式　　D. 事业部式

37. 下列选项中，不属于建立施工项目经理部的基本原则的是（　　）。
  A. 根据所设计的项目组织形式设置
  B. 适应现场施工的需要
  C. 满足建设单位关于施工项目目标控制的要求
  D. 根据施工工程任务需要调整

38. 施工项目控制的任务是进行以项目进度控制、质量控制、成本控制和安全控制为主要内容的四大目标控制。其中下列不属于与施工项目成果相关的是（　　）。
  A. 进度控制　　B. 安全控制　　C. 质量控制　　D. 成本控制

39. 下列措施中，不属于施工项目安全控制的措施的是（　　）。
  A. 组织措施　　B. 技术措施　　C. 管理措施　　D. 经济措施

40. 施工项目过程控制中，加强专项检查，包括自检、（　　）、互检。
  A. 专检　　B. 全检　　C. 交接检　　D. 质检

41. 图示为一轴力杆，其中最大的拉力为（　　）。
  A. 12kN　　B. 20kN　　C. 8kN　　D. 13kN

42. 下页图所示杆ABC，其正确的受力图为（　　）。
  A. 图（a）　　B. 图（b）　　C. 图（c）　　D. 图（d）

43. 构件在外力作用下平衡时，可以利用（　　）。
  A. 平衡条件求出所有未知力　　　B. 平衡条件求出某些未知力
  C. 力系的简化求未知力　　　　　D. 力系的合成或分解求未知力

44. 假设固体内部各部分之间的力学性质处处相同，为（　　）。
  A. 均匀性假设　　　　　　B. 连续性假设

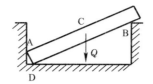

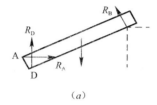
(a)

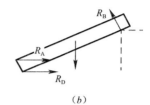
(b)

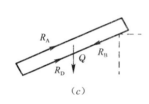
(c)

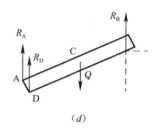
(d)

C. 各向同性假设 D. 小变形假设

45. 砖墙、砌块墙、石墙和混凝土墙等是按照（　　）分的。

A. 承重能力 B. 砌墙材料

C. 墙体在建筑中的位置 D. 墙体的施工方式

46. 下列材料中不可以用来做墙身防潮层的是（　　）。

A. 油毡 B. 防水砂浆 C. 细石混凝土 D. 碎砖灌浆

47. 下列对预制板的叙述错误的是（　　）。

A. 空心板是一种梁板结合的预制构件

B. 槽形板是一种梁板结合的构件

C. 结构布置时应优先选用窄板，宽板作为调剂使用

D. 预制板的板缝内用细石混凝土现浇

48. 每段楼梯的踏步数应在（　　）步。

A. 2～18 B. 3～24 C. 2～20 D. 3～18

49. 室外楼梯不宜使用的扶手是（　　）。

A. 天然石材 B. 工程塑料 C. 金属型材 D. 优质硬木

50. 不属于小型构件装配式楼梯的是（　　）。

A. 墙承式楼梯 B、折板式楼梯 C. 梁承式楼梯 D. 悬臂式楼梯

51. 下列不属于塑料门窗的材料的是（　　）。

A. PVC B. 添加剂 C. 橡胶 D. 氯化聚乙烯

52. 悬山通常是把檩条挑出山墙，用（　　）水泥石灰麻刀砂浆做披水线，将瓦封住。

A. 1∶1 B. 1∶2 C. 1∶3 D. 1∶4

53. 以钢板、型钢、薄壁型钢制成的构件是（　　）。

A. 排架结构　　　B. 钢结构　　　C. 楼盖　　　D. 配筋

54. 钢筋网间距不应大于 5 皮砖，不应大于（　　）mm。
A. 100　　　B. 200　　　C. 300　　　D. 400

55. 下列管材不是塑料管的是（　　）。
A. PVC-U 管　　　B. ABS 管　　　C. CR 管　　　D. UPVC 芯层发泡管

56. 供热管网由供水管和（　　）组成。
A. 循环水泵　　　B. 补给水泵　　　C. 除污器　　　D. 回水管

57. 在特别潮湿的场所，导电良好的地面使用手持照明灯具等，照明电源电压不应大于（　　）。
A. 12V　　　B. 24V　　　C. 36V　　　D. 42V

58. 闭路电视监控系统由（　　）组成。
A. 摄像、中央控制器、人体生物特征传感器、物体生物特征传感器
B. 摄像、传输分配、控制、图像处理与显示
C. 摄像、检测器、控制器、管理器
D. 摄像、探测器、传输分配、控制器

59. 职业安全健康方针是（　　）。
A. 安全第一，防治结合　　　B. 安全第一，综合治理
C. 预防为主，综合治理　　　D. 安全第一，预防为主

60. 品质高、遮光性能好的荧光灯工作频率在（　　）以上。
A. 10kHz　　　B. 20kHz　　　C. 30kHz　　　D. 40kHz

三、多选题（共 20 题，每题 2 分，选错项不得分，选不全得 1 分）

61. 建设活动中的行政管理关系，是国家及其建设行政主管部门同（　　）及建设监理等中介服务单位之间的管理与被管理关系。
A. 建设单位　　　B. 劳务分包单位
C. 施工单位　　　D. 建筑材料和设备的生产供应单位
E. 设计单位

62. 以下关于市政公用工程施工总承包企业承包工程范围的说法，错误的是（　　）。
A. 特级企业可承担各类市政公用工程的施工
B. 三级企业可承担 5 万 t/d 的污水处理工程
C. 二级企业可承担各类城市生活垃圾处理工程
D. 三级企业可承担单跨 30m 的城市桥梁工程
E. 二级企业可承担单跨 50m 的城市桥梁工程

63. 下列关于通用水泥的特性及应用的基本规定中，正确的是（　　）。
A. 复合硅酸盐水泥适用于早期强度要求高的工程及冬期施工的工程
B. 矿渣硅酸盐水泥适用于大体积混凝土工程
C. 粉煤灰硅酸盐水泥适用于有抗渗要求的工程
D. 火山灰质硅酸盐水泥适用于抗裂性要求较高的构件
E. 硅酸盐水泥适用于严寒地区遭受反复冻融循环作用的混凝土工程

64. 下列关于钢筋混凝土结构用钢材的相关说法中，错误的是（   ）。

A. 根据表面特征不同，热轧钢筋分为光圆钢筋和带肋钢筋两大类

B. 热轧光圆钢筋的塑性及焊接性能很好，但强度较低，故 HPB300 广泛用于钢筋混凝土结构的构造筋

C. 钢丝按外形分为光圆钢丝、螺旋肋钢丝、刻痕钢丝三种

D. 预应力钢绞线主要用于桥梁、吊车梁、大跨度屋架和管桩等预应力钢筋混凝土构件中

E. 预应力钢丝主要用于大跨度、大负荷的桥梁、电杆、轨枕、屋架、大跨度吊车梁等结构

65. 下列有关建筑平面图的图示内容的表述中，错误的是（   ）。

A. 定位轴线的编号宜标注在图样的下方与右侧，横向编号应用阿拉伯数字，从左至右顺序编写，竖向编号应用大写拉丁字母，从上至下顺序编写

B. 对于隐蔽的或者在剖切面以上部位的内容，应以虚线表示

C. 建筑平面图上的外部尺寸在水平方向和竖直方向各标注三道尺寸

D. 在平面图上所标注的标高均应为绝对标高

E. 屋面平面图一般内容有：女儿墙、檐沟、屋面坡度、分水线与落水口、变形缝、楼梯间、水箱间、天窗、上人孔、消防梯以及其他构筑物、索引符号等

66. 下列关于设备施工图的说法中，正确的是（   ）。

A. 建筑给水排水施工图中，凡平面图、系统图中局部构造因受图面比例影响而表达不完善或无法表达的，必须绘制施工详图

B. 建筑电气系统图是电气照明施工图中的基本图样

C. 建筑电气施工图的详图包括电气工程基本图和标准图

D. 电气系统图一般用单线绘制，且画为粗实线，并按规定格式标出各段导线的数量和规格

E. 在电气施工图中，通常采用与建筑施工图相统一的相对标高，或者用相对于本层楼地面的相对标高

67. 下列关于模板安装与拆除的基本规定中正确的是（   ）。

A. 同一条拼缝上的 U 形卡，不宜向同一方向卡紧

B. 钢楞宜采用整根杆件，接头宜错开设置，搭接长度不应小于 300mm

C. 模板支设时，采用预组拼方法，可以加快施工速度，提高工效和模板的安装质量，但必须具备相适应的吊装设备和有较大的拼装场地

D. 模板拆除时，当混凝土强度大于 $1.2N/mm^2$ 时，应先拆除侧面模板，再拆除承重模板

E. 模板拆除的顺序和方法，应按照配板设计的规定进行，遵循先支后拆，先非承重部位，后承重部位以及自上而下的原则

68. 以下属于施工项目资源管理的内容的是（   ）。

A. 劳动力   B. 材料   C. 技术   D. 机械设备

E. 施工现场

69. 下列关于施工项目目标控制的措施说法错误的是（   ）。

A. 建立完善的工程统计管理体系和统计制度属于信息管理措施
B. 主要有组织措施、技术措施、合同措施、经济措施和管理措施
C. 落实施工方案,在发生问题时,能适时调整工作之间的逻辑关系,加快实施进度属于技术措施
D. 签订并实施关于工期和进度的经济承包责任制属于合同措施
E. 落实各级进度控制的人员及其具体任务和工作责任属于组织措施

70. 以下各项中属于施工现场管理的内容的是（　　）。
A. 落实资源进度计划　　　　　　B. 设计施工现场平面图
C. 建立文明施工现场　　　　　　D. 施工资源进度计划的动态调整
E. 及时清场转移

71. 两物体间的作用和反作用力总是（　　）。
A. 大小相等　　　　　　　　　　B. 方向相反
C. 沿同一直线分别作用在这两个物体上　D. 作用在同一物体上
E. 方向一致

72. 合力与分力之间的关系,正确的说法为（　　）。
A. 合力一定比分力大
B. 两个分力夹角越小合力越大
C. 合力不一定比分力大
D. 两个分力夹角（锐角范围内）越大合力越小
E. 分力方向相同时合力最小

73. 在工程结构中,杆件的基本受力形式有（　　）。
A. 轴向拉伸与压缩　　　　　B. 弯曲　　　　　C. 翘曲
D. 剪切　　　　　　　　　　E. 扭转

74. 杆件的应力与杆件的（　　）有关。
A. 外力　　　　B. 材料　　　　C. 截面　　　　D. 杆长
E. 弹性模量

75. 下列说法中,正确的是（　　）。
A. 当砖砌墙体的长度超过 3m,应当采取加固措施
B. 由于加气混凝土防水防潮的能力较差,因此在潮湿环境下慎重采用
C. 由于加气混凝土防水防潮的能力较差,因此潮湿一侧表面作防潮处理
D. 石膏板用于隔墙时多选用 15mm 厚石膏板
E. 为了避免石膏板开裂,板的接缝处应加贴盖缝条

76. 下列说法中正确的是（　　）。
A. 现浇钢筋混凝土楼梯整体性好、承载力高、刚度大,因此需要大型起重设备
B. 小型构件装配式楼梯具有构件尺寸小,重量轻,构件生产、运输、安装方便的优点
C. 中型、大型构件装配式楼梯装配容易,施工时不需要大型起重设备
D. 金属板是常见的踏步面层
E. 室外楼梯不应使用木扶手,以免淋雨后变形或开裂

77. 下列材料中可以用来做屋面防水层的是（　　）。
A. 沥青卷材　　　B. 水泥砂浆　　　C. 细石混凝土　　　D. 碎砖灌浆
E. 绿豆砂

78. 截面形式选择依据（　　）。
A. 能提供强度所需要的截面积　　　B. 壁厚厚实
C. 制作比较简单　　　D. 截面开展
E. 便于和相邻的构件连接

79. 施工现场的供电方式有（　　）。
A. 独立变配电所供电　　　B. 自备变压器供电
C. 低压 220/380V 供电　　　D. 借用电源
E. 自接电源

80. 下列属于访客对讲系统应该考虑的问题的是（　　）。
A. 要求对讲语言清晰，信噪比低，失真度低
B. 只要按下户主代码，对应的户主拿下话机就可以与访客通话
C. 访客对讲系统的线制结构有多线制和总线制两种
D. 防盗门可以是栅栏式或复合式，但关键是安全性和可靠性要有保证
E. 可视对讲系统可用于单元式的公寓和经济条件比较富裕的家庭

安全员通用与基础知识试卷答案与解析

一、判断题（共 20 题，每题 1 分）

1. 错误

【解析】法律法规体系，通常指由一个国家的全部现行法律规范分类组合成为不同的法律部门而形成的有机联系的统一整体。

2. 正确

【解析】建筑业企业资质，是指建筑业企业的建设业绩、人员素质、管理水平、资金数量、技术装备等的总称。

3. 错误

【解析】混凝土的轴心抗压强度是采用 150mm×150mm×300mm 棱柱体作为标准试件，在标准条件（温度 20℃±2℃，相对湿度为 95% 以上）下养护 28d，采用标准试验方法测得的抗压强度值。

4. 正确

【解析】为了便于涂抹，普通抹面砂浆要求比砌筑砂浆具有更好的和易性，因此胶凝材料（包括掺合料）的用量比砌筑砂浆的多一些。

5. 正确

【解析】建筑施工图一般包括建筑设计说明、建筑总平面图、平面图、立面图、剖面图及建筑详图等。

6. 正确

【解析】施工图识读方法包括总揽全局、循序渐进、相互对照、重点细读四个部分。

7. 错误

【解析】钢筋的连接可分为绑扎连接、焊接和机械连接三种。当受拉钢筋的直径 $d>25mm$ 及受压钢筋的直径 $d>28mm$ 时，不宜采用绑扎搭接接头。

8. 正确

【解析】防水砂浆防水层通常称为刚性防水层，是依靠增加防水层厚度和提高砂浆层的密实性来达到防水要求。

9. 正确

【解析】在工程开工前，由项目经理组织编制施工项目管理实施规划，对施工项目管理从开工到交工验收进行全面的指导性规划。

10. 正确

【解析】安全管理的对象是生产中一切人、物、环境、管理状态，安全管理是一种动态管理。

11. 错误

【解析】力是物体之间相互的作用，其结果可使物体的运动状态发生改变，或使物体发生变形。

12. 错误

【解析】为了使计算简化，往往要把变形固体的某些性质进行抽象化和理想化，作一些必要的假设，同时又不影响计算和分析结果。

13. 错误

【解析】民用建筑通常由基础、墙或柱、楼板层、楼梯、屋顶、地坪、门窗等几大主要部分组成。地基是指基础底面以下一定深度范围内的土壤或岩体，承担基础传来的建筑全部荷载，是建筑得以立足的根基。基础是建筑物在地下的扩大部分，承担建筑上部结构的全部荷载，并把这些荷载有效的传给地基。

14. 正确

【解析】圈梁是沿外墙及部分内墙设置的水平、闭合的梁。

15. 正确

【解析】柔性防水屋面：采用各种防水卷材作为防水层。

16. 正确

【解析】泛水构造：凡是防水层与垂直墙面的交界处，如女儿墙、山墙、通风道、楼梯间及电梯室出屋面等部位均要做泛水处理，高度一般不小于250mm，如条件允许时一般都做得稍高一些。

17. 正确

【解析】梁、板的截面尺寸必须满足承载力、刚度和裂缝控制要求，同时还应利于模板定型化。

18. 正确

【解析】砌体结构的构造是确保房屋结构整体性和结构安全的可靠措施。

19. 错误

【解析】送电操作顺序：总配电箱→分配电箱→开关箱；断电操作顺序：开关箱→分配电箱→总配电箱。

20. 正确

【解析】出入口控制系统又称门禁管理系统，它主要实现人员出入自动控制。

二、单选题（共40题，每题1分）

21. B

【解析】建设法规的调整对象，即发生在各种建设活动中的社会关系，包括建设活动中所发生的行政管理关系、经济协作关系及其相关的民事关系。

22. B

【解析】建设法律是建设法规体系的核心和基础。

23. D

【解析】建筑业企业资质分为施工总承包、专业承包和施工劳务三个序列。

24. B

【解析】劳务分包企业可以承接施工总承包企业或专业承包企业分包的各类劳务作业。企业资质不分等级。

25. B

【解析】《安全生产法》第56条规定：负有安全生产监督管理职责的部门依法对生产

经营单位执行有关安全生产的法律、法规和国家标准或者行业标准的情况进行监督检查，行使以下职权：1）进入生产经营单位进行检查，调阅有关资料，向有关单位和人员了解情况；2）对检查中发现的安全生产违法行为，当场予以纠正或者要求限期改正；对依法应当给予行政处罚的行为，依照本法和其他有关法律、行政法规作出行政处罚决定；3）对检查中发现的事故隐患，应当责令立即排除；重大事故隐患排除前或者排除过程中无法保障安全的，应当责令从危险区域内撤出作业人员，责令暂时停产停业或者停止使用；重大事故隐患排除后，经审查同意，方可恢复生产经营和使用；4）对有根据认为不符合保障安全生产的国家标准或者行业标准的设施、设备、器材可予以查封或者扣押，并应当在15日内依法作出处理决定。

26. C

【解析】按照硬化条件的不同，无机胶凝材料分为气硬性胶凝材料和水硬性胶凝材料。前者如石灰、石膏、水玻璃等，后者如水泥。

27. A

【解析】混凝土拌合物的主要技术性质为和易性，硬化混凝土的主要技术性质包括强度、变形和耐久性等。和易性是满足施工工艺要求的综合性质，包括流动性、黏聚性和保水性。混凝土拌合物的和易性目前还很难用单一的指标来评定，通常是以测定流动性为主，兼顾黏聚性和保水性。坍落度数值越大，表明混凝土拌合物流动性大，根据坍落度值的大小，可将混凝土分为四级：大流动性混凝土（坍落度大于160mm）、流动性混凝土（坍落度大于100～150mm）、塑性混凝土（坍落度大于10～90mm）和干硬性混凝土（坍落度小于10mm）。

28. A

【解析】强度、抗风化性能和放射性物质合格的烧结普通砖，根据尺寸偏差、外观质量、泛霜和石灰爆裂等指标，分为优等品、一等品、合格品三个等级。强度和抗风化性能合格的烧结多孔砖，根据尺寸偏差、外观质量、孔型及孔洞排列、泛霜、石灰爆裂分为优等品、一等品、合格品三个等级。烧结多孔砖可以用于承重墙体。优等品可用于墙体装饰和清水墙砌筑，一等品和合格品可用于混水墙，中泛霜的砖不得用于潮湿部位。烧结空心砖主要用作非承重墙，如多层建筑内隔墙或框架结构的填充墙。

29. B

【解析】施工放线、开挖基坑（槽），施工承重构件（如梁、板、柱、墙、基础、楼梯等）主要依据结构施工图。结构平面布置图是表示房屋中各承重构件总体平面布置的图样。结构设计说明是带全局性的文字说明。结构详图一般包括：梁、柱、板及基础结构详图，楼梯结构详图，屋架结构详图，其他详图（如天沟、雨篷、过梁等）。

30. B

【解析】在基坑（槽）四侧或两侧挖好临时排水沟和集水井，或采用井点降水，将水位降低至坑、槽底以下500mm，以利于土方开挖。雨期施工时，基坑（槽）应分段开挖。当基坑挖好后不能立即进行下道工序时，应预留15～30cm的土不挖，待下道工序开始再挖至设计标高。采用机械开挖基坑时，为避免破坏基底土，应在标高以上预留15～30cm的土层由人工挖掘修整。

31. D

【解析】根据砌筑主体的不同，砌体工程可分为砖砌体工程、石砌体工程、砌块砌体工程、配筋砌体工程。

32．C

【解析】常见模板的种类有组合式模板、工具式模板。组合式模板可事先按设计要求组拼成梁、柱、墙、楼板的大型模板，整体吊装就位，也可采用散支散拆方法。爬升模板，是一种适用于现浇钢筋混凝土竖向（或倾斜）结构的模板工艺。飞模适用于大开间、大柱网、大进深的钢筋混凝土楼盖施工，尤其适用于现浇板柱结构（无柱帽）楼盖的施工。

33．C

【解析】混凝土工程施工包括混凝土拌合料的制备、运输、浇筑、振捣、养护等工艺流程。

34．A

【解析】钢结构的连接方法有焊接、螺栓连接、自攻螺钉连接、铆钉连接四类。

35．B

【解析】施工项目管理的特点：施工项目管理的主体是建筑企业，施工项目管理的对象是施工项目，施工项目管理的内容是按阶段变化的，施工项目管理要求强化组织协调工作。

36．B

【解析】施工项目管理组织的形式是指在施工项目管理组织中处理管理层次、管理跨度、部门设置和上下级关系的组织结构的类型。主要的管理组织形式有工作队式、部门控制式、矩阵式、事业部式等。

37．C

【解析】建立施工项目经理部的基本原则：根据所设计的项目组织形式设置；根据施工项目的规模、复杂程度和专业特点设置；根据施工工程任务需要调整；适应现场施工的需要。

38．B

【解析】施工项目控制的任务是进行以项目进度控制、质量控制、成本控制和安全控制为主要内容的四大目标控制。其中前三项目标是施工项目成果，而安全目标是指施工过程中人和物的状态。

39．C

【解析】施工项目安全控制的措施：安全制度措施、安全组织措施、安全技术措施。

40．A

【解析】加强专项检查，包括自检、专检、互检活动，及时解决问题。

41．B

【解析】作用在刚体上的力可沿其作用线移动到刚体内的任意一点，而不改变原力对刚体的作用效应。沿轴线向右的拉力为 $8+12=20kN$，沿轴线向左的拉力为 $7kN$，则最大的拉力为 $20kN$。

42．A

【解析】在进行受力分析时，当约束被人为地解除时，必须在接触点上用一个相应的约束反力来代替。在物体的受力分析中，通常把被研究物体的约束全部解除后单独画出，称为脱离体。把全部主动力和约束反力用力的图示表示在分离体上，这样得到的图形，成为受力图。

43. B

【解析】平面交汇力系有两个独立的方程，可以求解两个未知数。平面平行力系有两个独立的方程，所以也只能求解两个未知数。

44. A

【解析】均匀性假设：即假设固体内部各部分之间的力学性质都相同。

45. B

【解析】按照砌墙材料可分为砖墙、砌块墙、石墙和混凝土墙等。

46. D

【解析】防潮层主要有三种常见的构造做法：卷材防潮层、砂浆防潮层、细石混凝土防潮层。

47. C

【解析】槽形板：两边设有边肋，是一种梁板合一的构件。空心板将楼板中部沿纵向抽孔形成空心，也是梁板合一构件。楼板搁置前应先在墙顶面用厚度不小于10mm的水泥砂浆坐浆，板端缝内需用细石混凝土或水泥砂浆灌实。C选项：结构布置时应优先选用宽板，窄板作为调剂使用。

48. D

【解析】我国规定每段楼梯的踏步数量应在3～18步的范围之内。

49. D

【解析】室外楼梯不宜使用木扶手，以免淋雨后变形和开裂。

50. B

【解析】小型构件装配式楼梯主要有墙承式楼梯、悬臂楼梯、梁承式楼梯三种类型。

51. C

【解析】塑料窗通常采用聚氯乙烯（PVC）与氯化聚乙烯共混树脂为主材，加入一定比例的添加剂，经挤压加工形成框料型材。

52. B

【解析】悬山通常是把檩条挑出山墙，用木封檐板将檩条封住，用1：2水泥石灰麻刀砂浆做披水线，将瓦封住。

53. B

【解析】钢结构是以钢板、型钢、薄壁型钢制成的构件。

54. D

【解析】钢筋网间距不应大于5皮砖，不应大于400mm。

55. C

【解析】塑料管：包括PVC-U（硬聚氯乙烯）管、UPVC隔声空壁管、UPVC芯层发泡管、ABS管等多种管材。

56. D

【解析】供热管网由一条供水管和一条回水管组成。

57. A

【解析】在特别潮湿的场所，锅炉或金属容器内，导电良好的地面使用手持照明灯具等，照明电源电压不应大于12V。

58. B

【解析】一般电视监控系统均由摄像、传输分配、控制、图像处理与显示等四个部分组成。

59. D

【解析】"安全第一，预防为主"是根据我国实际情况制定的职业安全健康方针。

60. B

【解析】建筑工程尽量多采用品质高、遮光性能好的荧光灯。其工作频率在20kHz以上，有效降低荧光灯的闪烁度，改善视觉环境，有利于人体健康。

三、多选题（共20题，每题2分，选错项不得分，选不全得1分）

61. ACDE

【解析】建设活动中的行政管理关系，是国家及其建设行政主管部门同建设单位、设计单位、施工单位、建筑材料和设备的生产供应单位及建设监理等中介服务单位之间的管理与被管理关系。

62. ADE

【解析】解析见表1-2。

63. BE

【解析】硅酸盐水泥适用于早期强度要求高的工程及冬期施工的工程；严寒地区遭受反复冻融循环作用的混凝土工程。矿渣硅酸盐水泥适用于大体积混凝土工程。火山灰质硅酸盐水泥适用于有抗渗要求的工程。粉煤灰硅酸盐水泥适用于抗裂性要求较高的构件。

64. DE

【解析】根据表面特征不同，热轧钢筋分为光圆钢筋和带肋钢筋两大类。热轧光圆钢筋的塑性及焊接性能很好，但强度较低，故广泛用于钢筋混凝土结构的构造筋。钢丝按外形分为光圆钢丝、螺旋肋钢丝、刻痕钢丝三种。预应力钢丝主要用于桥梁、吊车梁、大跨度屋架和管桩等预应力钢筋混凝土构件中。预应力钢丝和钢绞线具有强度高、柔度好、质量稳定，与混凝土粘结力强，易于锚固，成盘供应不需接头等诸多优点。主要用于大跨度、大负荷的桥梁、电杆、轨枕、屋架、大跨度吊车梁等结构的预应力筋。

65. AD

【解析】定位轴线的编号宜标注在图样的下方与左侧，横向编号应用阿拉伯数字，从左至右顺序编写，竖向编号应用大写拉丁字母，从下至上顺序编写。建筑平面图中的尺寸有外部尺寸和内部尺寸两种。外部尺寸包括总尺寸、轴线尺寸和细部尺寸三类。在平面图上所标注的标高均应为相对标高。底层室内地面的标高一般用±0.000表示。对于隐蔽的或者在剖切面以上部位的内容，应以虚线表示。屋面平面图一般内容有：女儿墙、檐沟、屋面坡度、分水线与落水口、变形缝、楼梯间、水箱间、天窗、上人孔、消防梯以及其他构筑物、索引符号等。

66. ADE

【解析】建筑给水排水施工图中，凡平面图、系统图中局部构造因受图面比例影响而表达不完善或无法表达的，必须绘制施工详图。电气系统图一般用单线绘制，且画为粗实线，并按规定格式标出各段导线的数量和规格。建筑电气平面图是电气照明施工图中的基本图样。在电气施工图中，线路和电气设备的安装高度必要时应标注标高。通常采用与建筑施工图相统一的相对标高，或者用相对于本层楼地面的相对标高。建筑电气施工图的详图包括电气工程详图和标准图。

67. ACE

【解析】模板安装时，应符合下列要求：1) 同一条拼缝上的U形卡，不宜向同一方向卡紧。2) 墙模板的对拉螺栓孔应平直相对，穿插螺栓不得斜拉硬顶。钻孔应采用机具，严禁采用电、气焊灼孔。3) 钢楞宜采用整根杆件，接头宜错开设置，搭接长度不应小于200mm。模板支设时，采用预组拼方法，可以加快施工速度，提高工效和模板的安装质量，但必须具备相适应的吊装设备和有较大的拼装场地。模板拆除的顺序和方法，应按照配板设计的规定进行，遵循先支后拆，先非承重部位，后承重部位以及自上而下的原则。先拆除侧面模板（混凝土强度大于$1N/mm^2$），再拆除承重模板。

68. ABCD

【解析】施工项目资源管理的内容：劳动力、材料、机械设备、技术、资金。

69. BD

【解析】施工项目进度控制的措施主要有组织措施、技术措施、合同措施、经济措施和信息管理措施等。组织措施主要是指落实各层次的进度控制的人员及其具体任务和工作责任，建立进度控制的组织系统；按着施工项目的结构、进展的阶段或合同结构等进行项目分解，确定其进度目标，建立控制目标体系；建立进度控制工作制度，如定期检查时间、方法，召开协调会议时间、参加人员等，并对影响实际施工进度的主要因素分析和预测，制订调整施工实际进度的组织措施。技术措施主要是指应尽可能采用先进的施工技术、方法和新材料、新工艺、新技术，保证进度目标实现；落实施工方案，在发生问题时，能适时调整工作之间的逻辑关系，加快实施进度。合同措施是指以合同形式保证工期进度的实现，即保持总进度控制目标与合同总工期相一致；分包合同的工期与总包合同的工期相一致；供货、供电、运输、构件加工等合同规定的提供服务时间与有关的进度控制目标相一致。经济措施是指要制订切实可行的实现进度计划进度所必需的资金保证措施，包括落实实现进度目标的保证资金；签订并实施关于工期和进度的经济承包责任制；建立并实施关于工期和进度的奖惩制度。信息管理措施是指建立完善的工程统计管理体系和统计制度，详细、准确、定时地收集有关工程实际进度情况的资料和信息，并进行整理统计，得出工程施工实际进度完成情况的各项指标，将其与施工计划进度的各项指标比较，定期地向建设单位提供比较报告。

70. BCE

【解析】施工项目现场管理的内容：1) 规划及报批施工用地；2) 设计施工现场平面图；3) 建立施工现场管理组织；4) 建立文明施工现场；5) 及时清场转移。

71. ABC

【解析】两个物体之间的作用力和反作用力，总是大小相等，方向相反，沿同一条直线，并分别作用在这两个物体上。

72. BCD

【解析】合力在任意轴上的投影等于各分力在同一轴上投影的代数和。

73. ABDE

【解析】在工程结构中，杆件的基本受力形式有以下四种：1）轴向拉伸与压缩；2）弯曲；3）剪切；4）扭转。

74. AC

【解析】单位面积上的内力称为应力，因此与外力和截面有关。

75. BCE

【解析】砖砌隔墙：当墙体的长度超过5m或高度超过3m时，应当采取加固措施。砌块隔墙：由于加气混凝土防水防潮的能力较差，因此在潮湿环境下慎重采用，或在潮湿一侧表面做防潮处理。轻钢龙骨石膏板隔墙：石膏板的厚度有9mm、10mm、12mm、15mm等数种，用于隔墙时多选用12mm厚石膏板。为了避免开裂，板的接缝处应加贴盖缝条。

76. BE

【解析】现浇钢筋混凝土楼梯的楼梯段、平台与楼板层是整体浇筑在一起的，整体性好、承载力高、刚度大，施工时不需要大型起重设备。小型构件装配式楼梯：具有构件尺寸小，重量轻，构件生产、运输、安装方便的优点。中型、大型构件装配式楼梯：一般是把楼梯段和平台板作为基本构件。构建的规格和数量少，装配容易、施工速度快，但需要相当的吊装设备进行配合。踏步面层应当平整光滑，耐磨性好。常见的踏步面层有水泥砂浆、水磨石、铺地面砖、各种天然石材等。室外楼梯不应使用木扶手，以免淋雨后变形或开裂。

77. AC

【解析】刚性防水屋面防水层以防水砂浆和细石混凝土最为常见。柔性防水屋面防水层的做法较多，如高分子防水卷材、沥青类防水卷材、高聚物改性沥青卷材等。

78. ACDE

【解析】截面形式选择依据：能提供强度所需要的截面积、制作比较简单、便于和相邻的构件连接以及截面开展而壁厚较薄。

79. ABCD

【解析】施工现场供电方式：1）独立变配电所供电；2）自备变压器供电；3）低压220/380V供电；4）借用电源。

80. BDE

【解析】访客对讲系统应该考虑的问题：1）对讲系统：要求对讲语言清晰，信噪比高，失真度低；2）控制系统：只要按下户主代码，对应的户主拿下话机就可以与访客通话，以决定是否需要打开防盗门；3）电源系统：电源设计的适用范围要大，考虑交、直流两用；4）电控防盗安全门：防盗门可以是栅栏式或复合式，但关键是安全性和可靠性要有保证；5）系统线制结构的选择：访客对讲系统的线制结构有多线制、总线多线制和总线制三种；6）可视对讲系统的选择：可视对讲系统可用于单元式的公寓和经济条件比较富裕的家庭。

下篇 岗位知识与专业技能

第一章 安全管理相关规定和标准

一、判断题

1. 施工现场安全由建筑施工企业负责。

【答案】正确

【解析】《建筑法》规定,施工现场安全由建筑施工企业负责。

2. 总承包单位依法将建设工程分包给其他单位的,分包合同中只需明确总承包单位在安全生产方面的权利和分包单位的权利、义务。

【答案】错误

【解析】总承包单位依法将建设工程分包给其他单位的,分包合同中应当明确各自在安全生产方面的权利、义务。

3. 项目负责人在同一时期能承担多个工程项目的管理工作。

【答案】错误

【解析】项目负责人在同一时期只能承担一个工程项目的管理工作。

4. 项目负责人每月带班生产时间不得少于本月施工时间的80%。

【答案】正确

【解析】项目负责人每月带班生产时间不得少于本月施工时间的80%。

5. 建筑施工企业安全生产许可证被吊销后,自吊销决定作出之日起三年内不得重新申请安全生产许可证。

【答案】错误

【解析】建筑施工企业安全生产许可证被吊销后,自吊销决定作出之日起一年内不得重新申请安全生产许可证。

6. 建筑施工企业安全生产许可证暂扣期满前10天,企业需向颁发管理机关提出发还安全生产许可证申请。

【答案】错误

【解析】建筑施工企业安全生产许可证暂扣期满前10个工作日,企业需向颁发管理机关提出发还安全生产许可证申请。

7. 未取得安全生产许可证擅自进行生产的,责令停止生产,没收违法所得。

【答案】正确

【解析】未取得安全生产许可证擅自进行生产的,责令停止生产,没收违法所得。

8. 未取得安全生产许可证擅自进行生产的,造成重大事故或者其他严重后果,构成犯罪的,依法追究民事责任。

【答案】错误

【解析】未取得安全生产许可证擅自进行生产的，造成重大事故或者其他严重后果，构成犯罪的，依法追究刑事责任。

9. 未取得安全生产许可证擅自进行生产的，责令停止生产，没收违法所得，并处 5 万元以上 50 万元以下的罚款。

【答案】错误

【解析】未取得安全生产许可证擅自进行生产的，责令停止生产，没收违法所得，并处 10 万元以上 50 万元以下的罚款。

10. 建设行政主管部门对建筑施工企业管理人员进行安全生产考核，应当收取考核费用，组织强制培训。

【答案】错误

【解析】建设行政主管部门对建筑施工企业管理人员进行安全生产考核，不得收取考核费用，不得组织强制培训。

11. 起重信号司索工不属于建筑特种作业人员。

【答案】错误

【解析】起重信号司索工属于建筑特种作业人员。

12. 爆破作业人员属于建筑特种作业人员。

【答案】正确

【解析】爆破人员属于建筑特种作业人员。

13. 安装拆卸工需取得操作资格证书后方可上岗作业。

【答案】正确

【解析】安装拆卸工需取得操作资格证书后方可上岗作业。

14. 建筑施工特种作业人员的考核发证工作，由省、自治区、直辖市人民政府建设主管部门或其委托的考核发证机构负责组织实施。

【答案】正确

【解析】建筑施工特种作业人员的考核发证工作，由省、自治区、直辖市人民政府建设主管部门或其委托的考核发证机构负责组织实施。

15. 危险性较大的分部分项工程安全专项方案实施前，现场管理人员和作业人员应当向编制人员或项目技术负责人进行安全技术交底。

【答案】错误

【解析】危险性较大的分部分项工程安全专项方案实施前，编制人员或项目技术负责人应当向现场管理人员和作业人员进行安全技术交底。

16. 依法发包给两个及两个以上施工单位的工程，不同施工单位在同一施工现场使用多台塔式起重机作业时，施工单位应当协调组织制定防止塔式起重机相互碰撞的安全措施。

【答案】正确

【解析】依法发包给两个及两个以上施工单位的工程，不同施工单位在同一施工现场使用多台塔式起重机作业时，建设单位应当协调组织制定防止塔式起重机相互碰撞的安全措施。

17. 高大模板支撑系统的拆除作业必须自上而下逐层进行，严禁上下层同时拆除作业，分段拆除的高度不应大于两层。

【答案】正确

【解析】高大模板支撑系统的拆除作业必须自上而下逐层进行，严禁上下层同时拆除作业，分段拆除的高度不应大于两层。

18. 高大模板支撑系统是指建设工程施工现场混凝土构件模板支撑高度超过8m，或搭设跨度超过18m，或施工总荷载大于$15kN/m^2$，或集中线荷载大于$20kN/m$的模板支撑系统。

【答案】正确

【解析】住房和城乡建设部《建设工程高大模板支撑系统施工安全监督管理导则》（建质〔2009〕254号）规定，高大模板支撑系统是指建设工程施工现场混凝土构件模板支撑高度超过8m，或搭设跨度超过18m，或施工总荷载大于$15kN/m^2$，或集中线荷载大于$20kN/m$的模板支撑系统。

19. 高大模板支撑系统的承重杆件外观抽检数量不得低于搭设用量的10%，发现质量不符合标准、情况严重的，要进行100%的检验。

【答案】错误

【解析】高大模板支撑系统的承重杆件外观抽检数量不得低于搭设用量的30%，发现质量不符合标准、情况严重的，要进行100%的检验。

20. 企业在国家规定标准的基础上，根据安全生产实际需要，可适当降低安全费用提取标准。

【答案】错误

【解析】企业在国家规定标准的基础上，根据安全生产实际需要，可适当提高安全费用提取标准。

21. 施工作业人员所在企业必须按国家规定免费发放劳动保护用品。

【答案】正确

【解析】施工作业人员所在企业必须按国家规定免费发放劳动保护用品。

22. 企业在一个地区组织施工的，可以集中统一采购劳动保护用品。

【答案】正确

【解析】企业在一个地区组织施工的，可以集中统一采购劳动保护用品。

23. 事故发生后，有关单位和人员应当妥善保护事故现场以及相关证据，任何单位和个人不得破坏事故现场、毁灭相关证据。

【答案】正确

【解析】事故发生后，有关单位和人员应当妥善保护事故现场以及相关证据，任何单位和个人不得破坏事故现场、毁灭相关证据。

24. 事故发生单位负责人接到事故报告后，应当立即启动事故相应应急预案，或者采取有效措施，组织抢救，防止事故扩大，减少人员伤亡和财产损失。

【答案】正确

【解析】事故发生单位负责人接到事故报告后，应当立即启动事故相应应急预案，或者采取有效措施，组织抢救，防止事故扩大，减少人员伤亡和财产损失。

25. 事故报告后出现新情况，以及事故发生之日起20日内伤亡人数发生变化的，应当及时补报。

【答案】 错误

【解析】 事故报告后出现新情况，以及事故发生之日起 30 日内伤亡人数发生变化的，应当及时补报。

26. 货用施工升降机驱动吊笼的钢丝绳允许用一根，其安全系数不应小于 6。

【答案】 错误

【解析】 货用施工升降机驱动吊笼的钢丝绳允许用一根，其安全系数不应小于 8。

27. 操作人员体检合格，无妨碍作业的疾病和生理缺陷，并应经过专业培训、考核合格取得建设行政主管部门颁发的操作证或公安部门颁发的机动车驾驶执照后，方可持证上岗。

【答案】 正确

【解析】 操作人员体检合格，无妨碍作业的疾病和生理缺陷，并应经过专业培训、考核合格取得建设行政主管部门颁发的操作证或公安部门颁发的机动车驾驶执照后，方可持证上岗。

28. 无关人员可以进入作业区或操作室内短暂逗留。

【答案】 正确

【解析】 严禁无关人员进入作业区或操作室。

29. 实行多班作业的机械，应执行交接班制度，认真填写交接班记录。

【答案】 正确

【解析】 实行多班作业的机械，应执行交接班制度，认真填写交接班记录。

30. 从事模板作业的人员，应经常组织安全技术培训。

【答案】 正确

【解析】 从事模板作业的人员，应经常组织安全技术培训。

31. 从事高处作业人员，应定期体检，不符合要求的不得从事高处作业。

【答案】 正确

【解析】 从事高处作业人员，应定期体检，不符合要求的不得从事高处作业。

32. 活动房主要承重构件的设计使用年限不应小于 20 年，并应有生产企业、生产日期等标志。

【答案】 正确

【解析】 活动房主要承重构件的设计使用年限不应小于 20 年，并应要求有生产企业、生产日期等标志。

33. 进入施工现场人员必须佩戴安全帽。

【答案】 正确

【解析】 进入施工现场人员必须佩戴安全帽。

34. 作业人员必须戴安全帽，可以穿也可以不穿工作鞋和工作服。

【答案】 错误

【解析】 作业人员必须戴安全帽，穿工作鞋和工作服。

35. 建筑施工企业不得采购和使用无厂家名称、无产品合格证、无安全标志的劳动防护用品。

【答案】 正确

【解析】 建筑施工企业不得采购和使用无厂家名称、无产品合格证、无安全标志的劳动防护用品。

二、单选题

1. 对施工单位全面负责并有生产经营决策权的人是（　　）。
   A. 项目负责人　　B. 主要负责人　　C. 项目经理　　D. 专职管理人员

   【答案】 B

   【解析】 对施工单位全面负责并有生产经营决策权的人，即为主要负责人。

2. 施工单位对列入建设工程概算的安全作业环境及安全施工措施所需费用，应当用于施工安全防护用具及设施的采购和更新、安全施工措施的落实、安全生产条件的改善，（　　）。
   A. 如有结余可用于其他施工费用　　B. 不得挪作他用
   C. 发放安全管理人员的奖金　　D. 发放安全管理人员办公费

   【答案】 B

   【解析】 施工单位对列入建设工程概算的安全作业环境及安全施工措施所需费用，应当用于施工安全防护用具及设施的采购和更新、安全施工措施的落实、安全生产条件的改善，不得挪作他用。

3. 建设工程施工前，施工单位负责项目管理的技术人员需向（　　）就安全施工的技术作详细说明。
   A. 施工作业人员　　B. 法人代表
   C. 总工程师　　D. 监理单位

   【答案】 A

   【解析】 建筑工程施工前，施工单位负责项目管理的技术人员应当对有关安全施工的技术要求向施工作业班组、作业人员作出详细说明，并由双方签字确认。

4. 实行施工总承包合同的建设工程，由（　　）负责上报事故。
   A. 建设单位　　B. 总承包单位　　C. 分包单位　　D. 监理单位

   【答案】 B

   【解析】 实行施工总承包合同的建设工程，由总承包单位负责上报事故。

5. 分包单位不服从管理导致生产安全事故的，由（　　）承担主要责任。
   A. 建设单位　　B. 总承包单位　　C. 分包单位　　D. 监理单位

   【答案】 C

   【解析】 分包单位不服从管理导致生产安全事故的，由分包单位承担主要责任。

6. 实行施工总承包合同的建设工程，由（　　）组织编制建设工程生产安全事故应急救援预案。
   A. 建设单位　　B. 总承包单位　　C. 分包单位　　D. 监理单位

   【答案】 B

   【解析】 实行施工总承包合同的建设工程，由总承包单位统一组织编制建设工程生产安全事故应急救援预案。

7. 项目负责人,是指工程项目的(   )。
   A. 法定代表人   B. 总经理   C. 项目经理   D. 总工程师

   【答案】C

   【解析】项目负责人,是指工程项目的项目经理。

8. 工程项目出现险情或发现重大隐患时,(   )应到施工现场带班检查,督促工程项目进行整改,及时消除险情和隐患。
   A 总监理工程师   B. 建筑施工企业专职安全管理人员
   C. 建筑施工企业负责人   D. 总工程师

   【答案】C

   【解析】工程项目出现险情或发现重大隐患时,建筑施工企业负责人应到施工现场带班检查,督促工程项目进行整改,及时消除险情和隐患。

9. 建筑施工企业负责人要定期带班检查,每月检查时间不少于其工作日的(   )。
   A. 20%   B. 25%   C. 30%   D. 35%

   【答案】B

   【解析】建筑施工企业负责人要定期带班检查,每月检查时间不少于其工作日的25%。

10. 项目负责人每月带班生产时间不得少于本月施工时间的(   )。
    A. 70%   B. 75%   C. 80%   D. 85%

    【答案】C

    【解析】项目负责人每月带班生产时间不得少于本月施工时间的80%。

11. 总承包单位,1亿元以上的设备安装工程按照工程合同价需配备不少于(   )人的专职安全生产管理人员,且按专业配备专职安全生产管理人员。
    A. 1   B. 2   C. 3   D. 4

    【答案】C

    【解析】1亿元以上的设备安装工程按照工程合同价需配备不少于3人的专职安全生产管理人员,且按专业配备专职安全生产管理人员。

12. 专业承包单位应当配置不少于(   )人的专职安全生产管理人员,并根据所承担的分部分项工程的工程量和施工危险程度增加。
    A. 1   B. 2   C. 3   D. 4

    【答案】A

    【解析】专业承包单位应当配置不少于1人的专职安全生产管理人员,并根据所承担的分部分项工程的工程量和施工危险程度增加。

13. 劳务分包单位施工人员在50人以下的,需配备不少于(   )人的专职安全生产管理人员。
    A. 1   B. 2   C. 3   D. 4

    【答案】A

    【解析】劳务分包单位施工人员在50人以下的,需配备不少于1人的专职安全生产管理人员。

14. 劳务分包单位施工人员在50~200人的,需配备不少于(   )人的专职安全生产管理人员。

A. 1　　　　B. 2　　　　C. 3　　　　D. 4

【答案】B

【解析】劳务分包单位施工人员在50~200人的，需配备不少于2人的专职安全生产管理人员。

15. 劳务分包单位施工人员在200人以上的，需配备不少于（　　）人的专职安全生产管理人员，并根据所承担的分部分项工程的危险实际情况增加。

A. 1　　　　B. 2　　　　C. 3　　　　D. 4

【答案】C

【解析】劳务分包单位施工人员在200人以上的，需配备不少于3人的专职安全生产管理人员，并根据所承担的分部分项工程的危险实际情况增加。

16. 劳务分包单位施工人员在200人以上的，专职安全生产管理人员不得少于工程施工人员总数的（　　）。

A. 5%　　　B. 10%　　　C. 15%　　　D. 20%

【答案】A

【解析】劳务分包单位施工人员在200人以上的，专职安全生产管理人员不得少于工程施工人员总数的5%。

17. 施工作业班组可以设置兼职（　　），对本班组的作业场所进行安全监督检查。

A. 专职安全管理人员　　　　B. 安全检察员
C. 安全巡查员　　　　　　　D. 安全督察员

【答案】C

【解析】施工作业班组可以设置兼职安全巡查员，对本班组的作业场所进行安全监督检查。

18. 专职安全生产管理人员对（　　）的，应当立即制止。

A. 违章指挥　　　　　　　　B. 违章操作
C. 违章指挥、违章操作　　　D. 违规行为

【答案】D

【解析】专职安全生产管理人员对违章违规行为或安全隐患的，有权当场予以纠正或作出处理决定。

19. 建设工程项目的（　　）应当定期将项目安全生产管理情况报告企业安全生产管理机构。

A. 施工作业班组长　　　　　B. 专职安全生产管理人员
C. 项目负责人　　　　　　　D. 安全巡查员

【答案】B

【解析】建设工程项目的专职安全生产管理人员应当定期将项目安全生产管理情况报告企业安全生产管理机构。

20. 施工作业班组可以设置（　　）安全巡查员，对本班组的作业场所进行安全监督检查。

A. 兼职　　　　B. 临时　　　　C. 专职　　　　D. 全职

【答案】A

【解析】施工作业班组可以设置兼职安全巡查员，对本班组的作业场所进行安全监督检查。

21. 中央管理的建筑施工企业向（　　）建设主管部门申请领取安全生产许可证。
   A. 国务院　　　　　　　　　　B. 所在省人民政府
   C. 所在地方人民政府　　　　　D. 所在直辖市人民政府

【答案】A

【解析】中央管理的建筑施工企业向国务院建设主管部门申请领取安全生产许可证。

22. 施工单位应当对管理人员和作业人员每年至少进行（　　）次安全生产教育培训，其教育培训情况记入个人工作档案。
   A. 1　　　　　B. 2　　　　　C. 3　　　　　D. 4

【答案】A

【解析】施工单位应当对管理人员和作业人员每年至少进行1次安全生产教育培训，其教育培训情况记入个人工作档案。

23. 安全生产许可证有效期满需要延期的，企业应当于期满前（　　）向原安全生产许可证颁发管理机关办理延期手续。
   A. 3个月　　　B. 6个月　　　C. 9个月　　　D. 12个月

【答案】A

【解析】安全生产许可证有效期满需要延期的，企业应当于期满前3个月向原安全生产许可证颁发管理机关办理延期手续。

24. 建筑施工企业安全生产许可证被吊销后，自吊销决定作出之日起（　　）内不得重新申请安全生产许可证。
   A. 半年　　　　B. 一年　　　　C. 两年　　　　D. 18个月

【答案】B

【解析】建筑施工企业安全生产许可证被吊销后，自吊销决定作出之日起一年内不得重新申请安全生产许可证。

25. 建筑施工安全生产许可证的有效期为（　　）年。
   A. 1　　　　　B. 2　　　　　C. 3　　　　　D. 5

【答案】C

【解析】安全生产许可证的有效期为3年。

26. 企业在安全生产许可证有效期内，严格遵守有关安全生产的法律法规，未发现死亡事故的，安全生产许可证有效期届满时，经原安全生产许可证颁发管理机关同意，不再审查，安全生产许可证有效期延期（　　）年。
   A. 1　　　　　B. 2　　　　　C. 3　　　　　D. 5

【答案】C

【解析】企业在安全生产许可证有效期内，严格遵守有关安全生产的法律法规，未发现死亡事故的，安全生产许可证有效期届满时，经原安全生产许可证颁发管理机关同意，不再审查，安全生产许可证有效期延期3年。

27. 企业在安全生产许可证有效期内，严格遵守有关安全生产的法律法规，未发生（　　）事故的，安全生产许可证有效期届满时，经原安全生产许可证颁发管理机关同意，不再审查，安全生产许可证有效期延期3年。

A. 死亡　　　　　B. 伤害　　　　　C. 重大　　　　　D. 特大

【答案】 A

【解析】 企业在安全生产许可证有效期内，严格遵守有关安全生产的法律法规，未发现死亡事故的，安全生产许可证有效期届满时，经原安全生产许可证颁发管理机关同意，不再审查，安全生产许可证有效期延期3年。

28. 建筑施工企业在12个月内第二次发生一般生产安全事故的，安全生产许可证暂扣时限为在上一次暂扣时限的基础上再增加（　　）。

A. 15日　　　　　B. 30日　　　　　C. 45日　　　　　D. 60日

【答案】 B

【解析】 建筑施工企业在12个月内第二次发生一般生产安全事故的，安全生产许可证暂扣时限为在上一次暂扣时限的基础上再增加30日。

29. 建筑施工企业在12个月内第二次发生较大生产安全事故的，安全生产许可证暂扣时限为在上一次暂扣时限的基础上再增加（　　）。

A. 15日　　　　　B. 30日　　　　　C. 45日　　　　　D. 60日

【答案】 D

【解析】 建筑施工企业在12个月内第二次发生较大生产安全事故的，安全生产许可证暂扣时限为在上一次暂扣时限的基础上再增加60日。

30. 建筑施工企业在12个月内第三次发生生产安全事故的，（　　）。
A. 安全生产许可证暂扣时限增加60日
B. 安全生产许可证暂扣时限增加120日
C. 安全生产许可证暂扣时限增加18个月
D. 吊销安全生产许可证

【答案】 D

【解析】 建筑施工企业在12个月内第三次发生一般生产安全事故的，吊销安全生产许可证。

31. 建筑施工企业安全生产许可证被暂扣期间，企业在（　　）范围内不得承揽新的工程项目。
A. 全国　　　　　　　　　　　B. 全省
C. 全市　　　　　　　　　　　D. 所有直辖市和自治区

【答案】 A

【解析】 建筑施工企业安全生产许可证被暂扣期间，企业在全国范围内不得承揽新的工程项目。

32. 建筑施工企业未取得安全生产许可证擅自从事建筑施工活动的可处（　　）元罚款。

A. 2万　　　　　B. 3万　　　　　C. 4万　　　　　D. 50万

【答案】 D

【解析】 未取得安全生产许可证擅自进行生产的，处10万元以上50万元以下的罚款。

33. 建筑施工企业主要负责人、（　　）和专职安全生产管理人员简称为建筑施工企业管理人员。

  A. 施工作业班组长   B. 项目负责人
  C. 特种作业人员   D. 安全巡查员

【答案】B

【解析】 建筑施工企业主要负责人、项目负责人和专职安全生产管理人员简称为建筑施工企业管理人员。

34. 建筑施工特种作业人员是指在房屋建筑和市政工程施工活动中，从事可能对本人、他人及周围设备设施的安全造成（　　）危害作业的人员。

  A. 轻微   B. 无   C. 一般   D. 重大

【答案】D

【解析】 建筑施工特种作业人员是指在房屋建筑和市政工程施工活动中，从事可能对本人、他人及周围设备设施的安全造成重大危害作业的人员。

35. 特种作业人员应具有（　　）及以上学历。

  A. 小学   B. 初中   C. 中专   D. 高中

【答案】B

【解析】 特种作业人员应具有初中及以上学历。

36. 考核发证机关应当自考核结束之日起（　　）个工作日内公布考核答案。

  A. 3   B. 5   C. 10   D. 15

【答案】C

【解析】 考核发证机关应当自考核结束之日起10个工作日内公布考核答案。

37. 首次取得《建筑施工特种作业操作资格证书》的人员实习操作不得少于（　　）个月。

  A. 1   B. 3   C. 6   D. 12

【答案】B

【解析】 首次取得《建筑施工特种作业操作资格证书》的人员实习操作不得少于3个月。

38. 施工单位应对管理人员和作业人员每年至少进行（　　）次安全生产教育培训。

  A. 1   B. 2   C. 3   D. 5

【答案】A

【解析】 施工单位应对管理人员和作业人员每年至少进行一次安全生产教育培训。

39. 基坑支护工程是指开挖深度超过5m（含5m）的基坑（槽）并采用支护结构施工的工程；或基坑虽未超过5m，但地质条件和周围环境复杂、地下水位（　　）等工程

  A. 在坑底以下   B. 在坑底以上
  C. 与坑底水平   D. 在坑底以下5m范围内

【答案】B

【解析】 基坑支护工程是指开挖深度超过5m（含5m）的基坑（槽）并采用支护结构施工的工程；或基坑虽未超过5m，但地质条件和周围环境复杂、地下水位在坑底以上等工程。

40. 超过（　　）m的高空作业工程需组织专家组进行论证审查。

A. 10   B. 30   C. 50   D. 80

【答案】B

【解析】30m及以上的高空作业工程需组织专家组进行论证审查。

41. 水平混凝土构件模板支撑系统高度超过（　　）m的工程需组织专家组进行审查。

A. 5   B. 6   C. 7   D. 8

【答案】D

【解析】水平混凝土构件模板支撑系统高度超过8m的工程需组织专家组进行审查。

42. 使用承租的机械设备和施工机具及配件的，由施工总承包单位、（　　）和安装单位共同进行验收。验收合格的方可使用。

A. 分包单位　　　　　　　　B. 出租单位
C. 分包单位、出租单位　　　D. 建设单位

【答案】C

【解析】使用承租的机械设备和施工机具及配件的，由施工总承包单位、分包单位、出租单位和安装单位共同进行验收。验收合格的方可使用。

43. 建筑起重机械使用单位和（　　）单位应当在签订的建筑起重机械安装、拆卸合同中明确双方的安全生产责任。

A. 施工   B. 生产   C. 安装   D. 拆卸

【答案】C

【解析】建筑起重机械使用单位和安装单位应当在签订的建筑起重机械安装、拆卸合同中明确双方的安全生产责任。

44. 专家组成员应当由（　　）名及以上符合相关专业要求的专家组成。

A. 3   B. 5   C. 6   D. 7

【答案】B

【解析】专家组成员应当由5名及以上符合相关专业要求的专家组成。

45. 建设工程施工现场混凝土构件模板支撑高度超过（　　）m属于高大模板支撑系统。

A. 6   B. 7   C. 8   D. 10

【答案】C

【解析】住房和城乡建设部《建设工程高大模板支撑系统施工安全监督管理导则》（建质〔2009〕254号）规定，高大模板支撑系统是指建设工程施工现场混凝土构件模板支撑高度超过8m。

46. 搭设跨度超过（　　）m属于高大模板支撑系统。

A. 12   B. 14   C. 16   D. 18

【答案】D

【解析】住房和城乡建设部《建设工程高大模板支撑系统施工安全监督管理导则》（建质〔2009〕254号）规定，高大模板支撑系统是指建设工程施工现场混凝土构件搭设跨度超过18m。

47. 施工总荷载大于（　　）kN/m²属于高大模板支撑系统。

A. 15　　　　B. 20　　　　C. 25　　　　D. 30

【答案】A

【解析】住房和城乡建设部《建设工程高大模板支撑系统施工安全监督管理导则》（建质〔2009〕254号）规定，高大模板支撑系统是指建设工程施工现场混凝土构件施工总荷载大于15kN/m²的。

48. 集中线荷载大于（　　）kN/m的模板支撑系统属于高大模板支撑系统。

A. 15　　　　B. 20　　　　C. 25　　　　D. 30

【答案】B

【解析】住房和城乡建设部《建设工程高大模板支撑系统施工安全监督管理导则》（建质〔2009〕254号）规定，高大模板支撑系统是指建设工程施工现场混凝土构件集中线荷载大于20kN/m的模板支撑系统。

49. 施工单位应当将施工现场的办公、生活区与作业区分开设置，并保持安全距离；（　　）的选址应当符合安全性要求。

A. 办公、生活区　　　　B. 办公、作业区
C. 生活、作业区　　　　D. 作业区

【答案】A

【解析】施工单位应当将施工现场的办公、生活区与作业区分开设置，并保持安全距离；办公、生活区的选址应当符合安全性要求。

50. 施工现场使用的装配式活动房屋应当（　　）。

A. 符合安全生产要求　　　　B. 具有产品合格证
C. 符合安全使用要求　　　　D. 符合消防安全要求

【答案】B

【解析】施工现场使用的装配式活动房屋应当具有产品合格证。

51. 未根据不同施工阶段和周围环境及季节、气候的变化，在施工现场采取相应的安全施工措施，或者在城市市区内的建设工程的施工现场未实行（　　）的，责令限期整改。

A. 封闭围挡　　B. 封闭隔离　　C. 封闭警告　　D. 封闭管理

【答案】A

【解析】未根据不同施工阶段和周围环境及季节、气候的变化，在施工现场采取相应的安全施工措施，或者在城市市区内的建设工程的施工现场未实行封闭围挡的，责令限期整改。

52. 建筑工地要满足消防车通行、（　　）和作业要求。

A. 暂停　　　　B. 停止　　　　C. 停靠　　　　D. 停车

【答案】C

【解析】建筑工地要满足消防车通行、停靠和作业要求。

53. 施工人员上岗前的安全培训应当包括以下消防内容：有关消防法规、消防安全制度和保障消防安全的操作规程，（　　），有关消防设施的性能、灭火器材的使用方法，报火警、扑救初起火灾以及自救逃生的知识和技能等，保障施工现场人员具有相应的消防常识和逃生自救能力。

A. 本岗位的火灾危险性和防火措施　　B. 各岗位的火灾危险性
C. 本岗位的火灾危险性　　D. 各岗位的火灾危险性和防火措施

【答案】A

【解析】施工人员上岗前的安全培训应当包括以下消防内容：有关消防法规、消防安全制度和保障消防安全的操作规程，本岗位的火灾危险性和防火措施，有关消防设施的性能、灭火器材的使用方法，报火警、扑救初起火灾以及自救逃生的知识和技能等，保障施工现场人员具有相应的消防常识和逃生自救能力。

54. 对于申请开办（　　）的建筑工地，应当要求其提供符合规定的用房、科学合理的流程布局，配备加工制作和消毒等设施设备，健全食品安全管理制度，配备食品安全管理人员和取得健康合格证明的从业人员。

A. 澡堂　　B. 休息间　　C. 超市　　D. 食堂

【答案】D

【解析】对于申请开办食堂的建筑工地，应当要求其提供符合规定的用房、科学合理的流程布局，配备加工制作和消毒等设施设备，健全食品安全管理制度，配备食品安全管理人员和取得健康合格证明的从业人员。

55. 建设工程施工企业在进行房屋建筑工程的施工时，安全生产费用为建筑安装工程造价的（　　）。

A. 1.5%　　B. 2.0%　　C. 2.5%　　D. 3.0%

【答案】B

【解析】建设工程施工企业在进行房屋建筑工程的施工时，安全生产费用为建筑安装工程造价的2.0%。

56. 实行工程总承包的，总承包单位依法将建筑工程分包给其他单位的，总承包单位与分包单位应当在分包合同中明确安全防护、文明施工措施费用由（　　）统一管理。

A. 分包单位　　B. 监理单位　　C. 总承包单位　　D. 建设单位

【答案】C

【解析】实行工程总承包的，总承包单位依法将建筑工程分包给其他单位的，总承包单位与分包单位应当在分包合同中明确安全防护、文明施工措施费用由总承包单位统一管理。

57. 在建筑施工现场，从事建筑施工活动的人员使用的安全帽、安全带以及安全（绝缘）鞋、防护眼镜等属于建筑施工人员个人（　　）。

A. 劳动保护用品　　B. 劳动用品
C. 生活用品　　D. 保护用品

【答案】A

【解析】在建筑施工现场，从事建筑施工活动的人员使用的安全帽、安全带以及安全（绝缘）鞋、防护眼镜等属于建筑施工人员个人劳动保护用品。

58. 施工作业人员所在企业（包括总承包企业、专业承包企业、劳务企业等）必须按国家规定免费发放劳动保护用品，更换已损坏或（　　）的劳动保护用品，不得收取或变相收取任何费用。

A. 临近使用期限　　B. 已到使用期限

C. 已使用　　　　　　　　　　D. 未使用

【答案】B

【解析】施工作业人员所在企业（包括总承包企业、专业承包企业、劳务企业等）必须按国家规定免费发放劳动保护用品，更换已损坏或已到使用期限的劳动保护用品，不得收取或变相收取任何费用。

59. 施工单位应当根据建设工程施工的特点、范围，对施工现场（　　）的部位、环节进行监控，制定施工现场生产安全事故应急救援预案。

　　A. 易发生事故　　　　　　B. 曾经发生事故
　　C. 易发生较大事故　　　　D. 易发生重大事故

【答案】D

【解析】施工单位应当根据建设工程施工的特点、范围，对施工现场易发生重大事故的部位、环节进行监控，制定施工现场生产安全事故应急救援预案。

60. 房屋市政工程生产安全重大隐患排查治理的责任主体是（　　），应当建立健全重大隐患排查治理工作制度，并落实到每一个工程项目。

　　A. 建设单位　　　　　　　B. 监理单位
　　C. 建筑施工企业　　　　　D. 总承包单位

【答案】C

【解析】房屋市政工程生产安全重大隐患排查治理的责任主体是建筑施工企业，应当建立健全重大隐患排查治理工作制度，并落实到每一个工程项目。

61. 较大事故，是指造成（　　）死亡，或者10人以上50人以下重伤，或者1000万元以上5000万元以下直接经济损失的事故。

　　A. 3人以下　　　　　　　　B. 3人以上5人以下
　　C. 3人以上10人以下　　　　D. 5人以上10人以下

【答案】C

【解析】较大事故，是指造成3人以上10人以下死亡，或者10人以上50人以下重伤，或者1000万元以上5000万元以下直接经济损失的事故。

62. 发生生产安全事故后，施工单位应当采取措施防止事故扩大，保护事故现场。需要移动现场物品时，应当（　　），妥善保管有关证物。

　　A. 做出标记　　　　　　　B. 做出标记和书面记录
　　C. 做出书面记录　　　　　D. 绘制现场简图

【答案】B

【解析】发生生产安全事故后，施工单位应当采取措施防止事故扩大，保护事故现场。需要移动现场物品时，应当做出标记和书面记录，妥善保管有关证物。

63. 事故发生后，事故现场有关人员应当立即向施工单位负责人报告；施工单位负责人接到报告后，应当于（　　）h内向事故发生地县级以上人民政府建设主管部门和有关部门报告。

　　A. 1　　　　B. 1.5　　　　C. 2　　　　D. 3

【答案】A

【解析】事故发生后，事故现场有关人员应当立即向施工单位负责人报告；施工单位负责人接到报告后,应当于 1h 内向事故发生地县级以上人民政府建设主管部门和有关部门报告。

64. 头层墙高度超过( )m 的二层楼面周边必须安装临时护栏。
A. 2.7　　　　B. 3　　　　C. 3.2　　　　D. 4

【答案】C

【解析】头层墙高度超过 3.2m 的二层楼面周边必须安装临时护栏。

65. 施工用梯如需接长使用,必须有可靠的连接措施,且接头不得超过( )处。
A. 1　　　　B. 2　　　　C. 3　　　　D. 5

【答案】A

【解析】施工用梯如需接长使用,必须有可靠的连接措施,且接头不得超过 1 处。

66. 混凝土浇筑离地 2m 以上框架、过梁、雨篷和小平台时,应设操作平台,不得直接站在( )上操作。
A. 模板
B. 支撑件
C. 模板或支撑件
D. 以上三种均不对

【答案】C

【解析】混凝土浇筑离地 2m 以上框架、过梁、雨篷和小平台时,应设操作平台,不得直接站在模板或支撑件上操作。

67. 安装、巡检、维修或拆除( ),必须由电工完成,并应有人监护。
A. 临时用电设备
B. 临时用电设备和线路
C. 临时线路
D. 永久性用电设备

【答案】B

【解析】安装、巡检、维修或拆除临时用电设备和线路,必须由电工完成,并应有人监护。

68. 施工现场临时用电设备在 5 台及以上或设备总容量在( )kW 及以上者,应编制用电组织设计。
A. 30　　　　B. 40　　　　C. 50　　　　D. 60

【答案】C

【解析】施工现场临时用电设备在 5 台及以上或设备总容量在 50kW 及以上者,应编制用电组织设计。

69. 支模、粉刷、砌墙等各工种进行上下立体交叉作业时,不得在同一垂直方向上操作。下层作业的位置,必须处于依上层高度确定的( )。不符合以上条件时,应设置安全防护层。
A. 可能坠落范围半径之外
B. 可能坠落范围半径之外
C. 直线间隔距离之外
D. 可能倾覆范围半径之外

【答案】A

【解析】支模、粉刷、砌墙等各工种进行上下立体交叉作业时,不得在同一垂直方向上操作。下层作业的位置,必须处于依上层高度确定的可能坠落范围半径之外。不符合以上条件时,应设置安全防护层。

70. 潮湿和易触及带电体场所的照明,电源电压不得大于( )V。

A. 12　　　　　B. 22　　　　　C. 24　　　　　D. 36

【答案】A

【解析】潮湿和易触及带电体场所的照明，电源电压不得大于12V。

71. 物料提升机额定起重量不宜超过（　　）kN；安装高度不宜超过30m。

A. 100　　　　B. 120　　　　C. 150　　　　D. 160

【答案】D

【解析】物料提升机额定起重量不宜超过160kN；安装高度不宜超过30m。

72. 施工升降机安装前应对各部件进行检查。对有严重锈蚀、严重磨损、整体或局部变形的构件（　　），符合产品标准的有关规定后方能进行安装。

A. 必须进行更换　　　　　　　B. 必须进行修复
C. 应进行修复　　　　　　　　D. 应进行更换

【答案】A

【解析】施工升降机安装前应对各部件进行检查。对有严重锈蚀、严重磨损、整体或局部变形的构件必须进行更换，符合产品标准的有关规定后方能进行安装。

73. 塔机在安装、增加塔身标准节之前应对结构件和高强度螺栓进行检查，若发现（　　）问题应修复或更换后方可进行安装。

A. 目视可见的结构件裂纹及焊缝裂纹　　B. 连接件的轴轻微磨损
C. 连接件的孔轻微磨损　　　　　　　　D. 销孔弹性变形

【答案】A

【解析】塔机在安装、增加塔身标准节之前应对结构件和高强度螺栓进行检查，若发现目视可见的结构件裂纹及焊缝裂纹问题应修复或更换后方可进行安装。

74. 当安装高度超过30m时，物料提升机除应具有起重量限制、防坠保护、停层及限位功能外，尚应符合下列规定：1）吊笼应有自动停层功能，停层后吊笼底板与停层平台的垂直高度偏差不应超过30mm；2）防坠安全器应为渐进式；3）应具有自升降安拆功能；4）应具有（　　）。

A. 防倾覆装置　　　　　　　　B. 实时监控装置
C. 语音及影像信号　　　　　　D. 防坠落装置

【答案】C

【解析】当安装高度超过30m时，物料提升机除应具有起重量限制、防坠保护、停层及限位功能外，尚应符合下列规定：1）吊笼应有自动停层功能，停层后吊笼底板与停层平台的垂直高度偏差不应超过30mm；2）防坠安全器应为渐进式；3）应具有自升降安拆功能；4）应具有语音及影像信号。

75. 塔式起重机载荷为630～1250kNm（不含1250kNm）、出厂年限超过（　　）年（不含）的应进行安全评估。

A. 15　　　　　B. 20　　　　　C. 25　　　　　D. 30

【答案】A

【解析】塔式起重机载荷为630～1250kNm（不含1250kNm）、出厂年限超过15年（不含15年）的应进行安全评估。

76. 人货两用施工升降机驱动吊笼的钢丝绳不应少于2根，且是相互独立的。钢丝绳的安全系数不应小于（　　），钢丝绳直径不应小于 9 mm。

A. 12　　　　　B. 13　　　　　C. 14　　　　　D. 15

【答案】A

【解析】人货两用施工升降机驱动吊笼的钢丝绳不应少于 2 根，且是相互独立的。钢丝绳的安全系数不应小于 12，钢丝绳直径不应小于 9 mm。

77. 在工作中起重机械的操作人员和配合作业人员必须按规定穿戴劳动保护用品，长发应束紧不得外露，高处作业时必须（　　）。

A. 系安全带　　　B. 戴安全帽　　　C. 穿安全鞋　　　D. 穿工作服

【答案】A

【解析】在工作中起重机械的操作人员和配合作业人员必须按规定穿戴劳动保护用品，长发应束紧不得外露，高处作业时必须系安全带。

78. 电焊机导线应具有良好的绝缘，绝缘电阻不得小于 1MΩ，不得将电焊机导线放在（　　）物体附近。

A. 潮湿　　　　　B. 带电　　　　　C. 高温　　　　　D. 潮湿且带电

【答案】C

【解析】电焊机导线应具有良好的绝缘，绝缘电阻不得小于 1MΩ，不得将电焊机导线放在高温物体附近。

79. 停用（　　）或封存的机械，应认真做好停用或封存前的保养工作，并应采取预防风沙、雨淋、水泡、锈蚀等措施。

A. 半年以上　　　B. 两个月以上　　　C. 一个月以上　　　D. 半个月以上

【答案】C

【解析】停用一个月以上或封存的机械，应认真做好停用或封存前的保养工作，并应采取预防风沙、雨淋、水泡、锈蚀等措施。

80. 当起重机制动器的制动鼓表面磨损达（　　）mm（小直径取小值，大直径取大值）时，应更换制动鼓。

A. 1.5～2.0　　　B. 2.0～2.5　　　C. 2.5～3.0　　　D. 3.0～3.5

【答案】A

【解析】当起重机制动器的制动鼓表面磨损达 1.5～2.0mm（小直径取小值，大直径取大值）时，应更换制动鼓。

81. 起吊载荷达到起重机额定起重量的 90% 及以上时，应先将重物吊离地面（　　）mm 后，检查起重机的稳定性，制动器的可靠性，重物的平稳性，绑扎的牢固性，确认无误后方可继续起吊。

A. 200～400　　　B. 300～500　　　C. 200～500　　　D. 300～600

【答案】C

【解析】起吊载荷达到起重机额定起重量的 90% 及以上时，应先将重物吊离地面 200～500mm 后，检查起重机的稳定性，制动器的可靠性，重物的平稳性，绑扎的牢固性，确认无误后方可继续起吊。

82. 脚手架或操作平台上的施工总荷载不得超过其（　　）。

A. 额定值　　　　B. 设计值　　　　C. 最大值　　　　D. 允许值

【答案】B

【解析】脚手架或操作平台上的施工总荷载不得超过其设计值。

83. 模板工程应编制施工设计和安全技术措施，并应严格按施工设计与安全技术措施规定施工。满堂模板、建筑层高 8m 及以上和梁跨（   ）的模板，在安装、拆除作业前，工程技术人员应以书面形式向作业班组进行施工操作的安全技术交底，作业班组应对照书面交底进行上、下班的自检和互检。

A. ＞15m　　　　B. ≥15m　　　　C. ＞16m　　　　D. ≥16m

【答案】B

【解析】模板工程应编制施工设计和安全技术措施，并应严格按施工设计与安全技术措施规定施工。满堂模板、建筑层高 8m 及以上和梁跨大于等于 15m 的模板，在安装、拆除作业前，工程技术人员应以书面形式向作业班组进行施工操作的安全技术交底，作业班组应对照书面交底进行上、下班的自检和互检。

84. 固定动火作业场应布置在可燃材料堆场及其加工场、易燃易爆危险品库房等全年最小频率风向的（   ）。

A. 上风侧　　　　B. 下风侧　　　　C. 迎风侧　　　　D. 背风侧

【答案】A

【解析】固定动火作业场应布置在可燃材料堆场及其加工场、易燃易爆危险品库房等全年最小频率风向的上风侧。

85. 施工现场内应设置临时消防车道，临时消防车道与在建工程、临时用房、（   ）及其加工场的距离不宜小于 5m，且不宜大于 40m。

A. 可燃材料堆场　　　　B. 围墙
C. 临时消防救援场地　　D. 水房

【答案】A

【解析】施工现场内应设置临时消防车道，临时消防车道与在建工程、临时用房、可燃材料堆场及其加工场的距离不宜小于 5m，且不宜大于 40m。

86. 拆除高度在（   ）及以上的临时建筑时，作业人员应在专门搭设的脚手架上或稳固的结构部位上操作，严禁作业人员站在被拆墙体、构件上作业。

A. 一层楼　　　　B. 2m　　　　C. 3m　　　　D. 5m

【答案】B

【解析】拆除高度在 2m 及以上的临时建筑时，作业人员应在专门搭设的脚手架上或稳固的结构部位上操作，严禁作业人员站在被拆墙体、构件上作业。

87. 施工现场安全管理评价应为对企业所属施工现场安全状况的考核，其内容应包括施工现场安全达标、安全文明资金保障、资质和资格管理、（   ）、设备设施工艺选用、保险等 6 个评定项目。

A. 安全生产事故分析　　　　B. 安全生产设备管理
C. 生产安全事故控制　　　　D. 生产安全事故预案

【答案】C

【解析】施工现场安全管理评价应为对企业所属施工现场安全状况的考核，其内容应包括施工现场安全达标、安全文明资金保障、资质和资格管理、生产安全事故控制、设备设施工艺选用、保险等 6 个评定项目。

88. 对有在建工程的建筑施工企业,安全生产考核评定分为( )2 个等级。
   A. 合格、不合格　　　　　　　B. 合格、基本合格
   C. 基本合格、不合格　　　　　D. 以上三种均不对

【答案】A

【解析】对有在建工程的建筑施工企业,安全生产考核评定分为合格、不合格 2 个等级。

三、多选题

1. 对施工单位全面负责并有生产经营决策权的人是( )。
   A. 董事长　　　　B. 总裁　　　　C. 总经理　　　　D. 项目经理
   E. 总工程师

【答案】ABC

【解析】施工单位主要负责人可以是董事长,也可以是总经理或总裁等。

2. 施工单位对列入建设工程概算的安全作业环境及安全施工措施所需费用,应当用于( ),不得挪作他用。
   A. 施工安全防护用具及设施的采购　　B. 施工安全防护用具及设施的更新
   C. 安全施工措施的落实　　　　　　　D. 安全生产条件的改善
   E. 现场人员办公费

【答案】ABCD

【解析】施工单位对列入建设工程概算的安全作业环境及安全施工措施所需费用,应当用于施工安全防护用具及设施的采购和更新、安全施工措施的落实、安全生产条件的改善,不得挪作他用。

3. 施工单位专职安全生产管理人员的职责是( )。
   A. 对施工单位安全全面负责
   B. 对安全生产进行现场监督检查
   C. 发现安全事故隐患,及时报告
   D. 对违章指挥、违章操作的,应当立即制止
   E. 掌握生产经营决策权

【答案】BCD

【解析】专职安全生产管理人员负责对安全生产进行监督检查。发现安全事故隐患,应当及时向项目负责人和安全生产管理机构报告;对违章指挥、违章操作的,应当及时制止。

4. 施工单位的项目负责人应当( )。
   A. 取得相应执业资格
   B. 对建设工程项目的安全施工负责
   C. 落实安全生产责任制度、安全生产规章制度和操作规程
   D. 确保安全生产费用的有效使用
   E. 及时报告生产安全事故

【答案】ABCDE

【解析】施工单位的项目负责人应当由取得相应执业资格的人员担任,对建设工程项目的安全负责,落实安全生产责任制度、安全生产规章制度和操作规程,确保安全生产费用的有效使用,并根据工程的特点组织制定安全施工措施,消除安全事故隐患,及时、如实报告生产安全事故。

5. 实行施工总承包的,(   )。

   A. 由总承包单位负责
   B. 由分包单位负责
   C. 分包单位向总承包单位负责
   D. 分包单位需服从总承包单位的安全生产管理
   E. 分包单位负责组织编制生产安全事故应急救援预案

【答案】ACD

【解析】实行施工总承包的,由总承包单位负责。分包单位向总承包单位负责,服从总承包单位对施工现场的安全生产管理。

6. 建筑施工企业负责人,是指企业的(   )。

   A. 法定代表人
   B. 总经理
   C. 主管质量安全和生产工作的副总经理
   D. 主管质量安全和生产工作的总工程师
   E. 主管质量安全和生产工作的副总工程师

【答案】ABCDE

【解析】建筑施工企业负责人,是指企业的法定代表人、总经理、主管质量安全和生产工作的副总经理、总工程师和副总工程师。

7. 建筑施工企业安全生产管理机构具有以下职责(   )

   A. 宣传和贯彻国家有关安全生产法律法规和标准
   B. 组织开展安全教育培训与交流
   C. 保证项目安全生产费用的有效使用
   D. 组织开展安全生产评优评先表彰工作
   E. 参加生产安全事故的调查和处理工作

【答案】ABDE

【解析】详见教材中建筑施工企业安全生产管理机构的职责。

8. 建筑施工企业安全生产管理机构具有以下职责(   )

   A. 参与危险性较大工程安全专项施工方案专家论证会
   B. 组织编制危险性较大工程安全专项施工方案
   C. 组织实施项目安全检查和隐患排查
   D. 建立企业在建项目安全生产管理档案
   E. 建立项目安全生产管理档案

【答案】AD

【解析】详见教材中建筑施工企业安全生产管理机构的职责。

9. 建筑企业安全生产管理机构的职能包括（　　）。
A. 编制并适时更新安全生产管理制度并监督实施
B. 监督在建项目安全生产费用的使用
C. 组织开展安全教育培训与交流
D. 参加生产安全事故的调查和处理工作
E. 建立项目安全生产管理档案

【答案】ABCD

【解析】建筑企业安全生产管理机构的职能包括：编制并适时更新安全生产管理制度并监督实施；监督在建项目安全生产费用的使用；组织开展安全教育培训与交流；参加生产安全事故的调查和处理工作。

10. 建筑施工企业安全生产管理机构专职安全生产管理人员在施工现场检查过程中具有以下职责（　　）
A. 查阅在建项目安全生产有关资料、核实有关情况
B. 检查危险性较大工程安全专项施工方案落实情况
C. 监督项目专职安全生产管理人员履职情况
D. 监督作业人员安全防护用品的配备及使用情况
E. 对发现的安全生产违章违规行为或安全隐患，需上报后再作出处理

【答案】ABCD

【解析】建筑施工企业安全生产管理机构专职安全生产管理人员在施工现场检查过程中具有以下职责：查阅在建项目安全生产有关资料、核实有关情况；检查危险性较大工程安全专项施工方案落实情况；监督项目专职安全生产管理人员履职情况；监督作业人员安全防护用品的配备及使用情况；对发现的安全生产违章违规行为或安全隐患，有权当场予以纠正或作出处理决定。

11. 建筑施工企业安全生产管理机构专职安全生产管理人员，对于建筑施工总承包资质序列企业有（　　）人，能符合特级资质。
A. 4　　　　B. 5　　　　C. 6　　　　D. 7
E. 8

【答案】CDE

【解析】建筑施工企业安全生产管理机构专职安全生产管理人员，对于建筑施工总承包资质序列企业，特级资质不少于6人。

12. 建筑施工企业安全生产管理机构专职安全生产管理人员，对于建筑施工总承包资质序列企业有（　　）人，能符合一级资质。
A. 1　　　　B. 2　　　　C. 3　　　　D. 4
E. 5

【答案】DE

【解析】建筑施工企业安全生产管理机构专职安全生产管理人员，对于建筑施工专业承包资质序列企业，一级资质不少于3人。

13. 建筑施工企业安全生产管理机构专职安全生产管理人员，对于建筑施工专业承包资质序列企业有（　　）人，能符合一级资质。

A. 1　　　　　B. 2　　　　　C. 3　　　　　D. 4
E. 5

【答案】CDE

【解析】建筑施工企业安全生产管理机构专职安全生产管理人员，对于建筑施工专业承包资质序列企业，一级资质不少于3人。

14. 施工单位在采用（　　）时，应当对作业人员进行相应的安全生产教育培训。
A. 新技术　　　B. 新工艺　　　C. 新设备　　　D. 新材料
E. 尚无相关标准文件

【答案】ABCD

【解析】施工单位在采用新技术、新工艺、新设备、新材料时，应当对作业人员进行相应的安全生产教育培训。

15. 脚手架工程是指：高度超过24m的落地式钢管脚手架、（　　）、悬挑式脚手架、挂脚手架、吊篮脚手架。
A. 落地式钢管脚手架
B. 附着式升降脚手架，包括整体提升与分片式提升
C. 门型脚手架
D. 卸料平台
E. 木脚手架

【答案】BCD

【解析】脚手架工程是指：高度超过24m的落地式钢管脚手架、附着式升降脚手架（包括整体提升与分片式提升）、门型脚手架、卸料平台、悬挑式脚手架、挂脚手架、吊篮脚手架。

16. 超过一定规模的危险性较大的分部分项工程专项方案应当由施工单位组织召开专家论证会，参加专家论证会的人员包括（　　）。
A. 专家组成员
B. 建设单位主要负责人
C. 施工单位分管安全的负责人
D. 勘察、设计单位项目技术负责人及相关人员
E. 监理单位负责人

【答案】ACD

【解析】超过一定规模的危险性较大的分部分项工程专项方案应当由施工单位组织召开专家论证会，参加专家论证会的人员包括专家组成员；施工单位分管安全的负责人；勘察、设计单位项目技术负责人及相关人员。

17. 编制危险性较大的分部分项工程安全专项施工方案时，应当包括以下内容：编制说明及依据、工程概况、施工计划、（　　）、计算书及相关图纸。
A. 施工单位概况　　　　　B. 施工安全保证措施
C. 施工工艺技术　　　　　D. 劳动力计划
E. 会议记录

【答案】BCD

【解析】 编制危险性较大的分部分项工程安全专项施工方案时，应当包括以下内容：编制说明及依据、工程概况、施工计划、施工安全保证措施、施工工艺技术、劳动力计划、计算书及相关图纸。

18. 施工单位采购、租赁的（　　　），应当具有生产（制造）许可证、产品合格证，并在进入施工现场前进行查验。

   A. 安全防护用具　　　　　　　B. 机械设备
   C. 电焊机　　　　　　　　　　D. 施工机具及配件
   E. 照明设备

   【答案】 ABD

   【解析】 施工单位采购、租赁的安全防护用具、机械设备、施工机具及配件，应当具有生产（制造）许可证、产品合格证，并在进入施工现场前进行查验。

19. 施工单位应当在施工现场入口处、脚手架、出入通道口、（　　　）、爆破物及有害危险气体和液体存放处等危险部位，设置明显的安全警示标志。

   A. 临时用电设施　　　　　　　B. 窗口
   C. 基坑边沿　　　　　　　　　D. 隧道口
   E. 楼梯口

   【答案】 ACDE

   【解析】 施工单位应当在施工现场入口处、脚手架、出入通道口、临时用电设施、基坑边沿、隧道口、楼梯口、爆破物及有害危险气体和液体存放处等危险部位，设置明显的安全警示标志。

20. 消防安全标志应当按照（　　　）设置。

   A.《建设工程安全生产管理条例》　　B.《消防安全标志设置要求》
   C.《社会消防安全教育培训规定》　　D.《消防安全标志》
   E.《中华人民共和国消防法》

   【答案】 BD

   【解析】 消防安全标志应当按照《消防安全标志设置要求》和《消防安全标志》设置。

21.《消防法》规定，机关、团体、企业、事业等单位应当履行（　　　）消防安全职责。

   A. 对建筑消防设施每两年至少进行一次全面检测，确保完好有效，检测记录应当完整准确，存档备查
   B. 保证防火防烟分区、防火烟距符合消防技术标准
   C. 按照国家标准、行业标准配置消防设施、器材，设置消防安全标志，并定期组织检验、维修，确保完好有效
   D. 组织进行有针对性的消防演练
   E. 对建筑消防设施每年至少进行一次全面检测，确保完好有效，检测记录应当完整准确，存档备查

   【答案】 CDE

   【解析】《消防法》规定，机关、团体、企业、事业等单位应当履行：按照国家标准、行业标准配置消防设施、器材，设置消防安全标志，并定期组织检验、维修，确保完好有

效；组织进行有针对性的消防演练；对建筑消防设施每年至少进行一次全面检测，确保完好有效，检测记录应当完整准确，存档备查。

22. 对于从事接触直接入口食品工作的人员患有（　　）等有碍食品安全疾病的，应当将其调整到其他不影响食品安全的工作岗位。

A. 痢疾
B. 伤寒
C. 甲型病毒性肝炎
D. 活动性肺结核
E. 渗出性皮肤病

【答案】ABCDE

【解析】对于从事接触直接入口食品工作的人员患有痢疾、伤寒、甲型病毒性肝炎、活动性肺结核、渗出性皮肤病等有碍食品安全疾病的，应当将其调整到其他不影响食品安全的工作岗位。

23. 建筑单位对建筑工程安全防护、文明施工有其他要求的，所发生费用一并计入（　　）。

A. 安全防护费
B. 文明措施费
C. 环境保护费
D. 高处作业安全防护费
E. 规费

【答案】AB

【解析】建筑单位对建筑工程安全防护、文明施工有其他要求的，所发生费用一并计入安全防护费、文明措施费。

24. 措施费中包括（　　）。

A. 文明施工费　　B. 环境保护费　　C. 临时设施费　　D. 安全施工费
E. 规费

【答案】ABCD

【解析】措施费包含文明施工费、环境保护费、临时设施费和安全施工费。

25. 施工人员有（　　）权利。

A. 接受安全教育培训
B. 按照工作岗位规定使用合格的劳动保护用品
C. 拒绝违章指挥
D. 拒绝使用不合格劳动保护用品
E. 对劳动保护用品监督检查

【答案】ABCD

【解析】施工人员有接受安全教育培训的权利，有按照工作岗位规定使用合格的劳动保护用品的权利，有拒绝违章指挥、拒绝使用不合格劳动保护用品的权利。

26. 建筑施工单位应当制定具体应急预案，并对（　　）开展隐患排查，及时采取措施消除隐患，防止发生突发事件。

A. 生产经营场所
B. 有危险物品的建筑物
C. 有危险物品的构筑物
D. 有危险物品的周边环境
E. 堆料场

【答案】ABCD

【解析】建筑施工单位应当制定具体应急预案，并对生产经营场所、有危险物品的建筑物、构筑物及周边环境开展隐患排查，及时采取措施消除隐患，防止发生突发事件。

27. 建设单位应积极协调（　　）等单位，并在资金、人员等方面积极配合做好重大隐患排查治理工作。
A. 勘察单位　　　　B. 设计单位　　　　C. 施工单位　　　　D. 监理单位
E. 监测单位

【答案】 ABCDE

【解析】建设单位应积极协调勘察、设计、施工、监理、监测等单位，并在资金、人员等方面积极配合做好重大隐患排查治理工作。

28. 《房屋市政工程生产安全重大隐患治理挂牌督办通知书》包括（　　）。
A. 工程项目的名称　　　　　　B. 重大隐患的具体内容
C. 治理要求及期限　　　　　　D. 督办解除的程序
E. 安全应急预案

【答案】 ABCD

【解析】《房屋市政工程生产安全重大隐患治理挂牌督办通知书》包括：工程项目的名称；重大隐患的具体内容；治理要求及期限；督办解除的程序；其他有关的要求。

29. 造成（　　）人以上（　　）以下死亡的事故属于重大事故。
A. 3　　　　　　B. 10　　　　　　C. 20　　　　　　D. 30
E. 50

【答案】 BD

【解析】重大事故是指造成10人以上30人以下死亡。

30. 造成（　　）人以上（　　）以下死亡的事故属于较大事故。
A. 3　　　　　　B. 10　　　　　　C. 20　　　　　　D. 30
E. 50

【答案】 AB

【解析】较大事故是指造成3人以上10人以下死亡。

31. 事故报告的内容包括（　　）。
A. 事故发生的时间　　　　　　B. 事故发生的地点
C. 工程项目名称　　　　　　　D. 有关单位名称
E. 事故的初步原因

【答案】 ABCDE

【解析】事故报告的内容包括事故发生的时间、地点和工程项目、有关单位名称，事故的初步原因。

32. 我国的标准分为（　　）。
A. 国家标准　　　B. 行业标准　　　C. 地方标准　　　D. 企业标准
E. 推荐性标准

【答案】 ABCD

【解析】我国的标准分为国家标准、行业标准、地方标准和企业标准。

33. 国家标准、企业标准又分为（ ）。
   A. 国家标准   B. 行业标准   C. 地方标准   D. 强制性标准
   E. 推荐性标准

   【答案】DE

   【解析】国家标准、企业标准又分为强制性标准和推荐性标准。

34. 全面开展安全达标，深入开展以（ ）为内容的安全生产标准化建设。
   A. 岗位达标   B. 专业达标   C. 企业达标   D. 行业达标
   E. 地方达标

   【答案】ABC

   【解析】全面开展安全达标，深入开展以岗位达标、专业达标、企业达标为内容的安全生产标准化建设。

35. 要健全建筑施工安全标准化的各项内容和制度，从工程涉及的（ ）等主要环节入手，作出详细的规定和要求，并细化和量化相应的检查标准。
   A. 脚手架   B. 模板工程
   C. 高处作业   D. 施工用电
   E. 建筑起重机械设备

   【答案】ABDE

   【解析】要健全建筑施工安全标准化的各项内容和制度，从工程项目涉及的脚手架、模板工程、施工用电和建筑起重机械设备等主要环节入手，作出详细的规定和要求，并细化和量化相应的检查标准。

36. 附着式升降脚手架在使用过程中不得进行下列作业：（ ）、任意拆除结构件或松动连接件、拆除或移动架体上的安全防护设施、其他影响架体安全的作业。
   A. 利用架体吊运物料   B. 在架体上推车
   C. 利用架体支撑模板或卸料平台   D. 在架体上拉结吊装缆绳（或缆索）
   E. 电焊作业

   【答案】ABCD

   【解析】附着式升降脚手架在使用过程中不得进行下列作业：利用架体吊运物料、在架体上推车、利用架体支撑模板或卸料平台、在架体上拉结吊装缆绳（或缆索）、任意拆除结构件或松动连接件、拆除或移动架体上的安全防护设施、其他影响架体安全的作业。

37. 高处作业吊篮应由悬挂机构、（ ）、钢丝绳和配套附件、连接件组成。
   A. 吊篮平台   B. 电气控制系统
   C. 提升机构   D. 防坠落机构
   E. 信息控制系统

   【答案】ABCD

   【解析】高处作业吊篮应由悬挂机构、吊篮平台、电气控制系统、提升机构、防坠落机构、钢丝绳和配套附件、连接件组成。

38. 使用吊篮作业时，应排除影响吊篮正常运行的障碍。在吊篮下方可能造成坠落物伤害的范围，应设置（ ），人员或车辆不得停留、通行。
   A. 安全隔离区   B. 安全指示灯

C. 警告标志　　　　　　　　　D. 安全报警装置
E. 安全预警装置

【答案】AC

【解析】使用吊篮作业时，应排除影响吊篮正常运行的障碍。在吊篮下方可能造成坠落物伤害的范围，应设置安全隔离区和警告标志，人员或车辆不得停留、通行。

39. 附着式升降脚手架各相邻提升点间的高差不得大于（　　）mm，整体架最大升降差不得大于（　　）mm。
A. 30　　　　　B. 50　　　　　C. 80　　　　　D. 100
E. 150

【答案】AC

【解析】附着式升降脚手架各相邻提升点间的高差不得大于30mm，整体架最大升降差不得大于80mm。

40. 附着式升降脚手架上的（　　）应每月进行维护保养。
A. 螺栓连接件　　B. 架体结构　　C. 升降设备　　D. 电控设备
E. 同步控制装置

【答案】ACDE

【解析】附着式升降脚手架上的螺栓连接件、升降设备、电控设备、同步控制装置应每月进行维护保养。

41. 每搭完一步扣件式钢管脚手架后，应按《建筑施工扣件式钢管脚手架安全技术规范》的规定校正（　　）。
A. 步距
B. 纵距
C. 横距
D. 立杆的垂直度
E. 横杆的水平度

【答案】ABCD

【解析】每搭完一步扣件式钢管脚手架后，应按《建筑施工扣件式钢管脚手架安全技术规范》的规定校正步距、纵距、横距、立杆的垂直度。

42. 两台以上推土机在同一区域作业时，两机前后距离不得小于（　　），平行时左右距离不得小于（　　）。
A. 8m　　　　　B. 6m　　　　　C. 3.5m　　　　　D. 1.5m
E. 1m

【答案】AD

【解析】两台以上推土机在同一区域作业时，两机前后距离不得小于8m，平行时左右距离不得小于1.5m。

43. 边坡开挖前应设置变形监测点，定期监测边坡的变形。边坡开挖过程中出现沉降、裂缝等险情时，应立即向有关方面报告，并根据险情采取如下措施：（　　）、采取应急支护措施。
A. 暂停施工，转移危险区内人员和设备
B. 对危险区域采取临时隔离措施
C. 并设置警示标志

D. 坡脚被动区卸载或坡顶主动区压重

E. 作好临时排水、封面处理

【答案】ABCE

【解析】边坡开挖前应设置变形监测点，定期监测边坡的变形。边坡开挖过程中出现沉降、裂缝等险情时，应立即向有关方面报告，并根据险情采取如下措施：暂停施工，转移危险区内人员和设备；对危险区域采取临时隔离措施，并设置警示标志；作好临时排水、封面处理；采取应急支护措施。

44. 对临边高处作业，必须设置防护措施，并符合以下规定：（　　）、井架与施工用电梯和脚手架等与建筑物通道的两侧边，必须设防护栏杆。地面通道上部应装设安全防护棚。双笼井架通道中间，应予分隔封闭。

A. 基坑周边，尚未安装栏杆或栏板的阳台必须设置防护栏杆

B. 头层墙高度超过3.5m的二层楼面周边必须在外围架设安全平网一道

C. 施工的楼梯口和梯段边，必须安装临时护栏

D. 各种垂直运输接料平台，除两侧设防护栏杆外，平台口还应设置安全门或活动防护栏杆

E. 阳台的两侧边必须设防护栏杆

【答案】AD

【解析】对临边高处作业，必须设置防护措施，并符合以下规定：基坑周边，尚未安装栏杆或栏板的阳台必须设置防护栏杆、各种垂直运输接料平台，除两侧设防护栏杆外，平台口还应设置安全门或活动防护栏杆、井架与施工用电梯和脚手架等与建筑物通道的两侧边，必须设防护栏杆。地面通道上部应装设安全防护棚。双笼井架通道中间，应予分隔封闭。

45. 进行洞口作业以及在因工程和工序需要而产生的，使人与物有坠落危险或危及人身安全的其他洞口进行高处作业时，必须按下列规定设置防护设施：电梯井口必须设防护栏杆或固定栅门、（　　）、施工现场通道附近的各类洞口与坑槽等处设置防护设施与安全标志。

A. 电梯井内应每隔两层并最多隔8m设一道安全网

B. 板与墙的洞口，必须设置牢固的盖板

C. 钢管桩、钻孔桩等桩孔上口，杯形、条形基础上口均应按洞口防护设置稳固的盖件

D. 施工现场通道附近的各类洞口与坑槽等处夜间应设红灯示警

E. 电梯井内应每隔两层并最多隔10m设一道安全网

【答案】BCD

【解析】进行洞口作业以及在因工程和工序需要而产生的，使人与物有坠落危险或危及人身安全的其他洞口进行高处作业时，必须按下列规定设置防护设施：电梯井口必须设防护栏杆或固定栅门、板与墙的洞口，必须设置牢固的盖板、钢管桩、钻孔桩等桩孔上口、杯形、条形基础上口均应按洞口防护设置稳固的盖件、施工现场通道附近的各类洞口与坑槽等处夜间应设红灯示警、施工现场通道附近的各类洞口与坑槽等处设置防护设施与安全标志。

46. 建筑施工现场临时用电工程专用的电源中性点直接接地的 220/380V 三相四线制低压电力系统，必须（　　）。

A. 采用三级配电系统
B. 采用 TN-S 接零保护系统
C. 采用 TN-C 接零保护系统
D. 采用二级漏电保护系统
E. 采用一级漏电保护系统

【答案】ABD

【解析】建筑施工现场临时用电工程专用的电源中性点直接接地的 220/380V 三相四线制低压电力系统，必须采用三级配电系统、采用 TN-S 接零保护系统、采用二级漏电保护系统。

47. 隧道、人防工程、高温、有导电灰尘、比较潮湿或灯具离地面高度低于（　　）m 等场所的照明，电源电压不应大于（　　）V。

A. 2.5　　　　B. 3　　　　C. 24　　　　D. 36
E. 48

【答案】AD

【解析】隧道、人防工程、高温、有导电灰尘、比较潮湿或灯具离地面高度低于 2.5m 等场所的照明，电源电压不应大于 36V。

第二章 施工现场安全管理知识

一、判断题

1. 施工作业班组可以设置兼职安全巡查员。

【答案】正确

【解析】施工作业班组可以设置兼职安全巡查员。

2. 施工现场安全管理包括确保安全防护、文明施工措施费专款专用,按规定发放劳动保护用品,更换已损坏或已到使用期限的劳动保护用品。

【答案】正确

【解析】施工现场安全管理包括确保安全防护、文明施工措施费专款专用,按规定发放劳动保护用品,更换已损坏或已到使用期限的劳动保护用品。

3. 对管理人员及分包单位实行安全考核和奖励管理,是开展施工现场安全管理工作的主要方式和手段。

【答案】正确

【解析】对管理人员及分包单位实行安全考核和奖励管理,是开展施工现场安全管理工作的主要方式和手段。

二、单选题

1. 特种人员取得建设行政主管部门颁发的建筑施工特种作业操作资格证书,且每年不得少于(   )h 的安全教育培训或者继续教育。
   A. 12   B. 20   C. 24   D. 36

【答案】C

【解析】特种人员取得建设行政主管部门颁发的建筑施工特种作业操作资格证书,且每年不得少于 24h 的安全教育培训或者继续教育。

2. 施工现场安全管理包括对施工(   )进行必要的记录,保存应有的资料和原始记录。
   A. 安全生产活动   B. 安全生产管理活动
   C. 安全生产计划   D. 安全生产实施

【答案】B

【解析】施工现场安全管理包括对施工安全生产管理活动进行必要的记录,保存应有的资料和原始记录。

3. 优质、高效、低耗、安全、文明的生产是施工现场安全管理的(   )。
   A. 管理手段   B. 管理目标   C. 主要方式   D. 主要内容

【答案】B

【解析】实现优质、高效、低耗、安全、文明的生产是施工现场安全管理的目标。

三、多选题

1. 按照规定组建工程项目安全生产小组，由（　　）组成，实行建设工程项目专职生产管理人员由施工单位委派制度，施工作业班组可以设置兼职安全巡查员，并建立健全施工现场安全生产管理体系和安全生产情况报告制度。

A. 总承包企业项目经理　　　　　　B. 总承包企业技术负责人
C. 专业承包企业技术负责人　　　　D. 劳务分包企业项目经理
E. 劳务分包企业技术负责人

【答案】ABCDE

【解析】按照规定组建工程项目安全生产小组，由总承包企业、专业承包企业和劳务分包企业项目经理、技术负责人和专职安全生产管理人员组成，实行建设工程项目专职生产管理人员由施工单位委派制度，施工作业班组可以设置兼职安全巡查员，并建立健全施工现场安全生产管理体系和安全生产情况报告制度。

2. 施工现场安全管理的主要内容是（　　）。

A. 制定项目安全管理目标　　　　　B. 建立安全生产责任体系
C. 实施安全生产责任考核　　　　　D. 制定安全技术措施
E. 组织事故应急救援抢险演练

【答案】ABCDE

【解析】施工现场安全管理的主要内容是制定项目安全管理目标，建立安全生产责任体系，实施安全生产责任考核，制定安全技术措施，组织事故应急救援抢险演练。

3. 安全检查是以（　　）为主要内容。

A. 查思想　　　B. 查管理　　　C. 查隐患　　　D. 查整改
E. 查责任落实

【答案】ABCDE

【解析】安全检查是以查思想、查管理、查隐患、查整改、查责任落实、查事故处理为主要内容。

第三章 施工项目安全生产管理计划

一、判断题

1. 施工项目安全管理计划包括制定项目职业健康安全管理目标。

【答案】正确

【解析】施工项目安全管理计划包括制定项目职业健康安全管理目标。

2. 工程简介中包含工程的地理位置、性质或用途。

【答案】正确

【解析】工程简介中包含工程的地理位置、性质或用途。

二、单选题

1. 施工项目安全管理计划包括建立有管理（　　）的项目安全管理组织机构，并明确责任。
   A. 水平　　　　B. 能力　　　　C. 资格　　　　D. 层次

【答案】D

【解析】施工项目安全管理计划包括建立有管理层次的项目安全管理组织机构，并明确责任。

2. 施工项目安全管理计划应由（　　）牵头。
   A. 项目安全部门　　　　　　　B. 项目安全生产部门
   C. 安全生产领导小组　　　　　D. 项目经理

【答案】A

【解析】施工项目安全管理计划应由项目安全部门牵头。

三、多选题

1. 施工项目安全管理计划应根据（　　）的变化，编制相应的安全施工措施。
   A. 人员　　　　B. 材料　　　　C. 机械　　　　D. 季节
   E. 气候

【答案】DE

【解析】施工项目安全管理计划应根据季节、气候的变化，编制相应的安全施工措施。

2. 安全管理计划包括（　　）
   A. 安全生产管理计划审批表　　B. 编制说明
   C. 工程概况　　　　　　　　　D. 安全生产管理方针及目标
   E. 安全生产及文明施工管理体系要求

【答案】ABCDE

【解析】安全管理计划包括安全生产管理计划审批表、编制说明、工程概况、安全生产管理方针及目标、安全生产及文明施工管理体系要求。

第四章 安全专项施工方案

一、判断题

1. 安全专项施工方案编制依据是相关法律、法规、规范性文件、标准、规范及图纸、施工组织设计。

【答案】正确

【解析】安全专项施工方案编制依据是相关法律、法规、规范性文件、标准、规范及图纸（国标图集）、施工组织设计等。

2. 收集各种技术资料和做好调查研究工作是编制安全专项施工方案的基础。

【答案】正确

【解析】收集各种技术资料和做好调查研究工作是编制安全专项施工方案的基础。

二、单选题

1. 施工安全保证措施包括组织保障、（　　）、应急预案、监测监控等。
A. 技术参数　　　B. 技术手段　　　C. 技术措施　　　D. 技术监控

【答案】C

【解析】施工安全保证措施：组织保障、技术措施、应急预案、监测监控等。

2. 安全专项施工方案应积极采用先进的施工管理办法，科学组织（　　）作业。
A. 立体交叉
B. 平行流水
C. 立体交叉或平行流水
D. 立体交叉及平行流水

【答案】D

【解析】安全专项施工方案应积极采用先进的施工管理办法，科学组织立体交叉及平行流水作业。

三、多选题

1. 施工工艺技术包括（　　）。
A. 技术参数　　　B. 工艺流程　　　C. 施工方法　　　D. 技术措施
E. 检查验收

【答案】ABCE

【解析】施工工艺技术：技术参数、工艺流程、施工方法、检查验收等。

2. 施工准备工作包括（　　）。
A. 技术准备　　　　　　　　B. 现场准备
C. 现场用电准备　　　　　　D. 机械材料准备
E. 材料准备

【答案】ABD

【解析】施工准备工作包括技术准备、现场准备、机械材料准备。

3. 安全专项施工方案应积极采用先进的施工管理办法,保持施工的(   )。
A. 节奏性　　　　B. 持续性　　　　C. 均衡性　　　　D. 连续性
E. 可操作性

【答案】ACD

【解析】安全专项施工方案应积极采用先进的施工管理办法,保持施工的节奏性、均衡性和连续性。

第五章 施工现场安全事故防范知识

一、判断题

1. 施工现场因无明火作业,不易发生火灾事故。

【答案】错误

【解析】施工现场易燃材料多,电气焊等动火作业多,火灾也逐渐成为施工现场较为常见的一种事故类型。

2. 排查施工现场安全生产重大隐患的重点应当是危险性较大的分部分项工程。

【答案】正确

【解析】排查施工现场安全生产重大隐患的重点应当是危险性较大的分部分项工程。

3. 所有的危险性较大的分部分项工程都是排查重大隐患的重中之重。

【答案】错误

【解析】超过一定规模的危险性较大的分部分项工程是排查重大隐患的重中之重。

4. 施工现场应对人员的不安全行为进行综合监督管理,对物的不安全状态及时转移,改善作业条件。

【答案】错误

【解析】施工现场应对人员的不安全行为进行综合监督管理,对物的不安全状态及时消除,改善作业条件。

二、单选题

1. 施工现场安全生产重大隐患是指可能导致（　　）经济损失的事故隐患。
A. 一般　　　　B. 较大　　　　C. 重大　　　　D. 特大

【答案】C

【解析】施工现场安全生产重大隐患是指可能导致重大经济损失的事故隐患。

2. 建立以（　　）为第一责任人的安全生产领导小组,抓好各级管理人员安全责任的落实和制度落实。
A. 企业法人　　　　　　　　B. 项目经理
C. 总工程师　　　　　　　　D. 专职安全生产管理人员

【答案】B

【解析】建立以项目经理为第一责任人的安全生产领导小组,抓好各级管理人员安全责任的落实和制度落实。

三、多选题

1. 施工现场主要事故类型为"五大伤害",即（　　）。
A. 高处坠落　　B. 物体打击　　C. 交通事故　　D. 坍塌、触电
E. 机械伤害

【答案】ABDE

【解析】施工现场主要事故类型为"五大伤害",即高处坠落、物体打击、坍塌、触电、机械伤害。

2. 施工现场安全生产重大隐患,是指根据（　　）,可能导致重大人身伤亡的事故隐患。

  A. 作业场所　　　　　　　　B. 设施的不安全状态
  C. 人的不安全行为　　　　　D. 管理上的缺陷
  E. 技术上的问题

【答案】ABCD

【解析】施工现场安全生产重大隐患,是指根据作业场所、设备及设施的不安全状态,人的不安全行为和管理上的缺陷,可能导致重大人身伤亡的事故隐患。

3. 应开展经常性的安全宣传教育和安全技术培训,使职工在施工中增强安全意识,做到（　　）。

  A. 不伤害自己　　　　　　　B. 不伤害他人
  C. 不被他人伤害　　　　　　D. 遵守各项规定
  E. 保护个人及公司利益

【答案】ABC

【解析】应开展经常性的安全宣传教育和安全技术培训,使职工在施工中增强安全意识,做到不伤害自己、不伤害他人、不被他人伤害。

第六章 安全事故救援处理知识

一、判断题

1. 施工现场发生安全事故需先向上级领导报告，经批准再启动应急救援预案。

【答案】错误

【解析】施工现场一旦发生安全事故，应立即启动应急救援预案。

2. 高处坠落、物体打击的救援，主要体现在对人员内伤的急救。

【答案】错误

【解析】高处坠落、物体打击的救援，主要体现在对人员外伤的急救。

3. 骨折固定时对骨折后造成的畸形禁止整复，不能把骨折断端送回伤口内，只要适当固定即可。

【答案】正确

【解析】骨折固定时对骨折后造成的畸形禁止整复，不能把骨折断端送回伤口内，只要适当固定即可。

4. 发生事故后，报告内容不包括可能造成的伤亡人数。

【答案】错误

【解析】发生事故后，报告内容包括可能造成的伤亡人数（包括下落不明的人数）。

二、单选题

1. 发现火灾，现场人员应立即向（ ）报告。
A. 项目经理 B. 火警部门
C. 专职安全管理人员 D. 项目管理人员

【答案】D

【解析】发现火灾，现场人员应立即向项目管理人员报告。

2. 事故发生后，单位责任人接到报告后，应当于（ ）内向事故发生地县级以上人民政府安全生产监督管理部门和负有安全生产监督管理职责的有关部门报告。
A. 30min B. 1h C. 2h D. 3h

【答案】B

【解析】事故发生后，单位责任人接到报告后，应当于1h内向事故发生地县级以上人民政府安全生产监督管理部门和负有安全生产监督管理职责的有关部门报告。

三、多选题

1. 施工现场一旦发生安全事故，要（ ）地开展救援行动。
A. 快速 B. 有序 C. 按程序 D. 有效
E. 高效

【答案】ABD

【解析】施工现场一旦发生安全事故，快速、有序、有效地开展救援行动。

2. 发生事故后，应及时填写事故伤亡快报表，并着手收集与事故有关的（　　）材料。

A. 事故发生单位的营业执照　　B. 事故发生单位的资质证书原件
C. 事故发生单位的资质证书复印件　　D. 安全生产管理制度
E. 施工许可证

【答案】ACD

【解析】发生事故后，应及时填写事故伤亡快报表，并着手收集与事故有关的材料：事故发生单位的营业执照、事故发生单位的资质证书复印件、安全生产管理制度等。

3. 事故按"四不放过"原则进行调查，即（　　）。

A. 事故原因说不清不放过
B. 事故原因分析不清不放过
C. 事故责任者和群众没有受到教育不放过
D. 没有制定防范、整改措施不放过
E. 事故责任者没有受到处罚不放过

【答案】BCDE

【解析】事故按"四不放过"原则进行调查，即事故原因分析不清不放过；事故责任者和群众没有受到教育不放过；没有制定防范、整改措施不放过；事故责任者没有受到处罚不放过。

第七章 编制项目安全生产管理计划

一、判断题

1. 定期安全检查一般是通过有计划、有组织、有目的的形式来实现,一般由建设单位统一组织实施。

【答案】错误

【解析】定期安全检查一般是通过有计划、有组织、有目的的形式来实现,一般由生产经营单位统一组织实施。

2. 安全生产检查具体内容本着突出重点的原则进行确定。

【答案】正确

【解析】安全生产检查具体内容本着突出重点的原则进行确定。

3. 常规检查主要依靠安全检查人员的经验和能力,检查的结果直接受安全检查人员个人素质的影响。

【答案】正确

【解析】常规检查主要依靠安全检查人员的经验和能力,检查的结果直接受安全检查人员个人素质的影响。

4. 安全检查人员通过常规检查,及时发现现场存在的安全隐患并采取措施予以消除,纠正施工人员的不安全行为。

【答案】正确

【解析】安全检查人员通过常规检查,及时发现现场存在的安全隐患并采取措施予以消除,纠正施工人员的不安全行为。

5. 实施安全检查就是通过访谈、查阅文件和记录、现场观察、仪器测量的方式获取信息。

【答案】正确

【解析】实施安全检查就是通过访谈、查阅文件和记录、现场观察、仪器测量的方式获取信息。

6. 针对检查发现的问题,应根据问题严重情况的不同,提出立即整改、限期整改等措施要求。

【答案】错误

【解析】针对检查发现的问题,应根据问题性质的不同,提出立即整改、限期整改等措施要求。

二、单选题

1. 特殊检查是针对设备、系统存在的具体情况,所采用的加强(　　)进行的措施。
A. 管理　　　　B. 检修　　　　C. 检查　　　　D. 监视

【答案】D

【解析】特殊检查是针对设备、系统存在的具体情况，所采用的加强监视进行的措施。

2. 对于危险性大、（　　）、事故危害较大的生产系统应加强检查。
A. 易发事故　　　　　　　　　　B. 已发生事故
C. 已发生较大事故　　　　　　　D. 已发生重大事故

【答案】A

【解析】对于危险性大、易发事故、事故危害较大的生产系统应加强检查。

3. 为使安全检查工作更加规范，将个人的行为对检查结果的影响减小到最小，常采用（　　）。
A. 常规检查法　　　　　　　　　B. 安全检查表法
C. 仪器检查法　　　　　　　　　D. 数据分析法

【答案】B

【解析】为使安全检查工作更加规范，将个人的行为对检查结果的影响减小到最小，常采用安全检查表法。

4. 安全检查准备包括了解检查对象的工艺流程、生产情况，（　　）和危害的情况。
A. 可能出现危害　　　　　　　　B. 已经出现危害
C. 可能出现严重危害　　　　　　D. 已经出现严重危害

【答案】A

【解析】安全检查准备包括了解检查对象的工艺流程、生产情况，可能出现危害和危害的情况。

5. 在整改措施计划完成后，（　　）应组织有关人员进行验收。
A. 上级主管部门
B. 负有安全生产监督管理职责的部门
C. 生产经营单位
D. 安全管理部门

【答案】D

【解析】在整改措施计划完成后，安全管理部门应组织有关人员进行验收。

三、多选题

1. 经常性安全生产检查包括（　　）。
A. 交接班检查　　B. 班中检查　　C. 月末检查　　D. 特殊检查
E. 定期检查

【答案】ABD

【解析】经常性安全生产检查包括交接班检查、班中检查和特殊检查。

2. 安全生产检查的软件系统包括（　　）。
A. 查思想　　　B. 查意识　　　C. 查制度　　　D. 查方法
E. 查整改

【答案】ABCE

【解析】安全生产检查的软件系统包括查思想、查意识、查制度、查整改等。

3. 安全检查表一般包括（　　）等内容。

A. 检查项目　　B. 检查内容　　C. 检查标准　　D. 检查结果
E. 评价

【答案】ABCDE

【解析】安全检查表一般包括检查项目、检查内容、检查标准、检查结果及评价等内容。

4. 查阅文件盒记录就是检查（　　）等是否齐全，是否有效。
A. 设计文件　　B. 作业规程　　C. 安全措施　　D. 责任制度
E. 操作规程

【答案】ABCDE

【解析】查阅文件盒记录就是检查设计文件、作业规程、安全措施、责任制度、操作规程等是否齐全，是否有效。

5. 对安全检查中经常出现的问题或反复发现的问题，生产经营单位应从（　　）等环节入手，做到持续改进，不断提高安全生产管理水平，防范生产安全事故的发生。
A. 规章制度的健全和完善　　　　B. 从业人员的安全教育培训
C. 设备系统的更新改造　　　　　D. 使用新材料、新技术
E. 加强现场检查和监督

【答案】ABCE

【解析】对安全检查中经常出现的问题或反复发现的问题，生产经营单位应从规章制度的健全和完善、从业人员的安全教育培训、设备系统的更新改造、加强现场检查和监督等环节入手，做到持续改进，不断提高安全生产管理水平，防范生产安全事故的发生。

第八章 编制安全事故应急救援预案

一、判断题

1. 如果事故不足以启动应急救援体系的最低响应级别，可按最低响应级别启动应急救援。

【答案】错误

【解析】如果事故不足以启动应急救援体系的最低响应级别，响应关闭。

2. 架上作业时，不得随意拆除基本结构杆件，因作业需要必须拆除某些杆件时必须取得监理单位的同意，并采取可靠的加固措施后方可拆除。

【答案】错误

【解析】架上作业时，不得随意拆除基本结构杆件，因作业需要必须拆除某些杆件时必须取得项目总工的同意，并采取可靠的加固措施后方可拆除。

3. 项目部要成立义务消防队。

【答案】正确

【解析】项目部要成立义务消防队。

4. 由于地球及其内部物质的不断运动，产生巨大的力，导致地下岩层断裂或错动，就形成了地震。

【答案】正确

【解析】由于地球及其内部物质的不断运动，产生巨大的力，导致地下岩层断裂或错动，就形成了地震。

5. 为了有利于施工和安全，沟槽开挖所放边坡大小要适当，边坡放的太大，就会造成坍塌事故。

【答案】错误

【解析】为了有利于施工和安全，沟槽开挖所放边坡大小要适当，边坡放的太小，就会造成坍塌事故。

二、单选题

1. 边长大于（　　）mm 的边长预留洞口采用贯穿于混凝土板内的钢筋构成防护网，面用木板做盖板加砂浆封固。
   A. 150　　　　B. 200　　　　C. 250　　　　D. 300

【答案】C

【解析】边长大于 250mm 的边长预留洞口采用贯穿于混凝土板内的钢筋构成防护网，面用木板做盖板加砂浆封固。

2. 边长大于（　　）cm 的洞口，四周设置防护栏杆并围密目式安全网，洞口下张挂安全平网。
   A. 150　　　　B. 200　　　　C. 250　　　　D. 300

【答案】 A

【解析】 边长大于150cm的洞口，四周设置防护栏杆并围密目式安全网，洞口下张挂安全平网。

3. 当事态超出相应级别无法得到有效控制时，向（　　）请求实施更高级别的应急响应。
   A. 救援中心　　　　　　　　　　B. 应急中心
   C. 上级领导部门　　　　　　　　D. 总指挥

【答案】 B

【解析】 当事态超出相应级别无法得到有效控制时，向应急中心请求实施更高级别的应急响应。

4. 边长小于或等于（　　）cm的预留洞口必须用坚实的盖板封闭，用砂浆固定。
   A. 150　　　　B. 200　　　　C. 250　　　　D. 300

【答案】 C

【解析】 边长小于或等于250cm的预留洞口必须用坚实的盖板封闭，用砂浆固定。

5. 安全通道上方应搭设（　　）层防护棚。
   A. 1　　　　B. 2　　　　C. 3　　　　D. 5

【答案】 B

【解析】 安全通道上方应搭设双层防护棚。

6. 电源线必须通过漏电开关，开关箱漏电开关控制电源线长度小于等于（　　）m。
   A. 15　　　　B. 20　　　　C. 25　　　　D. 30

【答案】 D

【解析】 电源线必须通过漏电开关，开关箱漏电开关控制电源线长度小于等于30m。

7. 在工人较集中的露天作业施工现场设置休息室，室内通风良好，室温不超过（　　）℃。
   A. 20　　　　B. 25　　　　C. 26　　　　D. 30

【答案】 D

【解析】 在工人较集中的露天作业施工现场设置休息室，室内通风良好，室温不超过30℃。

8. 所有食品均应实行（　　）h留样。
   A. 12　　　　B. 24　　　　C. 48　　　　D. 72

【答案】 B

【解析】 所有食品均应实行24h留样。

9. （　　）是职业性疾病中影响面最广、危害最严重的一类疾病。
   A. 尘肺　　　　　　　　　　B. 上呼吸道炎症
   C. 肺炎　　　　　　　　　　D. 肺癌

【答案】 A

【解析】 尘肺是职业性疾病中影响面最广、危害最严重的一类疾病。

10. 人工开挖时两人操作间距应保持（　　）m，并应从上到下挖，严禁投岩取土。
    A. 1～2　　　　B. 2～3　　　　C. 2～4　　　　D. 3～4

【答案】B

【解析】人工开挖时两人操作间距应保持2~3 m，并应从上到下挖，严禁投岩取土。

11. 不准使用碘钨灯和超过（　　）W以上的白炽灯高温照明工具。
A. 50　　　　　B. 60　　　　　C. 70　　　　　D. 75

【答案】B

【解析】不准使用碘钨灯和超过60W以上的白炽灯高温照明工具。

12. 震中到观测点的距离是（　　）。
A. 震中距　　　B. 震源深度　　C. 震级　　　　D. 烈度

【答案】A

【解析】震中到观测点的距离是震中距。

13. 挖土时，两人间距要保持（　　）m以上的安全距离。
A. 1　　　　　B. 1.5　　　　　C. 2　　　　　D. 2.5

【答案】B

【解析】挖土时，两人间距要保持1.5m以上的安全距离。

三、多选题

1. 安全事故应急救援的相应程序按过程可以分为（　　）和应急结束等几个过程。
A. 接警　　　　B. 响应级别确定　C. 应急救援　　D. 救援行动
E. 应急恢复

【答案】ABCDE

【解析】安全事故应急救援的相应程序按过程可以分为接警、响应级别确定、应急救援、救援行动、应急恢复和应急结束等几个过程。

2. 粉尘事故的预防需要（　　）、管、查、教。
A. 革　　　　　B. 水　　　　　C. 风　　　　　D. 密
E. 护

【答案】ABCDE

【解析】粉尘事故的预防需要革、水、风、密、护、管、查、教。

3. 上肢出血结扎在上臂（　　）处（靠近心脏位置），下肢出血者扎在大腿上（　　）处。
A. 1/2　　　　B. 1/3　　　　　C. 2/3　　　　D. 1/4
E. 3/4

【答案】AB

【解析】上肢出血结扎在上臂1/2处（靠近心脏位置），下肢出血者扎在大腿上1/3处。

4. 仓库存放物品应分类、分队储存，（　　）类物品和一般物品以及容易相互发生化学反应或者灭火方法不同的物品，必须分间、分库储存。
A. 甲　　　　　B. 乙　　　　　C. 丙　　　　　D. 丁
E. 所有

【答案】AB

【解析】仓库存放物品应分类、分队储存，甲、乙类物品和一般物品以及容易相互发生化学反应或者灭火方法不同的物品，必须分间、分库储存。

5. 大地震发生前，在震中或附近地区常常出现形态各异的地光，以（　　）色较为常见。

  A. 白   B. 红   C. 黄   D. 绿

  E. 蓝

【答案】ABCE

【解析】大地震发生前，在震中或附近地区常常出现形态各异的地光，以白、红、黄、蓝色较为常见。

6. 沟边一侧，均应距边沟（　　）m以外，其高度不超过（　　）m，推土顶部要向外侧做流水坡度。

  A. 1   B. 1.5   C. 2   D. 2.5

  E. 3

【答案】AB

【解析】沟边一侧，均应距边沟1m以外，其高度不超过1.5m，推土顶部要向外侧做流水坡度。

第九章 施工现场安全检查

一、判断题

1. 安全检查的组织形式应根据检查的目的、内容而定，因此参加检查的组成人员也就不完全相同。

【答案】正确

【解析】安全检查的组织形式应根据检查的目的、内容而定，因此参加检查的组成人员也就不完全相同。

2. 建筑工程安全检查方法中，"听"是指听取基层管理人员或施工现场安全员汇报安全生产情况，介绍现场安全工作经验、存在的问题、今后的发展方向。

【答案】正确

【解析】"听"是指听取基层管理人员或施工现场安全员汇报安全生产情况，介绍现场安全工作经验、存在的问题、今后的发展方向。

3. 《施工机具检查评分表》中不包括对翻斗车的检查评定。

【答案】错误

【解析】《施工机具检查评分表》中包括对翻斗车的检查评定。

4. 起重机"十不吊"中包括：单根钢丝不吊。

【答案】正确

【解析】起重机"十不吊"中包括：单根钢丝不吊。

5. 起重吊装作业前应根据作业特点编制专项施工方案，并对参加作业人员进行方案和安全计划交底。

【答案】正确

【解析】起重吊装作业前应根据作业特点编制专项施工方案，并对参加作业人员进行方案和安全计划交底。

6. 架空线可以架设树木上。

【答案】错误

【解析】架空线严禁架设树木上。

7. 手持电动机具在使用中需要经常移动，其振动较大，比较容易发生触电事故。

【答案】正确

【解析】手持电动机具在使用中需要经常移动，其振动较大，比较容易发生触电事故。

8. 施工用电检查评分表是对施工现场临时用电情况的评价。

【答案】正确

【解析】施工用电检查评分表是对施工现场临时用电情况的评价。

9. 在高层建筑的施工现场，必须配置现场消火栓给水系统保证施工现场的消防安全，最主要的是保证水泵有效运行，在高层发生火灾险情时，能及时保证高压用水。

【答案】正确

【解析】在高层建筑的施工现场，必须配置现场消火栓给水系统保证施工现场的消防安全，最主要的是保证水泵有效运行，在高层发生火灾险情时，能及时保证高压用水。

10. 对施工现场临边、洞口的防护一般就是指对现场"四口"和"五临边"的防护。

【答案】正确

【解析】对施工现场临边、洞口的防护一般就是指对现场"四口"和"五临边"的防护。

11. 对施工现场分部分项工程施工安全技术措施的落实最重要的就是做好危险性较大的分部分项工程专项方案的控制和管理。

【答案】正确

【解析】对施工现场分部分项工程施工安全技术措施的落实最重要的就是做好危险性较大的分部分项工程专项方案的控制和管理。

12. 呼吸护具按用途分为防尘、防毒两类。

【答案】错误

【解析】呼吸护具按用途分为防尘、防毒、供氧三类。

13. "三宝"是指安全帽、安全带和安全网。

【答案】正确

【解析】"三宝"是指安全帽、安全带和安全网。

二、单选题

1. 安全检查要根据（　　）特点，具体确定检查的项目和检查的标准。
   A. 施工类型　　　B. 施工性质　　　C. 施工生产　　　D. 施工管理

【答案】C

【解析】安全检查要根据施工生产特点，具体确定检查的项目和检查的标准。

2. 建筑工程安全检查方法中，"测"主要是指使用专用仪器、仪表等检测器具对特定对象关键特定（　　）的测试。
   A. 性能　　　　　B. 等级　　　　　C. 技术参数　　　D. 灵敏性

【答案】C

【解析】"测"主要是指使用专用仪器、仪表等检测器具对特定对象关键特定技术参数的测试。

3. 《建筑施工安全检查评分汇总表》中包括（　　）项。
   A. 5　　　　　　B. 10　　　　　　C. 12　　　　　　D. 15

【答案】A

【解析】《建筑施工安全检查评分汇总表》中包括5项。

4. 当按分项检查评分表评分时，保证项目中有一项未得分或者项目小计得分不足（　　）分，此分项检查表不应得分。
   A. 20　　　　　　B. 30　　　　　　C. 40　　　　　　D. 50

【答案】C

【解析】当按分项检查评分表评分时，保证项目中有一项未得分或者项目小计得分不足40分，此分项检查表不应得分。

5. 汇总表得分值在（　　）分及以上评定结论为优良。

A. 75　　　　B. 80　　　　C. 85　　　　D. 90

【答案】B

【解析】汇总表得分值在 80 分及以上评定结论为优良。

6. 电梯笼周围（　　）m 范围，应设置防护栏杆。
A. 1　　　　B. 1.5　　　　C. 2　　　　D. 2.5

【答案】D

【解析】电梯笼周围 2.5m 范围，应设置防护栏杆。

7. 被吊物的捆绑要求，按（　　）中被吊物捆绑的作业要求。
A. 物料升降机　　B. 塔式起重机　　C. 施工升降机　　D. 龙门架

【答案】B

【解析】被吊物的捆绑要求，按塔式起重机中被吊物捆绑的作业要求。

8. 在露天有（　　）级以上大风时，应停止起重吊装作业。
A. 五　　　　B. 六　　　　C. 七　　　　D. 八

【答案】B

【解析】在露天有六级以上大风时，应停止起重吊装作业。

9. 切断短料时，手和切刀之间的距离应保持在（　　）mm 以上。
A. 100　　　　B. 120　　　　C. 150　　　　D. 180

【答案】C

【解析】切断短料时，手和切刀之间的距离应保持在 150mm 以上。

10. 建筑起重机械安装完毕后，（　　）应进行自检，形成安装自检记录。
A. 采购单位　　B. 安装单位　　C. 使用单位　　D. 检测单位

【答案】B

【解析】建筑起重机械安装完毕后，安装单位应进行自检，形成安装自检记录。

11. 在高压线一侧作业时，必须保持至少（　　）m 的水平距离，达不到上述距离的，必须采取隔离防护措施。
A. 3　　　　B. 5　　　　C. 6　　　　D. 8

【答案】C

【解析】在高压线一侧作业时，必须保持至少 6m 的水平距离，达不到上述距离的，必须采取隔离防护措施。

12. 导线与地面保持足够的安全距离，施工现场应不小于（　　）m。
A. 4　　　　B. 6　　　　C. 7　　　　D. 7.5

【答案】A

【解析】导线与地面保持足够的安全距离，施工现场应不小于 4m。

13. 导线与地面保持足够的安全距离，机动车道应不小于（　　）m。
A. 4　　　　B. 6　　　　C. 7　　　　D. 7.5

【答案】B

【解析】导线与地面保持足够的安全距离，机动车道应不小于 6m。

14. 导线与地面保持足够的安全距离，铁路轨道应不小于（　　）m。
A. 4　　　　B. 6　　　　C. 7　　　　D. 7.5

【答案】D

【解析】导线与地面保持足够的安全距离，铁路轨道应不小于7.5m。

15. 手持电动机具中Ⅰ、Ⅱ类工具的额定电压超过（　　）V。
   A. 24　　　　　B. 36　　　　　C. 48　　　　　D. 50

【答案】D

【解析】手持电动机具中Ⅰ、Ⅱ类工具的额定电压超过50V。

16. 施工现场临时用电检查的项目有（　　）项。
   A. 7　　　　　B. 8　　　　　C. 9　　　　　D. 10

【答案】C

【解析】施工现场临时用电检查的项目有9项。

17. 高层建筑下层水压超过（　　）MPa，无减压装置，这样给使用带来很大问题，压力过大无法操作使用，还容易造成事故。
   A. 0.2　　　　B. 0.3　　　　C. 0.4　　　　D. 0.5

【答案】C

【解析】高层建筑下层水压超过0.4MPa，无减压装置，这样给使用带来很大问题，压力过大无法操作使用，还容易造成事故。

18. 电梯井应每间隔不大于（　　）m设置一道平网防护层。
   A. 5　　　　　B. 7　　　　　C. 9　　　　　D. 10

【答案】D

【解析】电梯井应每间隔不大于10m设置一道平网防护层。

19. 企业对专项安全技术方案的编制内容、审批程序、（　　）等应有具体规定。
   A. 审批标准　　B. 评价　　　　C. 权限　　　　D. 可靠性

【答案】C

【解析】企业对专项安全技术方案的编制内容、审批程序、权限等应有具体规定。

20. （　　）口罩不得作防尘口罩使用。
   A. 棉布　　　　B. 纱布　　　　C. 绒布　　　　D. 无纺布

【答案】B

【解析】纱布口罩不得作防尘口罩使用。

21. 较好的安全帽在冲击吸收过程中能将所承受的冲击能力吸收（　　），使作用到人体上的冲击力降到最低，以达到最佳的保护效果。
   A. 60%～70%　　　　　　　　　B. 70%～80%
   C. 80%～90%　　　　　　　　　D. 85%～95%

【答案】C

【解析】较好的安全帽在冲击吸收过程中能将所承受的冲击能力吸收80%～90%，使作用到人体上的冲击力降到最低，以达到最佳的保护效果。

三、多选题

1. 建筑工程施工安全检查主要是以查安全思想、查安全责任、查安全制度、查安全措施、查安全防护、（　　）等为主要内容。

A. 查设备设施　　　　　　　B. 查教育培训
C. 查操作行为　　　　　　　D. 查劳动防护用品
E. 查伤亡事故处理

【答案】ABCDE

【解析】建筑工程施工安全检查主要是以查安全思想、查安全责任、查安全制度、查安全措施、查安全防护、查设备设施、查教育培训、查操作行为、查劳动防护用品、查伤亡事故处理等为主要内容。

2. 建筑工程安全检查方法中，"看"要查看（　　）等的持证上岗情况。
A. 项目负责人　　　　　　　B. 总工程师
C. 监理工程师　　　　　　　D. 专职安全管理人员
E. 特种作业人员

【答案】ADE

【解析】查看项目负责人、专职安全管理人员、特种作业人员等的持证上岗情况。

3. 《基坑支护安全检查评分表》检查项目包括（　　）、安全防护。
A. 施工方案　　B. 基坑支护　　C. 降排水　　D. 基坑开挖
E. 坑边荷载

【答案】ABCDE

【解析】《基坑支护安全检查评分表》检查项目包括施工方案、基坑支护、降排水、基坑开挖、坑边荷载、安全防护。

4. 下列属于分项检查表中检查内容的是（　　）。
A. 安全管理　　B. 文明施工　　C. 脚手架　　D. 基坑工程
E. 施工用电

【答案】ABCDE

【解析】分项检查表中检查内容包括安全管理、文明施工、脚手架、基坑工程、施工用电等。

5. 汇总表得分值在（　　）及以上，（　　）分以下评定结论为合格。
A. 60　　B. 65　　C. 70　　D. 75
E. 80

【答案】CE

【解析】汇总表得分值在80分以下，70及以上评定结论为合格。

6. 电梯每班首次载重运行时，当梯笼升离地（　　）m时，应停机试验制动器的可靠性。
A. 0.5　　B. 1　　C. 1.5　　D. 2
E. 2.5

【答案】BCD

【解析】电梯每班首次载重运行时，当梯笼升离地1～2m时，应停机试验制动器的可靠性。

7. 在露天有（　　）等天气时，应停止起重吊装作业。
A. 五级大风　　B. 七级大风　　C. 大雨　　D. 大雾
E. 大雪

【答案】BCDE

【解析】在露天有六级以上大风、大雨、大雾、大雪等天气时，应停止起重吊装作业。

8. 使用手持电动工具前，必须检查（　　）等是否完好无损，接线是否正确。
A. 外壳　　　　B. 手柄　　　　C. 负荷线　　　　D. 插头
E. 铭牌

【答案】ABCD

【解析】使用手持电动工具前，必须检查外壳、手柄、负荷线、插头等是否完好无损，接线是否正确。

9. 施工现场临时用电检查的项目有（　　）、配电线路、电器装置、变配电装置和用电档案。
A. 外电防护　　　　　　　　B. 接地与接零保护系统
C. 配电箱　　　　　　　　　D. 开关箱
E. 现场照明

【答案】ABCDE

【解析】施工现场临时用电检查的项目有外电防护、接地与接零保护系统、配电箱、开关箱、现场照明、配电线路、电器装置、变配电装置和用电档案。

10. 施工现场主要消防器材有灭火器、（　　）、消防管道等。
A. 消防锹　　　　B. 消防钩　　　　C. 消防钳　　　　D. 消防用钢管
E. 配件

【答案】ABCDE

【解析】施工现场主要消防器材有灭火器、消防锹、消防钩、消防钳、消防用钢管、配件、消防管道等。

11. "四口"是指在建工程的（　　）。
A. 通道口　　　　B. 预留洞口　　　　C. 楼梯口　　　　D. 电梯井口
E. 门窗洞口

【答案】ABCD

【解析】"四口"是指在建工程的通道口、预留洞口、楼梯口、电梯井口。

12. "五临边"防护是指在建工程的（　　）。
A. 楼面临边　　　　B. 屋面临边　　　　C. 阳台临边　　　　D. 升降口临边
E. 基坑临边

【答案】ABCDE

【教材】"五临边"防护是指在建工程的楼面临边、屋面临边、阳台临边、升降口临边、基坑临边。

13. （　　）应当建立危险性较大的分部分项工程安全管理制度。
A. 建设单位　　　　　　　　B. 设计单位
C. 施工单位　　　　　　　　D. 监理单位
E. 住房和城乡建设主管部门

【答案】CD

【解析】施工单位、监理单位应当建立危险性较大的分部分项工程安全管理制度。

14. 长期在（　　）dB以上或短时在（　　）dB以上环境中工作时应使用听力护具。

A. 50　　　　B. 60　　　　C. 90　　　　D. 115

E. 120

【答案】CD

【解析】长期在90dB以上或短时在115dB以上环境中工作时应使用听力护具。

15. 不论用何种材料，每张安全平网的重量一般不宜超过（　　）kg，并要能承受（　　）N的冲击力。

A. 15　　　　B. 20　　　　C. 500　　　D. 800

E. 1000

【答案】AD

【解析】不论用何种材料，每张安全平网的重量一般不宜超过15kg，并要能承受800N的冲击力。

第十章 组织实施项目作业人员的安全教育培训

一、判断题

1. 员工培训工作是一项综合性的工作，它涉及各科室、项目部。

【答案】正确

【解析】员工培训工作是一项综合性的工作，它涉及各科室、项目部。

2. 1963年国务院明确规定必须对新工人进行二级安全教育。

【答案】错误

【解析】1963年国务院明确规定必须对新工人进行三级安全教育。

3. 工种之间的互相转换，不利于施工生产的需要。

【答案】错误

【解析】工种之间的互相转换，有利于施工生产的需要。

4. 节假日期间，大部分单位及职工已经放假休息，因此也往往影响到加班职工的思想和工作情绪，容易造成思想不集中，注意力分散，这给安全生产带来不利因素。

【答案】正确

【解析】节假日期间，大部分单位及职工已经放假休息，因此也往往影响到加班职工的思想和工作情绪，容易造成思想不集中，注意力分散，这给安全生产带来不利因素。

5. 安全教育的形式应当浅显、通俗、易懂。

【答案】正确

【解析】安全教育的形式应当浅显、通俗、易懂。

二、单选题

1. 各科室、项目部的（　　）负责员工的培训工作，要指定专人对此项工作进行日常管理。
   A. 负责人　　　　B. 主管　　　　C. 经理　　　　D. 总工程师

【答案】B

【解析】各科室、项目部的主管负责员工的培训工作，要指定专人对此项工作进行日常管理。

2. 建筑施工企业（　　）是指在企业专职从事安全生产管理工作的人员。
   A. 企业主要负责人　　　　　　　　B. 经理
   C. 企业分管安全生产工作的副经理　　D. 专职安全生产管理人员

【答案】D

【解析】建筑施工企业专职安全生产管理人员是指在企业专职从事安全生产管理工作的人员。

3. 特种作业操作资格证书在（　　）范围内有效。
   A. 全国　　　　B. 全省　　　　C. 全市　　　　D. 施工地区

【答案】 A

【解析】 特种作业操作资格证书在全国范围内有效。

4. 在新工人上岗工作（　　）后，还要进行安全知识复训，即安全再教育。
   A. 三个月　　　B. 六个月　　　C. 九个月　　　D. 十二个月

【答案】 B

【解析】 在新工人上岗工作六个月后，还要进行安全知识复训，即安全再教育。

5. 按建设部的规定，公司级的项目安全培训教育时间每年不得少于（　　）学时。
   A. 10　　　B. 15　　　C. 20　　　D. 30

【答案】 B

【解析】 按建设部的规定，公司级的项目安全培训教育时间每年不得少于15学时。

6. 按规定，企业待岗、转岗、换岗的职工，在重新上岗前，必须接受一次安全培训，其时间不得少于（　　）学时。
   A. 10　　　B. 15　　　C. 20　　　D. 30

【答案】 C

【解析】 按规定，企业待岗、转岗、换岗的职工，在重新上岗前，必须接受一次安全培训，其时间不得少于20学时。

7. 教育的内容要突出一个（　　）字。
   A. "新"　　　B. "实"　　　C. "活"　　　D. "好"

【答案】 A

【解析】 教育的内容要突出一个"新"字。

8. 冬期施工应加强对作业人员的（　　）自我保护意识教育。
   A. 防寒　　　B. 防冻　　　C. 防中毒　　　D. 防坠落

【答案】 C

【解析】 冬期施工应加强对作业人员的防中毒自我保护意识教育。

9. 对（　　）的薄弱环节，应进行专门的安全教育。
   A. 较易发生事故　　　　　　B. 曾发生事故
   C. 已发生一般事故　　　　　D. 曾发生较大事故

【答案】 A

【解析】 对较易发生事故的薄弱环节，应进行专门的安全教育。

10. 在劳动保护教育室展示属（　　）教育形式。
    A. 会议形式　　　　　　　　B. 张挂形式
    C. 固定场所展示形式　　　　D. 现场观摩演示形式

【答案】 C

【解析】 安全教育形式中固定场所展示形式的形式包括劳动保护教育室、安全生产展览室等。

三、多选题

1. 参加安全教育培训的人员有（　　）。
   A. 公司安全管理人员　　　　B. 项目经理

C. 安全员　　　　　　　　　　　D. 新入场和转岗人员
E. 特殊工种人员

【答案】ABCDE

【解析】参加安全教育培训的人员有公司安全管理人员、项目经理、安全员、新入场和转岗人员、特殊工种人员。

2. 三级安全教育一般是由企业的（　　）等部门配合进行的。
A. 安全　　　　B. 教育　　　　C. 劳动　　　　D. 技术
E. 管理

【答案】ABCD

【解析】三级安全教育一般是由企业的安全、教育、劳动、技术等部门配合进行的。

3. 转岗工人安全教育培训的内容包括施工区域内（　　）。
A. 生产设施的性能　　　　　　　B. 生产设施的作用
C. 生产设施的安全防护要求　　　D. 工具的性能
E. 工具的作用

【答案】ABCDE

【解析】转岗工人安全教育培训的内容包括施工区域内各种生产设施、设备、工具的性能、作用、安全防护要求等。

4. 经常性教育的主要内容是（　　）。
A. 安全生产法规、规范、标准、规定
B. 企业及上级部门的安全管理新规定
C. 各级安全生产责任制及管理制度
D. 安全生产先进经验介绍
E. 最近安全生产方面的动态情况

【答案】ABCDE

【解析】经常性教育的主要内容是：安全生产法规、规范、标准、规定；企业及上级部门的安全管理新规定；各级安全生产责任制及管理制度；安全生产先进经验介绍；最近安全生产方面的动态情况等。

5. 夏期施工安全教育的重点是（　　）。
A. 加强用电安全教育　　　　　　B. 预防雷击的方法
C. 预防事故的措施　　　　　　　D. 基坑开挖的安全
E. 劳动保护的宣传教育

【答案】ABCDE

【解析】夏期施工安全教育的重点是加强用电安全教育、预防雷击的方法、预防事故的措施、基坑开挖的安全、劳动保护的宣传教育等。

第十一章 编制安全专项施工方案

一、判断题

1. 采用非常规起重设备、方法，且单件起吊重量在80kN及以上的起重吊装工程应单独编制安全专项施工方案并进行专家论证。

【答案】错误

【解析】采用非常规起重设备、方法，且单件起吊重量在100kN及以上的起重吊装工程应单独编制安全专项施工方案并进行专家论证。

2. 搭设高度48m及以上的落地式钢管脚手架工程应单独编制安全专项施工方案并进行专家论证。

【答案】错误

【解析】搭设高度50m及以上的落地式钢管脚手架工程应单独编制安全专项施工方案并进行专家论证。

3. 采用爆破拆除的工程需要编制专项施工方案。

【答案】正确

【解析】采用爆破拆除的工程需要编制专项施工方案。

二、单选题

1. 安全施工方案经审核合格的，由施工单位（　　）签字。
A. 项目经理　　　　　　　　　B. 技术负责人
C. 专职安全生产管理人员　　　D. 方案编制人员

【答案】B

【解析】安全施工方案经审核合格的，由施工单位技术负责人签字。

2. 开挖深度超过（　　）m的降水工程，应单独编制安全专项施工方案。
A. 3　　　　B. 5　　　　C. 6　　　　D. 8

【答案】A

【解析】开挖深度超过3m的降水工程，应单独编制安全专项施工方案。

3. 混凝土模板支撑搭设高度（　　）m及以上的工程需编制专项施工方案。
A. 5　　　　B. 6　　　　C. 7　　　　D. 8

【答案】A

【解析】混凝土模板支撑搭设高度5m及以上的工程需编制专项施工方案。

4. 混凝土模板支撑搭设跨度（　　）m及以上的工程需编制专项施工方案。
A. 6　　　　B. 7　　　　C. 8　　　　D. 10

【答案】D

【解析】混凝土模板支撑搭设跨度10m及以上的工程需编制专项施工方案。

5. 混凝土模板施工总荷载（　　）kN/m^2及以上的工程需编制专项施工方案。

A. 6　　　　　　B. 7　　　　　　C. 8　　　　　　D. 10

【答案】D

【解析】混凝土模板施工总荷载10kN/m²及以上的工程需编制专项施工方案。

6. 混凝土模板集中线荷载（　　）kN/m及以上的工程需编制专项施工方案。
A. 15　　　　　B. 20　　　　　C. 25　　　　　D. 30

【答案】A

【解析】混凝土模板集中线荷载15kN/m及以上的工程需编制专项施工方案。

7. 采用非常规起重设备、方法，且单件起吊重量在（　　）kN及以上的起重吊装工程需要编制专项施工方案。
A. 5　　　　　　B. 10　　　　　C. 12　　　　　D. 15

【答案】B

【解析】采用非常规起重设备、方法，且单件起吊重量在10kN及以上的起重吊装工程需要编制专项施工方案。

8. 搭设高度（　　）m及以上的落地式钢管脚手架工程需编制专项施工方案。
A. 12　　　　　B. 24　　　　　C. 36　　　　　D. 48

【答案】B

【解析】搭设高度24m及以上的落地式钢管脚手架工程需编制专项施工方案。

9. 施工高度（　　）m及以上的建筑幕墙安装工程属危险性较大的分部分项工程，需编制专项施工方案。
A. 30　　　　　B. 40　　　　　C. 50　　　　　D. 60

【答案】C

【解析】施工高度50m及以上的建筑幕墙安装工程属危险性较大的分部分项工程，需编制专项施工方案。

三、多选题

1. 专项施工方案中的编制说明及依据包括（　　）。
A. 相关法律、法规　　　　　　B. 规范性文件
C. 标准　　　　　　　　　　　D. 规范及图纸
E. 国标图集

【答案】ABCDE

【解析】专项施工方案中的编制说明及依据：相关法律、法规、规范性文件、标准、规范及图纸（国标图集）。

2. 施工计划包括（　　）。
A. 施工组织计划　　　　　　　B. 施工进度计划
C. 材料计划　　　　　　　　　D. 设备计划
E. 人员计划

【答案】BCD

【解析】施工计划包括施工进度计划、材料与设备计划。

3. 劳动力计划包括（　　）的配置。

A. 项目经理　　　　　　　　　　B. 专职安全生产管理人员
C. 安全巡查员　　　　　　　　　D. 特种作业人员
E. 企业负责人

【答案】BD

【解析】劳动力计划包括专职安全生产管理人员、特种作业人员的配置。

4. 下列需要编制危险性较大的分部分项工程专项施工方案的工程是（　　）。

A. 地下暗挖工程
B. 顶管工程
C. 水下作业工程
D. 开挖深度为10m的人工挖孔桩工程
E. 文物保护建筑拆除工程

【答案】ABCE

【解析】地下暗挖工程、顶管工程、水下作业工程、开挖深度超过16m的人工挖孔桩工程、文物保护建筑拆除工程等工程需要编制危险性较大的分部分项工程专项施工方案。

第十二章 安全技术交底文件的编制与实施

一、判断题

1. 交底要施工班组人员全部签字学习，可以代签。

【答案】错误

【解析】交底要施工班组人员全部签字学习，不得代签。

2. 交底内容不能过于简单、千篇一律、口号化，应按分部分项工程和针对作业条件的变化具体进行。

【答案】正确

【解析】交底内容不能过于简单、千篇一律、口号化，应按分部（分项）工程和针对作业条件的变化具体进行。

二、单选题

1. 工程项目施工前，必须进行安全技术交底，（ ）应当在文件上签字，并在施工中接受安全管理人员的监督检查。
 A. 交底人员
 B. 被交底人员
 C. 专业技术人员
 D. 交底人员和被交底人员

【答案】B

【解析】工程项目施工前，必须进行安全技术交底，被交底人员应当在文件上签字，并在施工中接受安全管理人员的监督检查。

2. （ ）及相关管理员应对新进场的工人实施作业人员工种交底。
 A. 专职安全管理人员
 B. 巡查员
 C. 督察员
 D. 安全员

【答案】D

【解析】安全员及相关管理员应对新进场的工人实施作业人员工种交底。

三、多选题

1. 安全技术交底作业具体指导施工的依据，应具有（ ）、全员性等特点。
 A. 针对性
 B. 完整性
 C. 可行性
 D. 预见性
 E. 告诫性

【答案】ABCDE

【解析】安全技术交底作业具体指导施工的依据，应具有针对性、完整性、可行性、预见性、告诫性、全员性等特点。

2. （ ）必须参与方案实施的验收和检查。
 A. 项目技术负责人
 B. 项目施工负责人

C. 方案编制人员   D. 专业技术人员
E. 监理人员

【答案】AC

【解析】项目技术负责人和方案编制人员必须参与方案实施的验收和检查。

第十三章 施工现场危险源的辨识与安全隐患的处置意见

一、判断题

1. 危险源是指可能导致死亡、伤害、职业病、财产损失、工作环境破坏或这些情况组合的根源或状态。

【答案】 正确

【解析】 危险源是指可能导致死亡、伤害、职业病、财产损失、工作环境破坏或这些情况组合的根源或状态。

2. 第一类危险源是事故发生的物理本质。

【答案】 正确

【解析】 第一类危险源是事故发生的物理本质。

3. 如未进行危险源识别、评价,或未对重大危险源进行控制策划、建档,就应该给予扣分。

【答案】 正确

【解析】 如未进行危险源识别、评价,或未对重大危险源进行控制策划、建档,就应该给予扣分。

4. 防止重大工业事故发生的第一步,是辨识或确认高危险性的工业设施。

【答案】 正确

【解析】 防止重大工业事故发生的第一步,是辨识或确认高危险性的工业设施。

5. 建立、完善以项目经理为第一责任人的安全生产领导组织,承担组织、领导安全生产的责任。

【答案】 正确

【解析】 建立、完善以项目经理为第一责任人的安全生产领导组织,承担组织、领导安全生产的责任。

6. 事故与事故隐患都是在人们的行动过程中的不安全行为。

【答案】 正确

【解析】 事故与事故隐患都是在人们的行动过程中的不安全行为。

7. 高处坠落,是指在高处作业中发生坠落造成的伤亡事故,不包括触电坠落事故。

【答案】 正确

【解析】 高处坠落,是指在高处作业中发生坠落造成的伤亡事故,不包括触电坠落事故。

二、单选题

1. 单元是指同属一个工厂的且边缘距离小于( )m 的几个生产装置、设施或场所。

A. 200 B. 300 C. 400 D. 500

【答案】D

【解析】单元是指同属一个工厂的且边缘距离小于500m的几个生产装置、设施或场所。

2. 根据危险源在安全事故发生发展过程中的（　　），一般把危险源划分为两大类，即第一类危险源和第二类危险源。
A. 形式　　　　B. 性质　　　　C. 类型　　　　D. 机理

【答案】D

【解析】根据危险源在安全事故发生发展过程中的机理，一般把危险源划分为两大类，即第一类危险源和第二类危险源。

3. （　　）是安全管理的基础工作。
A. 危险源判断　　B. 危险源辨识　　C. 安全检查　　D. 危险源控制

【答案】B

【解析】危险源辨识是安全管理的基础工作。

4. （　　）应建立重大危险源分级监督管理体系。
A. 安全监督管理部门　　　　B. 地级人民政府
C. 省（市）级人民政府　　　D. 国务院

【答案】A

【解析】安全监督管理部门应建立重大危险源分级监督管理体系。

5. （　　）是发现危险源的重要途径。
A. 安全教育　　B. 安全训练　　C. 安全检查　　D. 危险源辨识

【答案】C

【解析】安全检查是发现危险源的重要途径。

6. 对于事故防范，在管理方面应设立（　　）。
A. 事故原因分析委员会　　　B. 处理事故委员会
C. 事故责任分析委员会　　　D. 事故认定委员会

【答案】A

【解析】对于事故防范，在管理方面应设立事故原因分析委员会。

三、多选题

1. 事故是指造成（　　）的意外事件。
A. 人员死亡　　B. 伤害　　C. 职业病　　D. 财产损失
E. 其他损失

【答案】ABCDE

【解析】事故是指造成人员死亡、伤害、职业病、财产损失或者其他损失的意外事件。

2. 第二类危险源主要体现在（　　）等几个方面。
A. 设备故障　　B. 设备缺陷　　C. 人为失误　　D. 管理缺失
E. 技术陈旧

【答案】ABCD

【解析】第二类危险源主要体现在设备故障、设备缺陷、人为失误、管理缺失等几个方面。

3. 危险源辨识的方法很多，常用的方法有专家调查法、（　　）等。
A. 头脑风暴法
B. 德尔菲法
C. 现场调查法
D. 安全检查表法
E. 事件树分析法

【答案】ABCDE

【解析】危险源辨识的方法很多，常用的方法有专家调查法、头脑风暴法、德尔菲法、现场调查法、安全检查表法、事件树分析法等。

4. 应用系统论、控制论、信息论的原理和方法，结合（　　）等现代高新技术，对危险源对象的安全状态进行实时监控。
A. 自动监测
B. 传感器技术
C. 计算机仿真
D. 计算机模拟
E. 计算机通信

【答案】ABCE

【解析】应用系统论、控制论、信息论的原理和方法，结合自动监测与传感器技术、计算机仿真、计算机通信等现代高新技术，对危险源对象的安全状态进行实时监控。

5. 安全事故是违背人们意愿且又不希望发生的事件，一旦发生安全事故，应采取严肃、科学、认真、积极的态度，（　　），进而分析原因，制定避免发生同类事故的措施。
A. 不隐瞒
B. 不虚报
C. 不伪造
D. 保护现场
E. 抢救伤员

【答案】ABDE

【解析】安全事故是违背人们意愿且又不希望发生的事件，一旦发生安全事故，应采取严肃、科学、认真、积极的态度，不隐瞒、不虚报，保护现场，抢救伤员进而分析原因，制定避免发生同类事故的措施。

6. 物理性危险因素包括（　　）
A. 设备、设施缺陷
B. 防护缺陷
C. 电危害
D. 明火
E. 振动危害

【答案】ABCDE

【解析】物理性危险因素包括：设备、设施缺陷，防护缺陷，电危害，明火，振动危害等。

第十四章 项目文明工地绿色施工管理

一、判断题

1. 文明施工与绿色施工是企业无形资产原始积累的需要，是在市场经济条件下企业参与市场竞争的需要。

【答案】正确

【解析】文明施工与绿色施工是企业无形资产原始积累的需要，是在市场经济条件下企业参与市场竞争的需要。

2. 建设工程未能按文明施工规定和要求进行施工的，发生重大死亡、环境污染事故或使居民财产受到损失，造成恶劣影响等，应按规定给予一定的处罚。

【答案】正确

【解析】建设工程未能按文明施工规定和要求进行施工的，发生重大死亡、环境污染事故或使居民财产受到损失，造成恶劣影响等，应按规定给予一定的处罚。

3. 工程项目部文明工地领导小组，由项目经理、副经理、工程师以及安全、技术、施工等主要部门负责人组成。

【答案】正确

【解析】工程项目部文明工地领导小组，由项目经理、副经理、工程师以及安全、技术、施工等主要部门负责人组成。

二、单选题

1. 文明施工、绿色施工对施工现场贯彻（ ）的指导方针。
A. "安全第一、预防为主"　　　　B. "管生产必须管安全"
C. "以人为本"　　　　　　　　　D. "两个文明"

【答案】A

【解析】文明施工、绿色施工对施工现场贯彻"安全第一、预防为主"的指导方针。

2. 施工现场必须采用封闭围挡，高度不得小于（ ）m。
A. 1.5　　　　B. 1.8　　　　C. 2　　　　D. 2.5

【答案】B

【解析】施工现场必须采用封闭围挡，高度不得小于1.8m。

3. 安全防护、文明施工措施费报价不得低于依据工地所在地工程造价管理机构测定费率计算所需费用总额的（ ）。
A. 80%　　　　B. 85%　　　　C. 90%　　　　D. 95%

【答案】C

【解析】安全防护、文明施工措施费报价不得低于依据工地所在地工程造价管理机构测定费率计算所需费用总额的90%。

4. 施工现场应根据风力和（ ）的具体情况，进行土方回填、转运工作。

A. 温度   B. 风向   C. 天气   D. 大气湿度

【答案】D

【解析】施工现场应根据风力和大气湿度的具体情况，进行土方回填、转运工作。

5. 各主管机关和有关部门应按照各自的职能，依据法规、规章的规定，对违反文明施工规定的（　　）进行处罚。

A. 单位   B. 责任人   C. 行为人   D. 单位和责任人

【答案】D

【解析】各主管机关和有关部门应按照各自的职能，依据法规、规章的规定，对违反文明施工规定的单位和责任人进行处罚。

6. 工程项目经理部要建立以（　　）为第一责任人的文明工地责任体系，健全文明工地管理组织机构。

A. 法人   B. 项目经理   C. 总工程师   D. 主要负责人

【答案】B

【解析】工程项目经理部要建立以项目经理为第一责任人的文明工地责任体系，健全文明工地管理组织机构。

三、多选题

1. 现场文明施工包括现场围挡、（　　）等内容。

A. 封闭管理   B. 施工场地   C. 材料堆放   D. 现场宿舍
E. 保健急救

【答案】ABCDE

【解析】现场文明施工包括现场围挡、封闭管理、施工场地、材料堆放、现场宿舍、保健急救等内容。

2. 文明施工社会督察员检查工地时，发现问题或隐患，应立即开具（　　），施工现场工地必须立即整改。

A. 整改单   B. 指令书   C. 罚款单   D. 处罚决定
E. 停工整改单

【答案】ABC

【解析】文明施工社会督察员检查工地时，发现问题或隐患，应立即开具整改单、指令书或罚款单，施工现场工地必须立即整改。

3. 文明工地工作小组主要有（　　）。

A. 综合管理工作小组   B. 安全管理工作小组
C. 质量管理工作小组   D. 环境保护工作小组
E. 卫生防疫工作小组

【答案】ABCDE

【解析】文明工地工作小组主要有：综合管理工作小组、安全管理工作小组、质量管理工作小组、环境保护工作小组、卫生防疫工作小组。

第十五章 安全事故的救援及处理

一、判断题

1. 建筑安全事故可以分为四类，即生产事故、质量事故、技术事故和环境事故。

【答案】正确

【解析】建筑安全事故可以分为四类，即生产事故、质量事故、技术事故和环境事故。

2. 县级以上人民政府建设行政主管部门应当根据本级人民政府的要求，制定本行政区域内建设工程特大生产安全事故应急救援预案。

【答案】正确

【解析】县级以上人民政府建设行政主管部门应当根据本级人民政府的要求，制定本行政区域内建设工程特大生产安全事故应急救援预案。

3. 一般事故上报省级人民政府安全生产监督管理部门和负有安全生产监督管理职责的有关部门。

【答案】错误

【解析】一般事故上报至设区的市级人民政府安全生产监督管理部门和负有安全生产监督管理职责的有关部门。

4. 较大事故上报省级人民政府安全生产监督管理部门和负有安全生产监督管理职责的有关部门。

【答案】正确

【解析】较大事故上报省级人民政府安全生产监督管理部门和负有安全生产监督管理职责的有关部门。

5. 事故发生后，建设单位应当立即采取有效措施，首先抢救伤员和排查险情，制止事故蔓延扩大，稳定施工人员情绪。

【答案】错误

【解析】事故发生后，事故发生单位应当立即采取有效措施，首先抢救伤员和排查险情，制止事故蔓延扩大，稳定施工人员情绪。

6. 重大死亡事故，由事故发生地的市、县级以上的建设行政主管部门组织事故调查组，进行调查。

【答案】正确

【解析】重大死亡事故，由事故发生地的市、县级以上的建设行政主管部门组织事故调查组，进行调查。

7. 事故调查组组长由负责事故调查的人民政府指定。

【答案】正确

【解析】事故调查组组长由负责事故调查的人民政府指定。

8. 事故发生单位所有人在事故调查期间不得擅离职守，并应当随时接受事故调查组的询问，如实提供有关情况。

【答案】错误

【解析】事故发生单位的负责人和有关人员在事故调查期间不得擅离职守,并应当随时接受事故调查组的询问,如实提供有关情况。

9. 事故调查中发现涉嫌犯罪的,事故调查组应当及时将有关材料或者其原件移交司法机关处理。

【答案】错误

【解析】事故调查中发现涉嫌犯罪的,事故调查组应当及时将有关材料或者其复印件移交司法机关处理。

10. 事故调查报告报送负责事故调查的人民政府后,事故调查工作即告结束。

【答案】正确

【解析】事故调查报告报送负责事故调查的人民政府后,事故调查工作即告结束。

二、单选题

1. 由于有关施工主体偷工减料的行为而导致的安全隐患属于( )。
   A. 生产事故   B. 质量事故   C. 技术事故   D. 环境事故

【答案】B

【解析】由于有关施工主体偷工减料的行为而导致的安全隐患属于质量事故。

2. 实行工程总承包的,由( )统一组织编制建设工程生产安全事故应急救援预案。
   A. 建设单位   B. 总承包单位   C. 分包单位   D. 监理单位

【答案】B

【解析】实行工程总承包的,由总承包单位统一组织编制建设工程生产安全事故应急救援预案。

3. 县级以上人民政府建设行政主管部门应当根据本级人民政府的要求,制定本行政区域内建设工程( )生产安全事故应急救援预案。
   A. 一般   B. 较大   C. 重大   D. 特大

【答案】D

【解析】县级以上人民政府建设行政主管部门应当根据本级人民政府的要求,制定本行政区域内建设工程特大生产安全事故应急救援预案。

4. 事故发生后,单位负责人接到报告后,应当于( )内向事故发生地县级以上人民政府安全生产监督管理部门和负有安全生产监督管理职责的有关部门报告。
   A. 30min   B. 1h   C. 1.5h   D. 2h

【答案】B

【解析】事故发生后,单位负责人接到报告后,应当于1h内向事故发生地县级以上人民政府安全生产监督管理部门和负有安全生产监督管理职责的有关部门报告。

5. 安全生产监督管理部门和负有安全生产监督管理职责的有关部门逐级上报事故情况,每级上报的时间不得超过( )h。
   A. 1   B. 2   C. 3   D. 4

【答案】B

【解析】安全生产监督管理部门和负有安全生产监督管理职责的有关部门逐级上报事故情况，每级上报的时间不得超过2h。

6. 一次死亡（　　）人以上的事故，要按住房和城乡建设部有关规定，立即组织摄像和召开现场会，教育全体职工。
A. 2　　　　　　B. 3　　　　　　C. 5　　　　　　D. 10

【答案】B

【解析】一次死亡3人以上的事故，要按住房和城乡建设部有关规定，立即组织摄像和召开现场会，教育全体职工。

7. 调查组可以聘请有关方面的专家协助进行（　　）、事故分析和财产损失的评估工作。
A. 技术参数　　　B. 技术分析　　　C. 技术鉴定　　　D. 技术评估

【答案】C

【解析】调查组可以聘请有关方面的专家协助进行技术鉴定、事故分析和财产损失的评估工作。

8. 自事故发生之日起（　　）d内，因事故伤亡人数变化导致事故等级发生变化，应当由上级人民政府负责调查的，上级人民政府可以另行组织事故调查组进行调查。
A. 15　　　　　B. 20　　　　　C. 30　　　　　D. 45

【答案】C

【解析】自事故发生之日起30d内，因事故伤亡人数变化导致事故等级发生变化，应当由上级人民政府负责调查的，上级人民政府可以另行组织事故调查组进行调查。

9. 道路交通事故，自事故发生之日起（　　）d内，因事故伤亡人数变化导致事故等级发生变化，应当由上级人民政府负责调查的，上级人民政府可以另行组织事故调查组进行调查。
A. 5　　　　　　B. 7　　　　　　C. 10　　　　　D. 14

【答案】B

【解析】道路交通事故，自事故发生之日起7d内，因事故伤亡人数变化导致事故等级发生变化，应当由上级人民政府负责调查的，上级人民政府可以另行组织事故调查组进行调查。

10. 火灾事故，自事故发生之日起（　　）d内，因事故伤亡人数变化导致事故等级发生变化，应当由上级人民政府负责调查的，上级人民政府可以另行组织事故调查组进行调查。
A. 5　　　　　　B. 7　　　　　　C. 10　　　　　D. 14

【答案】B

【解析】火灾事故，自事故发生之日起7d内，因事故伤亡人数变化导致事故等级发生变化，应当由上级人民政府负责调查的，上级人民政府可以另行组织事故调查组进行调查。

11. 事故调查组应当自事故发生之日起（　　）d内提交事故调查报告。
A. 30　　　　　B. 45　　　　　C. 60　　　　　D. 90

【答案】C

【解析】事故调查组应当自事故发生之日起60d内提交事故调查报告。

12. 调查组在调查工作结束后（　　）d 内，应当将调查报告送批准组成调查组的人民政府和建设行政主管部门以及调查组其他成员部门。
    A. 7　　　　　　B. 10　　　　　　C. 15　　　　　　D. 20

【答案】B

【解析】调查组在调查工作结束后（　　）d 内，应当将调查报告送批准组成调查组的人民政府和建设行政主管部门以及调查组其他成员部门。

13. 对于连续两年发生死亡（　　）人以上的事故，追究有关领导和事故直接责任者的责任。
    A. 3　　　　　　B. 5　　　　　　C. 10　　　　　　D. 15

【答案】A

【解析】对于连续两年发生死亡 3 人以上的事故，追究有关领导和事故直接责任者的责任。

14. 对于发生一次死亡（　　）人以上的重大死亡事故，追究有关领导和事故直接责任者的责任。
    A. 3　　　　　　B. 5　　　　　　C. 10　　　　　　D. 15

【答案】A

【解析】对于发生一次死亡 3 人以上的重大死亡事故，追究有关领导和事故直接责任者的责任。

三、多选题

1. 生产事故主要是指在建筑产品的（　　）过程中，操作人员违反有关施工操作规程等而直接导致的安全事故。
    A. 准备　　　　B. 生产　　　　C. 维修　　　　D. 使用
    E. 拆除

【答案】BCE

【解析】生产事故主要是指在建筑产品的生产、维修、拆除过程中，操作人员违反有关施工操作规程等而直接导致的安全事故。

2. 技术事故的发生，可能发生在施工（　　）阶段。
    A. 准备　　　　B. 生产　　　　C. 维修　　　　D. 使用
    E. 拆除

【答案】BD

【解析】技术事故的发生，可能发生在施工生产阶段，也可能发生在使用阶段。

3. 根据建设工程施工的（　　），对施工现场易发生重大事故的部位、环节进行监控。
    A. 特点　　　　B. 范围　　　　C. 性质　　　　D. 用途
    E. 地点

【答案】AB

【解析】根据建设工程施工的特点、范围，对施工现场易发生重大事故的部位、环节进行监控。

4. 报告事故的内容包括（　　）
A. 事故发生单位概况
B. 事故发生的时间、地点以及事故现场情况
C. 事故的简要经过
D. 事故已经造成或者可能造成的伤亡人数和初步估计的直接经济损失
E. 整改措施

【答案】ABCD

【解析】报告事故的内容包括：事故发生单位概况；事故发生的时间、地点以及事故现场情况；事故的简要经过；事故已经造成或者可能造成的伤亡人数和初步估计的直接经济损失；已经采取的措施。

5. 事故现场各种物品的（　　）等尽可能地保持原来状态，必须采取一切必要的和可能的措施严加保护，防止人为或自然因素的破坏。
A. 位置　　　B. 颜色　　　C. 形状　　　D. 物理性质
E. 化学性质

【答案】ABCDE

【解析】事故现场各种物品的位置、颜色、形状、物理化学性质等尽可能地保持原来状态，必须采取一切必要的和可能的措施严加保护，防止人为或自然因素的破坏。

6. 接到事故报告后，事故发生单位负责人应当（　　）。
A. 立即赶赴现场帮助组织抢救　　　B. 立即上报上级领导
C. 立即启动应急救援预案　　　D. 及时着手事故的调查工作
E. 及时开展事故的损失评估

【答案】AD

【解析】接到事故报告后，事故发生单位负责人应当立即赶赴现场帮助组织抢救，还应及时着手事故的调查工作。

7. 轻伤、重伤事故，由企业负责人或由其指定人员组织（　　）等有关人员以及工会成员参加的事故调查组，进行调查。
A. 生产　　　B. 技术　　　C. 管理　　　D. 安全
E. 巡查

【答案】ABD

【解析】轻伤、重伤事故，由企业负责人或由其指定人员组织生产、技术、安全等有关人员以及工会成员参加的事故调查组，进行调查。

8. 事故调查报告应当包括下列内容（　　）。
A. 事故发生单位概况　　　B. 事故发生经过和事故救援情况
C. 事故造成的人员伤亡和直接经济损失　　　D. 事故发生的原因和事故性质
E. 事故防范和整改措施

【答案】ABCDE

【解析】事故调查报告应当包括下列内容：事故发生单位概况；事故发生经过和事故救援情况；事故造成的人员伤亡和直接经济损失；事故发生的原因和事故性质；事故责任的认定以及对事故责任者的处理建议；事故防范和整改措施。

9. 事故处理应当在（　　）d 内结案，特殊情况不得超过（　　）d。
A. 60　　　　　　B. 75　　　　　　C. 90　　　　　　D. 150
E. 180

【答案】CE

【解析】事故处理应当在 90d 内结案，特殊情况不得超过 180d。

10. 对于万人死亡率超过平均水平一倍以上的单位，追究有关领导和事故直接责任者的责任，给予必要的行政、经济处罚，并对企业处以（　　）等处罚。
A. 通报批评　　　B. 停产整顿　　　C. 停止投标　　　D. 降低资质
E. 暂扣营业执照

【答案】ABCD

【解析】对于万人死亡率超过平均水平一倍以上的单位，追究有关领导和事故直接责任者的责任，给予必要的行政、经济处罚，并对企业处以通报批评、停产整顿、停止投标、降低资质、吊销营业执照等处罚。

第十六章 编制、收集、整理施工安全资料

一、判断题

1. 建筑施工安全资料管理，是专职安全员的业务工作之一。

【答案】正确

【解析】建筑施工安全资料管理，是专职安全员的业务工作之一。

2. 建筑施工安全资料的排列顺序为封面、目录、资料及封底。

【答案】正确

【解析】建筑施工安全资料的排列顺序为封面、目录、资料及封底。

3. 利用安全检查，不能宣传、贯彻、落实安全生产方针、政策和各项安全生产规章制度。

【答案】错误

【解析】利用安全检查，可以进一步宣传、贯彻、落实安全生产方针、政策和各项安全生产规章制度。

4. 安全检查可以增强领导和群众安全意识，制止违章指挥，避免违章作业，提高安全生产的自觉性和责任感。

【答案】错误

【解析】安全检查可以增强领导和群众安全意识，制止违章指挥，纠正违章作业，提高安全生产的自觉性和责任感。

二、单选题

1. 项目设（　　）安全资料员。
A. 专职　　　　B. 全职　　　　C. 兼职　　　　D. 兼职或专职

【答案】D

【解析】项目设专职或兼职安全资料员。

2. 下列不属于安全检查的内容的是（　　）。
A. 查安全设施　　B. 查劳保使用　　C. 查操作行为　　D. 查人员配备

【答案】D

【解析】安全检查的内容包括查思想、查制度、查机械设备、查安全设施、查安全教育培训、查操作行为、查劳保用品使用、查伤亡事故处理等。

3. 下列不属于安全检查报告内容的是（　　）。
A. 工程名称　　B. 工程地址　　C. 建设单位　　D. 施工单位

【答案】C

【解析】安全生产检查报告包括工程名称、工程地址、施工单位和监理单位等。

三、多选题

1. 建筑施工安全资料的封面包括（　　）。

A. 工程名称　　　B. 案卷名称　　　C. 编制单位　　　D. 编制人员
E. 编制日期

【答案】ABCDE

【解析】建筑施工安全资料的封面包括工程名称、案卷名称、编制单位、编制人员及编制日期。

2. 安全检查的内容包括（　　）、查安全设施、查劳保用品使用、查伤亡事故处理等。

A. 查思想　　　B. 查制度　　　C. 查机械设备　　　D. 查操作行为
E. 查安全教育培训

【答案】ABCDE

【解析】安全检查的内容包括查思想、查制度、查机械设备、查安全设施、查安全教育培训、查操作行为、查劳保用品使用、查伤亡事故处理等。

3. 安全检查报告的内容需包括（　　）。

A. 建设单位　　　B. 施工单位　　　C. 监理单位　　　D. 材料供应商
E. 机械设备供应商

【答案】BC

【解析】安全检查报告的内容需包括施工单位和监理单位。

4. 安全检查报告需包括（　　）。

A. 工程名称　　　B. 项目名称　　　C. 工程地址　　　D. 工程联系人
E. 工程内容

【答案】AC

【解析】安全检查报告包括工程名称和工程地址。

安全员岗位知识与专业技能试卷

一、判断题（共 20 题，每题 1 分）

1. 施工单位主要负责人可以是董事长，也可以是总经理或总裁等。

【答案】（   ）

2. 项目负责人在同一时期能承担多个工程项目的管理工作。

【答案】（   ）

3. 建设工程项目安全生产领导小组和建筑企业安全生产管理机构，都有贯彻落实国家有关安全生产法律法规和标准的职能。

【答案】（   ）

4. 建设工程实行施工总承包的，安全生产领导小组由总承包企业、专业承包企业和劳务分包企业项目经理、技术负责人和专职安全生产管理人员组成。

【答案】（   ）

5. 作业人员有权对影响人身健康的作业程序和作业条件提出改进意见，有权获得安全生产所需的防护用品。

【答案】（   ）

6. 施工单位应对管理人员和作业人员每年至少进行三次安全生产教育培训。

【答案】（   ）

7. 生产厂家制造生产的装配式活动房屋必须有设计构造图、计算书、安装拆卸使用说明书等并符合有关节能、安全技术标准。

【答案】（   ）

8. 安全应急预案评审应当形成书面纪要并附有专家名单。

【答案】（   ）

9. 生产经营单位每两年至少组织一次综合应急预案演练或者专项应急预案演练。

【答案】（   ）

10. 我国的标准分为国家标准、行业标准、地方标准和企业标准。

【答案】（   ）

11. 定期安全检查一般是通过有计划、有组织、有目的的形式来实现，一般由建设单位统一组织实施。

【答案】（   ）

12. 安全生产检查具体内容本着突出重点的原则进行确定。

【答案】（   ）

13. 实施安全检查就是通过访谈、查阅文件和记录、现场观察、仪器测量的方式获取信息。

【答案】（   ）

14. 患有低血糖可以从事高处作业。

15. 为了有利于施工和安全，沟槽开挖所放边坡大小要适当，边坡放的太大，就会造成坍塌事故。

【答案】（ ）

16. 安全检查的组织形式应根据检查的目的、内容而定，因此参加检查的组成人员也就不完全相同。

【答案】（ ）

17. 施工安全检查的评定结论分为合格、不合格两个等级。

【答案】（ ）

18. 起重机"十不吊"中包括：单根钢丝不吊。

【答案】（ ）

19. 建筑施工现场必须采用 TN-S 接零保护系统。

【答案】（ ）

20. 工种之间的互相转换，不利于施工生产的需要。

【答案】（ ）

二、单选题（共 40 题，每题 1 分）

21. 建设工程施工前，施工单位负责项目管理的技术人员需向（ ）就安全施工的技术作详细说明。
    A. 施工作业人员　　　　　　　B. 法人代表
    C. 总工程师　　　　　　　　　D. 监理单位

22. 建筑施工企业安全生产管理机构具有以下职责（ ）
    A. 组织或参与企业生产安全事故应急救援预案的编制及演练
    B. 保证项目安全生产费用的有效使用
    C. 建立项目安全生产管理档案
    D. 及时、如实报告安全生产事故

23. 总承包单位，1亿元以上的土木工程按照工程合同价需配备不少于（ ）人的专职安全生产管理人员，且按专业配备专职安全生产管理人员。
    A. 1　　　　　B. 2　　　　　C. 3　　　　　D. 4

24. 首次取得《建筑施工特种作业操作资格证书》的人员实习操作不得少于（ ）个月。
    A. 1　　　　　B. 3　　　　　C. 6　　　　　D. 12

25. 施工单位应对管理人员和作业人员每年至少进行（ ）次安全生产教育培训。
    A. 1　　　　　B. 2　　　　　C. 3　　　　　D. 5

26. 施工单位应当将施工现场的办公、生活区与作业区分开设置，并保持安全距离；（ ）的选址应当符合安全性要求。
    A. 办公、生活区　　　　　　　B. 办公、作业区
    C. 生活、作业区　　　　　　　D. 作业区

27. 施工单位应当根据建设工程施工的特点、范围，对施工现场（ ）的部位、环

节进行监控，制定施工现场生产安全事故应急救援预案。

  A. 易发生事故   B. 曾经发生事故
  C. 易发生较大事故   D. 易发生重大事故

28. 对建筑施工安全标准化不达标，不具备安全生产条件的企业，要依法暂扣其（　　）。

  A. 安全生产许可证   B. 生产许可证
  C. 施工许可证   D. 以上三种

29. 施工用梯如需接长使用，必须有可靠的连接措施，且接头不得超过（　　）处。

  A. 1   B. 2   C. 3   D. 5

30. 总承包单位，5000万元以下的设备安装工程按照工程合同价需配备不少于（　　）人的专职安全生产管理人员。

  A. 1   B. 2   C. 3   D. 4

31. 劳务分包单位施工人员在50～200人的，需配备不少于（　　）人的专职安全生产管理人员。

  A. 1   B. 2   C. 3   D. 4

32. 超过（　　）m的高空作业工程需组织专家组进行论证审查。

  A. 10   B. 30   C. 50   D. 80

33. 水平混凝土构件模板支撑系统高度超过（　　）m的工程需组织专家组进行审查。

  A. 5   B. 6   C. 7   D. 8

34. 对于申请开办（　　）的建筑工地，应当要求其提供符合规定的用房、科学合理的流程布局，配备加工制作和消毒等设施设备，健全食品安全管理制度，配备食品安全管理人员和取得健康合格证明的从业人员。

  A. 澡堂   B. 休息间   C. 超市   D. 食堂

35. 施工作业人员所在企业（包括总承包企业、专业承包企业、劳务企业等）必须按国家规定免费发放劳动保护用品，更换已损坏或（　　）的劳动保护用品，不得收取或变相收取任何费用。

  A. 临近使用期限   B. 已到使用期限
  C. 已使用   D. 未使用

36. 遇5级以上大风和雨天，不得（　　）工具式脚手架。

  A. 提升   B. 下降   C. 提升或下降   D. 以上三种均不对

37. 支模、粉刷、砌墙等各工种进行上下立体交叉作业时，不得在同一垂直方向上操作。下层作业的位置，必须处于依上层高度确定的（　　）。不符合以上条件时，应设置安全防护层。

  A. 可能坠落范围半径之外   B. 可能坠落范围半径之外
  C. 直线间隔距离之外   D. 可能倾覆范围半径之外

38. 潮湿和易触及带电体场所的照明，电源电压不得大于（　　）V。

  A. 12   B. 22   C. 24   D. 36

39. 施工安全保证措施包括组织保障、（　　）、应急预案、监测监控等。

A. 技术参数　　　B. 技术手段　　　C. 技术措施　　　D. 技术监控

40. 特种人员取得建设行政主管部门颁发的建筑施工特种作业操作资格证书，且每年不得少于（　　）h的安全教育培训或者继续教育。
A. 12　　　　　B. 20　　　　　C. 24　　　　　D. 36

41. 特殊检查是针对设备、系统存在的具体情况，所采用的加强（　　）进行的措施。
A. 管理　　　　B. 检修　　　　C. 检查　　　　D. 监视

42. 为使安全检查工作更加规范，将个人的行为对检查结果的影响减小到最小，常采用（　　）。
A. 常规检查法　　　　　　　　B. 安全检查表法
C. 仪器检查法　　　　　　　　D. 数据分析法

43. 当事态超出相应级别无法得到有效控制时，向（　　）请求实施更高级别的应急响应。
A. 救援中心　　　　　　　　　B. 应急中心
C. 上级领导部门　　　　　　　D. 总指挥

44. 边长大于（　　）cm的洞口，四周设置防护栏杆并围密目式安全网，洞口下张挂安全平网。
A. 150　　　　B. 200　　　　C. 250　　　　D. 300

45. 边长小于或等于（　　）cm的预留洞口必须用坚实的盖板封闭，用砂浆固定。
A. 150　　　　B. 200　　　　C. 250　　　　D. 300

46. 建筑工程安全检查方法中，"测"主要是指使用专用仪器、仪表等检测器具对特定对象关键特定（　　）的测试。
A. 性能　　　　B. 等级　　　　C. 技术参数　　　D. 灵敏性

47. 《建筑施工安全检查评分汇总表》中包括（　　）项。
A. 5　　　　　B. 10　　　　C. 12　　　　D. 15

48. 企业对专项安全技术方案的编制内容、审批程序、（　　）等应有具体规定。
A. 审批标准　　B. 评价　　　　C. 权限　　　　D. 可靠性

49. 电梯笼周围（　　）m范围，应设置防护栏杆。
A. 1　　　　　B. 1.5　　　　C. 2　　　　　D. 2.5

50. 导线与地面保持足够的安全距离，铁路轨道应不小于（　　）m。
A. 4　　　　　B. 6　　　　　C. 7　　　　　D. 7.5

51. 高层建筑下层水压超过（　　）MPa，无减压装置，这样给使用带来很大问题，压力过大无法操作使用，还容易造成事故。
A. 0.2　　　　B. 0.3　　　　C. 0.4　　　　D. 0.5

52. 教育的内容要突出一个（　　）字。
A. "新"　　　B. "实"　　　C. "活"　　　D. "好"

53. 优质、高效、低耗、安全、文明的生产是施工现场安全管理的（　　）。
A. 管理手段　　B. 管理目标　　C. 主要方式　　D. 主要内容

54. （　　）及相关管理员应对新进场的工人实施作业人员工种交底。

A. 专职安全管理人员 B. 巡查员
C. 督察员 D. 安全员

55. （　　）是发现危险源的重要途径。
   A. 安全教育 B. 安全训练 C. 安全检查 D. 危险源辨识

56. 各主管机关和有关部门应按照各自的职能，依据法规、规章的规定，对违反文明施工规定的（　　）进行处罚。
   A. 单位 B. 责任人 C. 行为人 D. 单位和责任人

57. 事故发生后，单位负责人接到报告后，应当于（　　）内向事故发生地县级以上人民政府安全生产监督管理部门和负有安全生产监督管理职责的有关部门报告。
   A. 30min B. 1h C. 1.5h D. 2h

58. 自事故发生之日起（　　）d内，因事故伤亡人数变化导致事故等级发生变化，应当由上级人民政府负责调查的，上级人民政府可以另行组织事故调查组进行调查。
   A. 15 B. 20 C. 30 D. 45

59. 一次死亡（　　）人以上的事故，要按住房和城乡建设部有关规定，立即组织摄像和召开现场会，教育全体职工。
   A. 2 B. 3 C. 5 D. 10

60. 调查组在调查工作结束后（　　）d内，应当将调查报告送批准组成调查组的人民政府和建设行政主管部门以及调查组其他成员部门。
   A. 7 B. 10 C. 15 D. 20

三、多选题（共20题，每题2分，选错项不得分，选不全得1分）

61. 实行施工总承包的，（　　）。
   A. 由总承包单位负责
   B. 由分包单位负责
   C. 分包单位向总承包单位负责
   D. 分包单位需服从总承包单位的安全生产管理
   E. 分包单位负责组织编制生产安全事故应急救援预案

62. 建筑施工企业负责人，是指企业的（　　）。
   A. 法定代表人
   B. 总经理
   C. 主管质量安全和生产工作的副总经理
   D. 主管质量安全和生产工作的总工程师
   E. 主管质量安全和生产工作的副总工程师

63. 建筑施工企业安全生产管理机构具有以下职责（　　）
   A. 宣传和贯彻国家有关安全生产法律法规和标准
   B. 组织开展安全教育培训与交流
   C. 保证项目安全生产费用的有效使用
   D. 组织开展安全生产评优评先表彰工作
   E. 参加生产安全事故的调查和处理工作

64. 总承包单位，5000万元～1亿元的线路管道工程按照工程合同价需配备（　　）人的专职安全生产管理人员。
   A. 1　　　　　B. 2　　　　　C. 3　　　　　D. 4
   E. 5

65. 脚手架工程是指：高度超过24m的落地式钢管脚手架、（　　）、悬挑式脚手架、挂脚手架、吊篮脚手架。
   A. 落地式钢管脚手架
   B. 附着式升降脚手架，包括整体提升与分片式提升
   C. 门型脚手架
   D. 卸料平台
   E. 木脚手架

66. 施工单位应当在施工现场入口处、脚手架、出入通道口、（　　）、爆破物及有害危险气体和液体存放处等危险部位，设置明显的安全警示标志。
   A. 临时用电设施　　　　　　B. 窗口
   C. 基坑边沿　　　　　　　　D. 隧道口
   E. 楼梯口

67. 事故报告的内容包括（　　）。
   A. 事故发生的时间　　　　　B. 事故发生的地点
   C. 工程项目名称　　　　　　D. 有关单位名称
   E. 事故的初步原因

68. 我国的标准分为（　　）。
   A. 国家标准　　B. 行业标准　　C. 地方标准　　D. 企业标准
   E. 推荐性标准

69. 操作人员进行起重机（　　）动作前，应发出音响信号示意。
   A. 回转　　　　B. 变幅　　　　C. 行走　　　　D. 吊钩上升
   E. 吊钩下降

70. 安全管理计划包括（　　）
   A. 安全生产管理计划审批表　　B. 编制说明
   C. 工程概况　　　　　　　　　D. 安全生产管理方针及目标
   E. 安全生产及文明施工管理体系要求

71. 安全生产检查的软件系统包括（　　）。
   A. 查思想　　　B. 查意识　　　C. 查制度　　　D. 查方法
   E. 查整改

72. 施工使用的临时梯子要牢固，踏步（　　）mm，与地面角度成（　　），梯脚要有防滑措施。
   A. 200～300　　B. 300～400　　C. 400～500　　D. 60°～70°
   E. 60°～75°

73. 建筑工程安全检查方法中，"看"是指查看（　　）等的持证上岗情况。
   A. 项目负责人　　　　　　　B. 总工程师

C. 监理工程师　　　　　　　　D. 专职安全管理人员

E. 特种作业人员

74. 电梯每班首次载重运行时，当梯笼升离地（　　）m时，应停机试验制动器的可靠性。

A. 0.5　　　　B. 1　　　　C. 1.5　　　　D. 2

E. 2.5

75. 使用手持照明灯具应符合一定的要求（　　）。

A. 电源电压不超过36V

B. 灯体与手柄应坚固，绝缘良好，并耐热防潮湿

C. 灯头与灯体结合牢固

D. 灯泡外部要有金属保护网

E. 金属网、反光罩、悬吊挂钩应固定在灯具的绝缘部位上

76. 长期在（　　）dB以上或短时在（　　）dB以上环境中工作时应使用听力护具。

A. 50　　　　B. 60　　　　C. 90　　　　D. 115

F. 120

77. 经常性教育的主要内容是（　　）。

A. 安全生产法规、规范、标准、规定

B. 企业及上级部门的安全管理新规定

C. 各级安全生产责任制及管理制度

D. 安全生产先进经验介绍

E. 最近安全生产方面的动态情况

78. 第二类危险源主要体现在（　　）等几个方面。

A. 设备故障　　B. 设备缺陷　　C. 人为失误　　D. 管理缺失

E. 技术陈旧

79. 报告事故的内容包括（　　）

A. 事故发生单位概况

B. 事故发生的时间、地点以及事故现场情况

C. 事故的简要经过

D. 事故已经造成或者可能造成的伤亡人数和初步估计的直接经济损失

E. 已经采取的措施

80. 事故调查报告应当包括下列内容（　　）。

A. 事故发生单位概况　　　　　　B. 事故发生经过和事故救援情况

C. 事故造成的人员伤亡和直接经济损失　　D. 事故发生的原因和事故性质

E. 事故防范和整改措施

安全员岗位知识与专业技能试卷答案与解析

一、判断题（共 20 题，每题 1 分）

1. 正确
   【解析】施工单位主要负责人可以是董事长，也可以是总经理或总裁等。
2. 错误
   【解析】项目负责人在同一时期只能承担一个工程项目的管理工作。
3. 正确
   【解析】建设工程项目安全生产领导小组和建筑企业安全生产管理机构，都有贯彻落实国家有关安全生产法律法规和标准职能。
4. 正确
   【解析】建设工程实行施工总承包的，安全生产领导小组由总承包企业、专业承包企业和劳务分包企业项目经理、技术负责人和专职安全生产管理人员组成。
5. 正确
   【解析】作业人员有权对影响人身健康的作业程序和作业条件提出改进意见，有权获得安全生产所需的防护用品。
6. 错误
   【解析】施工单位应对管理人员和作业人员每年至少进行一次安全生产教育培训。
7. 正确
   【解析】生产厂家制造生产的装配式活动房屋必须有设计构造图、计算书、安装拆卸使用说明书等并符合有关节能、安全技术标准。
8. 正确
   【解析】安全应急预案评审应当形成书面纪要并附有专家名单。
9. 错误
   【解析】生产经营单位每年至少组织一次综合应急预案演练或者专项应急预案演练。
10. 正确
    【解析】按照《中华人民共和国标准化法》（以下简称《标准化法》）的规定，我国的标准分为国家标准、行业标准、地方标准和企业标准。
11. 错误
    【解析】定期安全检查一般是通过有计划、有组织、有目的的形式来实现，一般由生产经营单位统一组织实施。
12. 正确
    【解析】安全生产检查具体内容本着突出重点的原则进行确定。
13. 正确
    【解析】实施安全检查就是通过访谈、查阅文件和记录、现场观察、仪器测量的方式获取信息。

14. 错误

【解析】 凡患高血压、低血糖等身体不适合从事高处作业的人员不得从事高处作业。

15. 错误

【解析】 为了有利于施工和安全，沟槽开挖所放边坡大小要适当，边坡放的太小，就会造成坍塌事故。

16. 正确

【解析】 安全检查的组织形式应根据检查的目的、内容而定，因此参加检查的组成人员也就不完全相同。

17. 错误

【解析】 施工安全检查的评定结论分为优良、合格、不合格三个等级。

18. 正确

【解析】 起重机"十不吊"中包括：单根钢丝不吊。

19. 正确

【解析】 建筑施工现场必须采用TN-S接零保护系统。

20. 错误

【解析】 工种之间的互相转换，有利于施工生产的需要。

二、单选题（共40题，每题1分）

21. A

【解析】 建筑工程施工前，施工单位负责项目管理的技术人员应当对有关安全施工的技术要求向施工作业班组、作业人员作出详细说明，并由双方签字确认。

22. A

【解析】 建筑施工企业安全生产管理机构的职责。

23. C

【解析】 1亿元以上的土木工程按照工程合同价需配备不少于3人的专职安全生产管理人员，且按专业配备专职安全生产管理人员。

24. B

【解析】 首次取得《建筑施工特种作业操作资格证书》的人员实习操作不得少于3个月。

25. A

【解析】 施工单位应对管理人员和作业人员每年至少进行一次安全生产教育培训。

26. A

【解析】 施工单位应当将施工现场的办公、生活区与作业区分开设置，并保持安全距离；办公、生活区的选址应当符合安全性要求。

27. D

【解析】 施工单位应当根据建设工程施工的特点、范围，对施工现场易发生重大事故的部位、环节进行监控，制定施工现场生产安全事故应急救援预案。

28. A

【解析】 对建筑施工安全标准化不达标，不具备安全生产条件的企业，要依法暂扣其安全生产许可证。

29. A

【解析】施工用梯如需接长使用,必须有可靠的连接措施,且接头不得超过1处。

30. A

【解析】5000万元以下的设备安装工程按照工程合同价需配备不少于1人的专职安全生产管理人员。

31. B

【解析】劳务分包单位施工人员在50~200人的,需配备不少于2人的专职安全生产管理人员。

32. B

【解析】30m及以上的高空作业工程需组织专家组进行论证审查。

33. D

【解析】水平混凝土构件模板支撑系统高度超过8m的工程需组织专家组进行审查。

34. D

【解析】对于申请开办食堂的建筑工地,应当要求其提供符合规定的用房、科学合理的流程布局,配备加工制作和消毒等设施设备,健全食品安全管理制度,配备食品安全管理人员和取得健康合格证明的从业人员。

35. B

【解析】施工作业人员所在企业(包括总承包企业、专业承包企业、劳务企业等)必须按国家规定免费发放劳动保护用品,更换已损坏或已到使用期限的劳动保护用品,不得收取或变相收取任何费用。

36. C

【解析】遇5级以上大风和雨天,不得提升或下降工具式脚手架。

37. A

【解析】支模、粉刷、砌墙等各工种进行上下立体交叉作业时,不得在同一垂直方向上操作。下层作业的位置,必须处于依上层高度确定的可能坠落范围半径之外。不符合以上条件时,应设置安全防护层。

38. A

【解析】潮湿和易触及带电体场所的照明,电源电压不得大于12V。

39. C

【解析】施工安全保证措施:组织保障、技术措施、应急预案、监测监控等。

40. C

【解析】特种人员取得建设行政主管部门颁发的建筑施工特种作业操作资格证书,且每年不得少于24h的安全教育培训或者继续教育。

41. D

【解析】特殊检查是针对设备、系统存在的具体情况,所采用的加强监视进行的措施。

42. B

【解析】为使安全检查工作更加规范,将个人的行为对检查结果的影响减小到最小,常采用安全检查表法。

43. B

【解析】当事态超出相应级别无法得到有效控制时，向应急中心请求实施更高级别的应急响应。

44. A

【解析】边长大于150cm的洞口，四周设置防护栏杆并围密目式安全网，洞口下张挂安全平网。

45. C

【解析】边长小于或等于250cm的预留洞口必须用坚实的盖板封闭，用砂浆固定。

46. C

【解析】"测"主要是指使用专用仪器、仪表等检测器具对特定对象关键特定技术参数的测试。

47. B

【解析】《建筑施工安全检查评分汇总表》中包括5项。

48. C

【解析】企业对专项安全技术方案的编制内容、审批程序、权限等应有具体规定。

49. D

【解析】电梯笼周围2.5m范围，应设置防护栏杆。

50. D

【解析】导线与地面保持足够的安全距离，铁路轨道应不小于7.5m。

51. C

【解析】高层建筑下层水压超过0.4MPa，无减压装置，这样给使用带来很大问题，压力过大无法操作使用，还容易造成事故。

52. A

【解析】教育的内容要突出一个"新"字。

53. B

【解析】实现优质、高效、低耗、安全、文明的生产是施工现场安全管理的目标。

54. D

【解析】安全员及相关管理员应对新进场的工人实施作业人员工种交底。

55. C

【解析】安全检查是发现危险源的重要途径。

56. D

【解析】各主管机关和有关部门应按照各自的职能，依据法规、规章的规定，对违反文明施工规定的单位和责任人进行处罚。

57. B

【解析】事故发生后，单位负责人接到报告后，应当于1h内向事故发生地县级以上人民政府安全生产监督管理部门和负有安全生产监督管理职责的有关部门报告。

58. C

【解析】自事故发生之日起30d内，因事故伤亡人数变化导致事故等级发生变化，应当由上级人民政府负责调查的，上级人民政府可以另行组织事故调查组进行调查。

59. B

【解析】一次死亡3人以上的事故，要按住房和城乡建设部有关规定，立即组织摄像和召开现场会，教育全体职工。

60. B

【解析】调查组在调查工作结束后10d内，应当将调查报告送批准组成调查组的人民政府和建设行政主管部门以及调查组其他成员部门。

三、多选题（共20题，每题2分，选错项不得分，选不全得1分）

61. ACD

【解析】实行施工总承包的，由总承包单位负责。分包单位向总承包单位负责，服从总承包单位对施工现场的安全生产管理。

62. ABCDE

【解析】建筑施工企业负责人，是指企业的法定代表人、总经理、主管质量安全和生产工作的副总经理、总工程师和副总工程师。

63. ABDE

【解析】建筑施工企业安全生产管理机构的职责。

64. BCDE

【解析】5000万元～1亿元的线路管道工程按照工程合同价需配备不少于2人的专职安全生产管理人员。

65. BCD

【解析】脚手架工程是指：高度超过24m的落地式钢管脚手架、附着式升降脚手架（包括整体提升与分片式提升）、门型脚手架、卸料平台、悬挑式脚手架、挂脚手架、吊篮脚手架。

66. ACDE

【解析】施工单位应当在施工现场入口处、脚手架、出入通道口、临时用电设施、基坑边沿、隧道口、楼梯口、爆破物及有害危险气体和液体存放处等危险部位，设置明显的安全警示标志。

67. ABCDE

【解析】事故报告的内容包括事故发生的时间、地点和工程项目、有关单位名称，事故的初步原因。

68. ABCD

【解析】我国的标准分为国家标准、行业标准、地方标准和企业标准。

69. ABCDE

【解析】操作人员进行起重机回转、变幅、行走、吊钩升降动作前，应发出音响信号示意。

70. ABCDE

【解析】安全管理计划包括安全生产管理计划审批表、编制说明、工程概况、安全生产管理方针及目标、安全生产及文明施工管理体系要求。

71. ABCE

【解析】安全生产检查的软件系统包括查思想、查意识、查制度、查整改等。

72. BD

【解析】施工使用的临时梯子要牢固，踏步300～400 mm，与地面角度成60°～70°，梯脚要有防滑措施。

73. ADE

【解析】查看项目负责人、专职安全管理人员、特种作业人员等的持证上岗情况。

74. BCD

【解析】电梯每班首次载重运行时，当梯笼升离地1～2m时，应停机试验制动器的可靠性。

75. ABCDE

【解析】使用手持照明灯具应符合一定的要求：电源电压不超过36V；灯体与手柄应坚固，绝缘良好，并耐热防潮湿；灯头与灯体结合牢固；灯泡外部要有金属保护网；金属网、反光罩、悬吊挂钩应固定在灯具的绝缘部位上。

76. CD

【解析】长期在90dB以上或短时在115dB以上环境中工作时应使用听力护具。

77. ABCDE

【解析】经常性教育的主要内容是：安全生产法规、规范、标准、规定；企业及上级部门的安全管理新规定；各级安全生产责任制及管理制度；安全生产先进经验介绍；最近安全生产方面的动态情况等。

78. ABCD

【解析】第二类危险源主要体现在设备故障、设备缺陷、人为失误、管理缺失等几个方面。

79. ABCDE

【解析】报告事故的内容包括：事故发生单位概况；事故发生的时间、地点以及事故现场情况；事故的简要经过；事故已经造成或者可能造成的伤亡人数和初步估计的直接经济损失；已经采取的措施。

80. ABCDE

【解析】事故调查报告应当包括下列内容：事故发生单位概况；事故发生经过和事故救援情况；事故造成的人员伤亡和直接经济损失；事故发生的原因和事故性质；事故责任的认定以及对事故责任者的处理建议；事故防范和整改措施。